科学出版社“十四五”普通高等教育本科规划教材

声学实验基础

陈洪娟　李　磊　张昊阳 等　编著

科 学 出 版 社

北　京

内 容 简 介

本书主要涉及音乐声学、水声学、室内声学、超声学等方面内容，对与声学工程和应用实验中部分实验项目相关的应用技术进行了介绍。本书并非单纯的实验指导手册，而是在实验指导教材的基础上，加入了声学相关技术的基础理论知识和应用实例，以激发读者对声学应用领域的兴趣。其中声学实验基本技能训练是主要教学内容，而虚拟实验内容的引入，改善了传统实验项目一般必须在理论课程之后开设的状况，从而加强了实验课程体系的独立性。

本书可作为声学专业低年级本科生的教材，或者可供声学相关专业的学生开始入门级声学实验技能培训时使用，也适合所有对声学测量技术感兴趣的相关专业学生阅读。

图书在版编目（CIP）数据

声学实验基础 / 陈洪娟等编著. -- 北京 : 科学出版社, 2025. 4. -- (科学出版社“十四五”普通高等教育本科规划教材). -- ISBN 978-7-03-081078-6

Ⅰ. 042

中国国家版本馆 CIP 数据核字第 2025GW4895 号

责任编辑：王喜军　高慧元 / 责任校对：王　瑞
责任印制：徐晓晨 / 封面设计：无极书装

科学出版社 出版
北京东黄城根北街 16 号
邮政编码：100717
http://www.sciencep.com
三河市骏杰印刷有限公司印刷
科学出版社发行　各地新华书店经销
*
2025 年 4 月第　一　版　开本：787×1092　1/16
2025 年 4 月第一次印刷　印张：16
字数：379 000

定价：78.00 元

（如有印装质量问题，我社负责调换）

作者名单

陈洪娟　李　磊　张昊阳　肖　妍
张　强　张　超　刘永伟

前　　言

在日常生活中，声音就像空气一样伴随着我们，是人类认识世界、感知自然和相互交流的重要途径。本书将带领同学们“走近”声学的世界，通过实验的方式开始专业的学习，内容包括：声学名词（如声波、声速、音量、音调、音色、分贝等）、声学传感器（如麦克风、扬声器、耳机等）、声学现象（如混响、驻波、回声等），以及对本专业研究内容（如水下声信号获取、测量等）和声学应用（如超声探伤、超声清洗、超声焊接等）与声学计量等知识。通过学习，使学生掌握利用专业测试手段对声学内容进行定量分析的方法，训练学生开展声学实验所必需的基本技能，进而形成开展声学实验所必备的缜密思维和良好习惯，从而提高同学们的实验观测能力和运用实验手段学习声学基本理论以及解决声学实际问题的能力。

本书重点是使同学们获得声学实验研究过程中所必需的基本知识，通过对虚拟仿真实验和实物实验的操作和学习，让同学们具备使用实验手段进行声学研究的基本素养。根据上述指导思想，本书共设有正文五章和附录四章，正文五章包括：第 1 章为声学测量基本知识，介绍声学基本物理量、声学换能器、振动传感器和声学测量系统；第 2 章为声学测量虚拟认知实验，通过虚拟实验认识声源与声场，学习典型声场的传播规律，掌握声学测量相关的基本概念；第 3 章为声学测量技能训练实验，通过实物实验培养仪器设备使用方法，掌握基本声学测量方法，学习声学基本参量以及声学现象的实验研究手段；第 4 章为声学计量，从国家规范的角度介绍声学计量的基本知识和方法，以经典的互易校准方法和混响场校准方法为例，通过水声计量实验掌握计量规范，培养工程素养；第 5 章为声学工程应用，主要介绍检测超声和功率超声等超声技术及其在工业上的应用。附录 A 给出了简单振子等典型振动理论介绍，附录 B 给出了平面波、球面波、柱面波等典型声场中声传播规律，附录 C 给出了点声源、平面活塞声源等典型声源的辐射场特征，附录 D 给出了 UDAQ 便携式数据采集器的说明书。附录 A～D 是为学生在实验过程中深入学习相关理论准备的。

本书由长期负责声学测量实验课程的主讲教师集体编写完成，陈洪娟和李磊老师负责第 1 章、第 2 章的编写；李磊、张昊阳、肖妍、张超老师负责第 3 章的编写；陈洪娟、肖妍、张超、刘永伟老师负责第 4 章的编写；张强老师负责第 5 章的编写。作者在编写本书过程中得到张明辉、陈文剑、袁连喜老师的大力支持，附录 A、附录 B 以及附录 C 的内容由张明辉老师和陈文剑老师整理，附录 D 的内容由袁连喜老师整理，在此深表谢意。另外，本书在编写过程中部分章节已经在 2019 级和 2020 级两届本科生的实验教学中得到应用，同学们积极反馈并指出一些错误，在此对这两届同学表示感谢。

由于编者水平有限，书中难免存在疏漏之处，敬请读者批评指正。

陈洪娟

2025年1月

目　录

前言
第 1 章　声学测量基本知识 …… 1
1.1　声学基本物理量及其单位 …… 1
1.1.1　声压与声压级 …… 1
1.1.2　质点振速 …… 2
1.1.3　频程与倍频程 …… 3
1.1.4　响度与响度级 …… 4
1.1.5　声强与声强级 …… 4
1.1.6　声功率与声功率级 …… 5
1.1.7　常用声学量及其单位名称和符号 …… 5
1.2　声学换能器与振动传感器 …… 6
1.2.1　接收换能器 …… 6
1.2.2　发射换能器 …… 10
1.2.3　压电式加速度传感器 …… 14
1.3　声学测量系统 …… 16
1.3.1　基本电子设备 …… 16
1.3.2　测试空间 …… 18
第 2 章　声学测量虚拟认知实验 …… 26
2.1　水声工程虚拟仿真实验平台及虚拟测量软件 …… 26
2.1.1　水声工程虚拟仿真实验平台 …… 26
2.1.2　虚拟测量软件 …… 28
2.2　虚拟测量认知实验 …… 30
2.2.1　球声源声场分布特性虚拟认知实验 …… 30
2.2.2　平面活塞声源辐射声场特性认知实验 …… 34
第 3 章　声学测量技能训练实验 …… 38
3.1　声压测量基本技能训练 1：声波基本要素的测量与分析 …… 38
3.1.1　基础声学知识 …… 39
3.1.2　实物测试 …… 43
3.2　声压测量基本技能训练 2：水下声信号的获取 …… 51
3.2.1　水声换能器电阻抗特性测量 …… 51
3.2.2　水下常用声信号的发射和采集 …… 60
3.3　声学测量基本技能训练 3：脉冲声技术 …… 66

3.3.1 测量距离 …… 66
3.3.2 脉冲声技术的基本原理与实现方法 …… 70
3.3.3 虚拟操作实验 …… 74
3.3.4 声场分布特性测试实物实验 …… 83
3.4 声学测量基本技能训练 4：水中声速测量 …… 86
3.4.1 测量方法 …… 86
3.4.2 虚拟操作实验 …… 88
3.4.3 水中声速测量实物测量实验 …… 91
3.5 声学测量基本技能训练 5：驻波与混响现象 …… 92
3.5.1 室内声学基础知识 …… 92
3.5.2 驻波场与混响时间虚拟测量实验 …… 101
3.5.3 驻波场与混响时间实物测量实验 …… 107
第 4 章 声学计量 …… 117
4.1 概述 …… 117
4.1.1 计量基本知识 …… 117
4.1.2 测量不确定度的评定方法 …… 124
4.2 声学计量基本技能训练 1：水声换能器电声参数校准方法 …… 129
4.2.1 二级校准法的典型代表：比较校准方法 …… 131
4.2.2 一级校准法的典型代表：互易校准方法 …… 139
4.3 声学计量基本技能训练 2：混响场校准方法 …… 155
4.3.1 空气混响箱测量辐射声功率 …… 155
4.3.2 混响水槽测量辐射声功率 …… 160
第 5 章 声学工程应用 …… 167
5.1 概述 …… 167
5.2 检测超声技术及其应用 …… 167
5.2.1 超声探伤 …… 167
5.2.2 超声测厚 …… 177
5.2.3 超声测流速流量 …… 179
5.2.4 超声测液位 …… 181
5.3 功率超声技术及其应用 …… 183
5.3.1 超声电机 …… 183
5.3.2 超声焊接 …… 187
5.3.3 超声清洗 …… 188
5.3.4 超声雾化 …… 189
5.3.5 超声加工 …… 189
附录 A 典型振动 …… 190
A.1 简单振子的自由振动 …… 190
A.1.1 单自由度无阻尼振动系统受迫振动 …… 190

A.1.2　单自由度阻尼振动系统自由振动……191
A.1.3　单自由度阻尼振动系统受迫振动……192
A.2　两自由度耦合系统自由振动……193
A.3　弦的横振动……195
A.4　均匀细棒的纵振动……196
附录 B　典型波场……198
B.1　声波……198
B.1.1　声波的反射、折射和透射……198
B.1.2　声波的绕射……199
B.1.3　声波的干涉……199
B.2　声场……199
B.2.1　平面波场……200
B.2.2　球面波场……203
B.2.3　柱面波场……205
附录 C　典型声源……207
C.1　基本知识……207
C.1.1　声辐射……207
C.1.2　声波的辐射阻抗……207
C.2　简单球形声源的辐射……210
C.2.1　点声源声场……210
C.2.2　声偶极子的声辐射……214
C.3　平面活塞声源的辐射……217
C.3.1　远场辐射特性……218
C.3.2　远近场区域的轴上声压……220
附录 D　电子设备说明书……224
D.1　UDAQ 便携式数据采集器……224
D.1.1　主界面……224
D.1.2　数据采集……225
D.1.3　数据分析……225
D.1.4　参数设置……226
D.1.5　存储……227
D.2　Analog Discovery 2 多功能分析仪……228
D.2.1　信号发生器……230
D.2.2　数字示波器……232
D.2.3　频谱分析仪……238
参考文献……243

第1章　声学测量基本知识

1.1　声学基本物理量及其单位

我们在初中物理声学部分学过：①声音是由物体的振动产生的，一切发声的物体都在振动，振动停止，物体就停止发声，正在发声的物体称为声源，如鼓和琴等各类乐器、风、雨、海浪等，振动的气体、液体和固体都能发声；②声音的传播需要介质，声音不能在真空中传播，一切固体、液体、气体等物质都可以作为传播声音的介质；③声音以波的形式传播，所以也把它称为声波，声波在传播过程中，介质本身并没有随波向前移动，声波可以传播信息和能量。

在上述声学知识的基础上，本章将进一步介绍一些声学方面的专业概念和定义，为今后在学习中正确使用专业语言交流以及对实验现象进行专业分析奠定基础：①声音是一种机械振动状态的传播现象，它表现为一种机械波即声波；②声音可以在一切弹性介质中传播，介质质点的振动状态在介质中的传播过程称为声波的传播；③在介质中，声波所及的区域统称为声场。下面重点介绍在声学中用来表征声波特性的几个基本物理量，它们是学习声学基本理论和开展声学实验的基础。

1.1.1　声压与声压级

1. 声压

当声波在声场中传播时，声场中任意一点的压强 P 相当于在静压强 P_0 的基础上叠加一个由声波扰动引起的压强变化量 ΔP，这个压强变化量就称为该点的声压 p，即

$$p = \Delta P = P - P_0 \tag{1-1}$$

因此，声压是指介质中有声波时的压强与没有声波时静压强的差值，声压是声学中用来定量描述声波性质的基本物理量，符号用小写的“p”表示；声压的单位为帕[斯卡]，符号记为Pa。

声场中某一瞬时的声压值称为瞬时声压，记为 $p(t)$；在一定时间间隔内最大的瞬时声压称为峰值声压，记为 P_A，如果声压随时间的变化满足简谐规律，峰值声压就是指简谐声压的幅值，则简谐声压记为 $p(t) = P_A\cos(\omega t)$；在一定时间间隔 T 内，瞬时声压对时间的均方根值称为有效声压，记为 p，即

$$p = \sqrt{\frac{1}{T}\int_0^T p^2(t)\mathrm{d}t} \tag{1-2}$$

式中，T 是声压周期的整数倍时间或不致影响计算结果的足够长的时间。

通常在实际使用中，如不另加说明，声压就是指有效声压。在理想流体（液体和气体）介质中，声压是一标量值，即声场中任一点的声压都是无方向的。

当周边环境很安静时，人耳在某一频率可以听到的最小声压定义为听阈声压，其值通常约为 2×10^{-5}Pa，即在每平方米的面积上受到 2×10^{-5}N 的压力；而将让人耳产生听觉疼痛的声压定义为痛阈声压，其值通常约为 20Pa。因此，人耳从可以听到最小声压到能够引起痛觉的声压，其声压绝对值相差 10^6，显然，用声压绝对值表示声波的大小是不方便的。在工程上无论空气声还是水声，研究的声波幅度的变化范围更大，最大与最小幅度之间的差值可达 10^{12} 倍左右，这样对描述、记录和作图都很不利。为了便于应用，人们根据人耳对声波强弱变化具有对数响应关系的特性，引入了一个对数量来表示声波的大小，这就是声压级。

2. *声压级*

在声学领域特别是声学测量技术中，常用的声学量，无论直接测量量还是间接测量量，一般都对应着存在一个采用“级”这个概念来定义的某一声学量级，用来描述声波及与其相关各量的变化特性。

声学量级是指一个声学量与其同类量的基准值之比的对数，其定义的表达式为

$$L_X = 10\log_r\left(\frac{X}{X_{\text{ref}}}\right) \tag{1-3}$$

式中，L_X 是指某声学量 X 的级（注：为了与声学量区分，书中声学量的级均采用“L_X”表示）；X_{ref} 是指某声学量 X 的基准值（注：这里某声学量是指与能量相关的量，如声强、声功率等）。

声学量级的单位视对数底 r 而定：若 r 取以 10 为底的常用对数，则其单位为贝，符号是 B。但实际使用中，常取其 1/10 作为级的单位，即分贝，符号是 dB；若 r 取以 e 为底的自然对数，则其单位为奈培，符号是 Np。

声压级就是声压物理量的级，记为 L_p，是声学计量与测试中经常使用的一个物理量，由于声压与声强之间存在平方关系，因此声场中某点的声压级表示为

$$L_p = 20\lg\left(\frac{p}{p_{\text{ref}}}\right) \tag{1-4}$$

式中，L_p 是测量点处的声压级，单位为 dB；p 是声场中某一测量点处声压的有效值（即均方根值）；p_{ref} 是作参考的声压基准值。

显然，对于同一声压值，声压基准值不同，得到的分贝数也不同。在国际单位制中，水声采用的声压基准值为 $1\mu\text{Pa}$；而在空气中为 $20\mu\text{Pa}$。为了避免混淆，在给定声压级时须同时注明基准值。例如，1Pa 的声压，其声压级为 $L_p = 120\text{dB}$（基准值：$1\mu\text{Pa}$），或记为 $L_p = 120\text{dB}(0\text{dB ref }1\mu\text{Pa})$。

1.1.2 质点振速

质点振速是指因声波通过而引起的介质中尺度甚小于波长而甚大于分子尺度的质点

相对于其平衡位置的振动速度，一般指有效值（即均方根值）。质点振速是矢量值，即声场中任一质点的振速都是有方向的，因此用符号“u”来表示，单位为 m/s。

根据运动方程，声场中某一点的质点振速与声压有如下关系：

$$\rho \frac{\mathrm{d}u_x}{\mathrm{d}t} = -\frac{\partial p(x)}{\partial x} \tag{1-5}$$

式中，ρ 为介质密度，单位为 kg/m^3；u_x 为质点在 x 方向的瞬时振动速度，单位为 m/s；$p(x)$为某一质点处的瞬时声压，单位为 Pa。

如果质点作简谐振动，振动速度的幅值为U_x，即

$$u_x = U_x \mathrm{e}^{-\mathrm{j}\omega t} \tag{1-6}$$

则将式（1-6）代入式（1-5）可得

$$\frac{\partial p(x)}{\partial x} = \mathrm{j}\rho\omega u_x = \mathrm{j}k\rho c u_x \tag{1-7}$$

式中，k 是波数，$k = \frac{\omega}{c} = \frac{2\pi}{\lambda}$，单位为 m^{-1}；$\omega$ 是质点振动的角频率，单位为 rad/s；c 是声速，单位为 m/s；$\frac{\partial p(x)}{\partial x}$ 是声压梯度。

如果在沿 x 方向传播的平面波场中，因为有 $p(x) = \rho c u_x$，则有

$$\frac{\partial p(x)}{\partial x} = \mathrm{j}kp(x) \tag{1-8}$$

由此可见，在声场中声压和质点振速物理量不仅是时间的函数，还是空间位置的函数。

1.1.3　频程与倍频程

声波的频率是指声源振动的频率，即单位时间内声源往复振动的次数，单位是赫[兹]，符号为 Hz。通常，人耳可以听到的声音的频率范围为 20Hz～20kHz，在这一范围内高、低两端的频率相差达 10^3 倍，因此为了方便分析，人们把 20Hz～20kHz 的声频范围分为若干较小的频段（又称频程或频带），分段的依据是发现人耳听觉的频率响应特性具有对数特征，即人耳接收到两个不同频率的声音时，对其感受起决定作用的是两个频率的比值，而不是它们的差值。例如，在音乐声学中，国际标准化组织（International Organization for Standardization，ISO）推荐国际标准音调为 A-440Hz，即基本 C 调的 6，其高音 $\dot{6}$ 频率是 880Hz，其低音 $\underset{.}{6}$ 频率是 220Hz，当两次分别从低音 6 提高到 6 和从 6 提高到高音 6 时，人耳主观感受两次音调的提高程度是相同的。因此，频程是用来表征频率相对尺度的，以高频与低频之间的比值来表示，其单位称为倍频程，符号记为 oct。

倍频程在声学标准中作为频程的单位，用来计量两个频率之间的间隔，具体有如下规定：

（1）当某一频程内高频与低频之间的比值是 2 的倍数，即 $f_{\mathrm{H}} / f_{\mathrm{L}} = 2^n$ 时，$n = 1$ 时该频程单位称为 1/1 倍频程；$n = 1/3$ 时该频程单位称为 1/3 倍频程；$n = 1/12$ 时该频程单位称为 1/12 倍频程；

（2）当某一频段的高频与低频之间的比值是 10 的倍数，即 $f_H / f_L = 10$ 时，该频程单位称为十倍频程。

为了测试与计量的标准化，ISO 规定在 1～10（可为任意频率单位）以 1/3 倍频程为单位将其划分成 10 个频程，则按以上定义各频程之间比值应该为

$$1:2^{1/3}:2^{2/3}:2^{3/3}:2^{4/3}:2^{5/3}:2^{6/3}:2^{7/3}:2^{8/3}:2^{9/3}:2^{10/3}$$

考虑到取值的精确性，规定这 10 个值近似取为

$$1:1.25:1.60:2.0:2.5:3.15:4.0:5.0:6.3:8.0:10.0$$

这样，每隔 10 个 1/3 倍频程的频段两端频率正好相差 10 倍，即 1 个十倍频程相当于 10 个 1/3 倍频程。同理，3 个 1/3 倍频程等于 1 个 1/1 倍频程。

在声学信号分析中，参照如上标准，ISO 规定了优先选用频率，即

$$(1.0,1.25,1.60,2.0,2.5,3.15,4.0,5.0,6.3,8.0,10.0)\times 10^m \text{ Hz}$$

1.1.4　响度与响度级

响度不是纯物理量，它是人耳受声音刺激而感受到的声音强弱，是人对声音大小的一个主观评价量，即由听觉判断声音强弱的量度，表示符号为 N，单位为宋（sone）。频率为 1kHz、声压级为 40dB（基准值：20μPa）的声音所产生的响度是 1sone。

响度级在数值上等于由听力正常者判断为等响的 1kHz 纯音（来自正前方平面行波）的声压级，符号为 L_N，单位为方（phon）。例如，某一声音听起来与 1kHz 的 75dB 声压级的纯音一样响，则它的响度级为 $L_N = 75$phon。

1.1.5　声强与声强级

声强是指声场中某点处，在单位时间内从与质点振速方向垂直的单位面积上通过的声能。按定义，声强是瞬时矢量值，可用式（1-9）计算：

$$I(t) = p(t)\cdot u(t) \tag{1-9}$$

式中，$I(t)$ 是瞬时声强，单位为 W/m^2；$p(t)$ 是瞬时声压，单位为 Pa；$u(t)$ 是瞬时质点振速，单位为 m/s。

在稳态声场中，声强 $\overline{I}$ 为瞬时声强在一定时间 T 内的平均值，单位为 W/m^2，表达式为

$$\overline{I} = \frac{1}{T}\int_0^T I(t)\mathrm{d}t \tag{1-10}$$

式中，T 是声压周期的整数倍时间或不致影响计算结果的足够长的时间，单位为 s。

如果在自由平面波场中，则由式（1-10）可得在波传播方向上的声强为

$$I_0 = \frac{p_0^2}{\rho c} \tag{1-11}$$

式中，p_0 是有效声压，单位为 Pa；ρ 是介质密度，单位为 kg/m^3；c 是介质中声速，单位为 m/s。

声场中某点的声强级 L_I 定义为该点的声强 I 与其基准值 I_{ref} 之比的常用对数乘以 10，单位为 dB，即

$$L_I = 10\lg\left(\frac{I}{I_{\text{ref}}}\right) \tag{1-12}$$

1.1.6　声功率与声功率级

声功率是指单位时间内通过某一面积的声能，单位为 W。

声波为纵波时，声功率表示为

$$W_a = \frac{1}{T}\int_S \mathrm{d}S\int_0^T p(t)u_n(t)\mathrm{d}t \tag{1-13}$$

式中，$p(t)$ 是瞬时声压，单位为 Pa；$u_n(t)$ 是瞬时质点振速在面积 S 法线方向 n 上的分量，单位为 m/s；S 是面积，单位为 m^2；T 是声压周期的整数倍时间或不致影响计算结果的足够长的时间，单位为 s。

在自由平面波场中，通过面积 S 的平均声功率为

$$W_a = \frac{p_0^2}{\rho c}S\cos\theta \tag{1-14}$$

式中，θ 是面积 S 的法线与波传播方向之间的夹角。

声源的辐射声功率级 L_W 定义为声源辐射声功率值与其基准值之比值的常用对数乘以 10，单位为 dB。

由于声功率级是对声源而言的，而声强级与声压级都是对声场而言的，因此声功率基准值选取与声强基准值或声压基准值无关。在水声学中，为了计算方便，通常将声功率基准值取为 1W。例如，某声源的辐射声功率为 100W，其辐射声功率级等于 20dB。

1.1.7　常用声学量及其单位名称和符号

国家标准《声学的量和单位》（GB/T 3102.7—1993）规定了 68 个常用声学量及其单位名称和符号，部分见表 1.1。

表 1.1　常用声学量及其单位名称和符号

声学量名称	符号	单位	声学量名称	符号	单位
频率	f	赫兹（Hz）	质点位移	x	米（m）
周期	T	秒（s）	质点速度	u	米每秒（m/s）
频程		倍频程（oct）	质点加速度	a	米每二次方秒（$\mathrm{m/s^2}$）
角频率	ω	每秒（$\mathrm{s^{-1}}$）	体积速度	U	立方米每秒（$\mathrm{m^3/s}$）
波长	λ	米（m）	声能密度	w	焦[耳]每立方米（$\mathrm{J/m^3}$）
角波数	k	弧度每米（rad/m）	声功率	W	瓦[特]（W）

续表

声学量名称	符号	单位	声学量名称	符号	单位
静压力	P_0	帕（Pa）	声强	I	瓦每平方米（W/m^2）
声压	P	帕（Pa）	声阻抗率	Z_s	帕秒每米（Pa·s/m）
声速	c	米每秒（m/s）	声阻抗	Z_a	帕秒每立方米（$Pa·s/m^3$）
声压级	L_p	分贝（dB）	自由场电压灵敏度	M	伏[特]每帕（V/Pa）
声强级	L_I	分贝（dB）	自由场电压灵敏度级	L_M	分贝（dB）
声功率级	L_W	分贝（dB）			

1.2　声学换能器与振动传感器

人耳对于声音的感知是十分敏感的，作为一种声接收器，人耳的结构相当复杂，声学性能也相当优良，它不仅能够感知到声音的大小、频率，还具有滤波（对数检波）特性。同样地，如果在声学实验中想检测到声音，也就是测量到声场中某一空间位置处的声压量，则首先需要有声接收器——声学换能器的一种。声学换能器，也称为电声换能器，是一种将电（或声）信号能量转换成相应的声（或电）信号能量的器件。一般电声换能器的能量转换过程是先将电信号转换成机械振动，然后由机械振动产生声信号，能够完成这一能量转换过程的换能器称为声发射换能器；对于声电转换则是先将声信号转换成机械振动，然后再转换成电信号，这就是声接收换能器。

声波是由物体振动产生的，因此我们研究声音的感知问题时，也同样会关注振动特性。振动传感器是用来获取振动物理量的，包括振动位移、速度、加速度。

下面首先介绍两种常用的电声换能器：一是空气介质中的电声换能器，包括扬声器（也称喇叭，是发射器）和传声器（也称麦克风，是接收器）；二是水介质中的电声换能器，也称水声换能器，包括水声发射器和水声接收器（也称水听器）。然后介绍一种振动传感器，即压电式加速度传感器，是用来测量振动加速度信号的传感器。

1.2.1　接收换能器

1. 传声器

传声器，也称麦克风、话筒或受话器等，其种类众多。按照测量准确度和用途，可分为基准传声器、标准传声器和工作传声器；按工作原理，可分为电动式传声器（包括动圈式、带式等）和静电式传声器（包括压电式、电容式或驻极体式）。图 1.1 为丹麦 B&K 公司生产的几种专业用传声器产品。

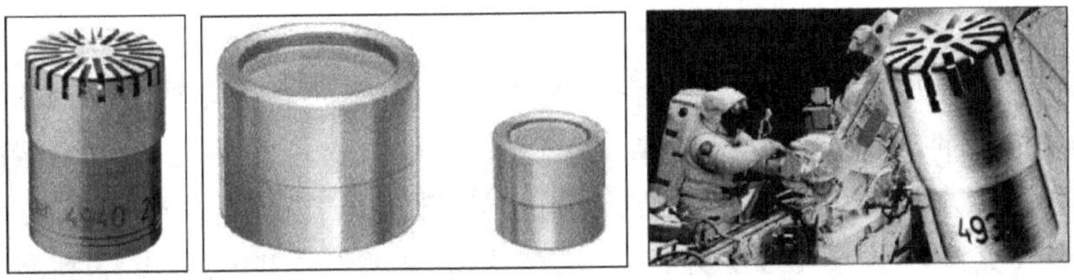

图 1.1　丹麦 B&K 公司的几种专业用传声器

传声器在使用时，需要根据具体应用场合和实际任务需要来选择，选择的基本依据是传声器的各项指标，以下列举了传声器的几项主要技术指标。

1）传声器的灵敏度

传声器的灵敏度是表征传声器在一定声压作用下，能产生多少电输出的一个物理量。一般来说，它是传声器的输出电压与该传声器所接收到的声压的复数比，表达式为

$$\tilde{M}=\frac{\tilde{e}_{\mathrm{oc}}}{\tilde{p}} \tag{1-15}$$

式中，$\tilde{M}$ 为传声器的复数灵敏度，单位为 V/Pa；$\tilde{e}_{\mathrm{oc}}$ 为传声器的输出电压，为了避免受负载的影响，常用开路电压表示，单位为 V；$\tilde{p}$ 为传声器接收到的声压，单位为 Pa。

根据传声器的不同用途，在不同的声学环境下，传声器的灵敏度又分为自由场灵敏度、声压灵敏度和扩散场灵敏度。对于不同的测试信号，传声器的灵敏度又可分为额定灵敏度和特性灵敏度。

2）传声器的频率响应

传声器的频率响应是指在某一确定的声场中，传声器的开路输出电压随频率变化的曲线。

传声器的频率响应是传声器的主要指标之一，为了得到良好的音质，一般要求传声器的频响曲线在较宽的频率范围内平直，但是根据使用的场合不同，对传声器的频响有不同的要求。根据使用的场合不同，传声器的频率响应可分为自由场频率响应、声压频率响应和扩散场频率响应。

3）传声器的输出阻抗

每只传声器都有一定的内阻抗，从输出端测得的内阻抗的模就是该传声器的输出阻抗，一般以频率为 1000Hz 的阻抗值为标称值。

传声器输出阻抗的大小直接决定输出电缆的长短。传声器的输出阻抗高，灵敏度也高，但是易受外界的干扰，其输出电缆不能太长，否则电缆上感应的外界干扰在传声器内阻上有较大的电压降，严重的可能导致传声器无法工作。反之，传声器的输出阻抗低，不易受外界的干扰，允许用长的输出电缆。

4）传声器的指向性

传声器的灵敏度随声波入射方向而变化的特性就是传声器的指向性，传声器的指向性对音质有较大的影响。根据不同的使用目的不同的声源以及不同的声场条件而选用具有不同指向性的传声器，对提高音质是很重要的。

传声器的指向性常用指向性图案、指向性频率响应和指向性指数来表示。

5）传声器的动态范围

传声器的动态范围是指传声器所能接收声音的大小，其上限受到失真的限制、下限受到固有噪声的限制，以传声器的最高声压级减去等效噪声级就是该传声器的动态范围。

传声器的最高声压级常用传声器振幅非线性失真值来限制，声压级越高，失真也越大。一般规定失真度不大于 0.5%或 1%，当传声器输出电压的失真度达到某一规定值时，此时的声压级就等于该传声器的最高声压级。

2. 水听器：声压水听器和矢量水听器

水听器是接收型换能器，主要用于接收水下声信号，要求具有较高的灵敏度、平坦的频率响应和宽的带宽，图 1.2 为常用的水听器实物图。按照拾取的物理量不同，水听器可分为声压水听器和矢量水听器两种。声压水听器用于测量水中的声压物理量 p，矢量水听器用于测量水中的质点振动速度、质点振动加速度或声压梯度等物理量。

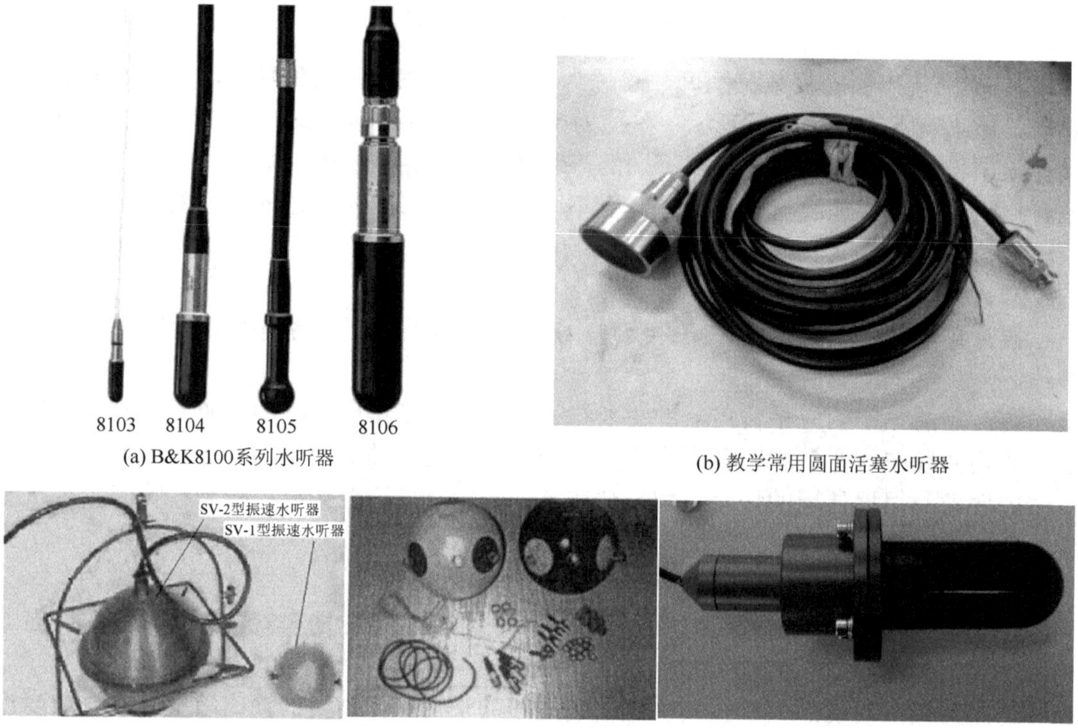

(a) B&K8100系列水听器　　(b) 教学常用圆面活塞水听器

(c) 矢量水听器

图 1.2　常用的水听器实物图

表征水听器声学性能的主要电声参数包括水听器的接收灵敏度、水听器的指向性、水听器的动态范围等。

1）水听器的接收灵敏度

水听器的主要电声参数是接收灵敏度，通常是指开路电压灵敏度，分为自由场电压灵敏度和声压灵敏度。

（1）自由场电压灵敏度 M_f。

在平面波自由声场中，水听器输出端的开路电压 e_{oc} 与在声场中引入水听器前存在于水听器声中心位置处的自由场声压 p_f 的比值，称为水听器的自由场电压灵敏度，符号为 M_f，单位是伏每帕（V/Pa），数学表达式为

$$M_f = \frac{e_{oc}}{p_f} \tag{1-16}$$

自由场电压灵敏度是相对于平面行波而言的。如果水听器是无指向性的，则无论平面波从哪个方向传来，灵敏度都是相等的。如果水听器是有指向性的，则灵敏度随平面波入射方向而改变。因此，在水听器上必须标明正对平面波的入射方向、频率和输出端。

自由场电压灵敏度 M_f 与其基准值 M_{ref} 之比值的以 10 为底的对数乘以 20，称为自由场电压灵敏度级，符号为 $\boldsymbol{M_f}$（或 L_{M_f}），单位是分贝（dB），数学表达式为

$$L_{M_f} = 20\lg\left(\frac{M_f}{M_{ref}}\right) \tag{1-17}$$

式中，M_{ref} 是自由场灵敏度的基准值，在水声中取为 1V/μPa。

（2）声压灵敏度。

水听器输出端的开路电压与作用于水听器接收面上的实际声压的比值称为水听器的声压灵敏度，符号为 M_p。当用分贝表示时，称声压灵敏度级，符号为 $\boldsymbol{M_p}$。如果水听器的最大线性尺寸远小于水中波长，且水听器的机械阻抗远大于水听器在水中的辐射阻抗，则其声压灵敏度（级）等于自由场电压灵敏度（级）。

2）水听器的指向性

（1）指向性图。

对于一个水听器或基阵，它的接收指向性图是指水听器在远场平面波作用下，所产生的开路输出电压随入射方向变化的曲线图，也就是它的相对灵敏度的曲线图，其函数表达式可记为

$$D(\phi,\theta) = \frac{M(\phi,\theta)}{M(0,0)} \tag{1-18}$$

式中，$M(\phi,\theta)$、$M(0,0)$ 分别表示任意方向和最大值方向上的自由场电压灵敏度，所以 $D(\phi,\theta)$ 小于 1，即 $20\lg D(\phi,\theta)$ 为负的分贝值。

（2）指向性因数和指向性指数。

对于定向接收器或水听器阵而言，在各向同性噪声场中检测平面波信号时，定向接收器的接收指向性因数代表其输出端的信噪比比无指向性接收器输出端的信噪比提高的倍数。而接收指向性指数是接收指向性因数的分贝值。

3）水听器的动态范围

水听器的过载声压级与等效噪声声压级之差称为它的动态范围，单位是分贝（dB）。

水听器的过载声压级是引起水听器过载的声压级。过载的性质可以是信号发生畸变，也可以是输出量与输入量之比偏离线性变化。

水听器的等效噪声声压级是指：当从水听器主轴方向入射的正弦波，在其输出端产

生的开路电压等于水听器实际输出的带宽为 1Hz 的开路噪声电压（方均根值）时，该入射正弦波的声压级。对于带前置放大器的水听器，动态范围往往是一个比较重要的参数。

1.2.2 发射换能器

1. 扬声器

扬声器，也称喇叭、送话器等（见图 1.3），按工作原理不同分为电动式扬声器（有纸盆式、号筒式和球顶形三种）、电磁式扬声器、静电式扬声器、压电式扬声器等；按振膜形状分为锥形、平板形、球顶形、带状形、薄片形等；按放声频率分为低音扬声器、中音扬声器、高音扬声器、全频带扬声器等。

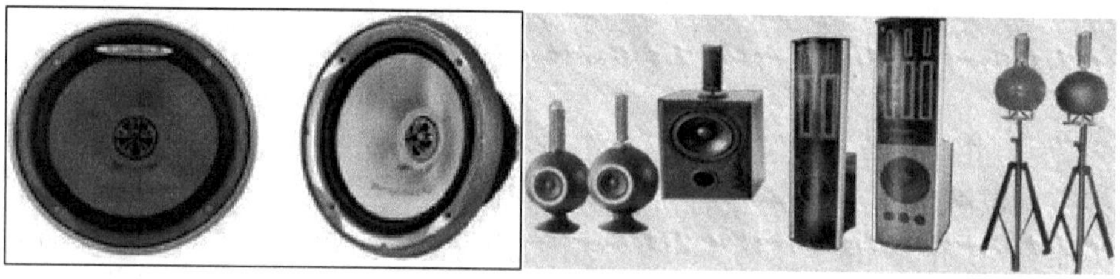

图 1.3 几种常见的扬声器

在实际声学测试中，需要根据任务需求和应用场合正确选择扬声器，表征扬声器声学性能优劣的参数如下所述。

1）扬声器的频率特性

扬声器的频率特性是指馈给扬声器一定电压时，扬声器在参考轴上所辐射的声压随频率变化的特性，它反映扬声器对各种频率的声波的辐射能力。扬声器的频率特性一般包括三方面：声压频率响应曲线、有效频率范围和不均匀度。

2）扬声器的灵敏度

扬声器的灵敏度是指扬声器输入端馈给单位电压，在其参考轴上距离参考点 1m 远处产生的声压值，其数学表达式为

$$M_f = \frac{p_f}{E} \tag{1-19}$$

式中，E 为馈给扬声器的电压，单位为 V；p_f 为距扬声器参考点 1m 远处的声压值，单位为 Pa。

3）扬声器的阻抗特性

扬声器的阻抗特性反映了扬声器的振动系统随频率变化的特性，这是对扬声器机械振动系统设计的直观反映。在阻抗曲线上可以获得机械谐振频率、振动系统的品质因数 Q、最佳匹配的阻抗以及高频时感抗部分变化的情况等参数。扬声器的阻抗特性对扬声器与信号源的匹配、扬声器低频部分的设计以及扬声器箱设计的考虑等来讲是很重要的参量。常用阻抗曲线和额定阻抗来表示扬声器的阻抗特性。

4）扬声器的指向特性

扬声器辐射的声波随频率的增加，波长变短，当波长与扬声器的线度可比拟时，由于声波的相互干涉，扬声器辐射的声波将出现明显的指向性，频率越高，指向性越强。扬声器的指向特性一般用指向性图案、指向性因数和指向性指数来描述。

5）扬声器的效率

扬声器的效率定义为扬声器输出声功率与输入电功率之比，即

$$\eta = \frac{W_A}{W_E} \times 100\% \tag{1-20}$$

式中，W_E为输入电功率；W_A为输出声功率。

一般输入电功率应与功率因子 $\cos\varphi$（φ 为输入电压与电流之间的相角）有关，在扬声器中 $\cos\varphi$ 接近于 1，因此，常用扬声器额定功率作为输入电功率，不测量相角，即

$$W_E = E_e^2 / Z_e \tag{1-21}$$

式中，E_e为馈给扬声器两端的电压；Z_e为扬声器的标称阻抗。

6）扬声器的失真

在扬声器的音质评价中，扬声器的失真是影响音质的主要因素，因为人耳对频率的变化是很敏感的，经过训练的人的耳朵可以分辨到 1Hz 以下。将一定频谱的乐音馈给扬声器，接收到的声音里如果原来的谐波成分变了，称为谐波失真；如果因其频率分量的相互作用出现了原来没有的频率成分，称为互调失真（包括差频失真）；如果馈给扬声器一快速变化的乐音，扬声器振动系统跟不上这快速变化引起的失真，称为瞬态失真。随着人们对音质要求的提高，对扬声器的失真也越来越重视。

2. 水声发射换能器

水声换能器是水下专用设备，根据用途、所用材料、工作频率、振动方式和特性等，可以把水声换能器分成许多种类。按照用途可以将水声换能器分成以下几类。

第一类是接收型换能器，如前所述，这类换能器主要用于接收水下声信号，要求具有较高的灵敏度、平坦的频率响应和宽的带宽。

第二类是发射型换能器，简称发射器，又称声源。这类换能器主要用于向水中辐射声信号，要求具有较高的辐射声功率和工作带宽内较平坦的频率响应。

第三类是收发两用型换能器，它既能将发射机输出的电信号转换成声信号发射到水中去，也能将水中的声信号转换成电信号送入接收机进行处理。换能器用于发射声波时，希望它的输入阻抗与发射机的输出阻抗相匹配；用于接收声波时，希望它的输出阻抗与水的阻抗相匹配。此类换能器主要用在主动定位声呐、主动跟踪声呐、水声通信声呐和探雷声呐等。

第四类为标准换能器，包括标准水听器、互易换能器、标准发射器等。它的特点是响应平坦、互易性好、性能稳定可靠。这类换能器主要在实验室内使用，用于灵敏度校准、精确水声测量和水声声压量值传递等。

第五类是测量用辅助换能器，在水声测量、校准或检定工作中起辅助作用。它的主要特点是要求不像标准换能器那么严格，无须进行精确校准。例如，水听器校准中的发

射器，水声构件和材料声学特性测量中的发射器和接收水听器，只要工作在线性范围内，性能稳定即可，无须进行精确校准。图 1.4 为常用的一些发射换能器实物图。

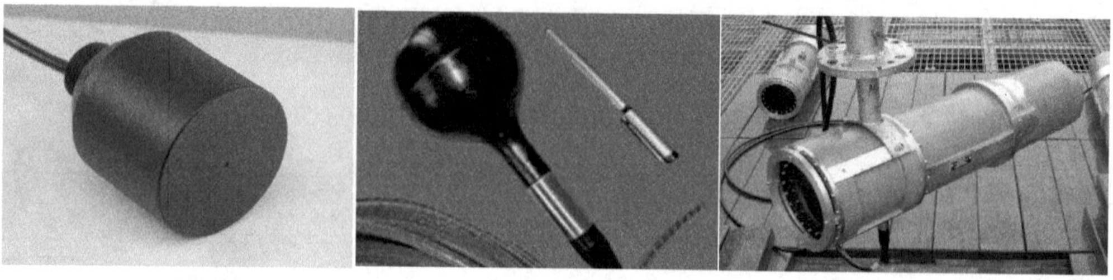

(a) 活塞式　　(b) 球形声源　　(c) 大功率甚低频水下声源

图 1.4　常用发射换能器实物图

本节主要介绍水声发射换能器的主要参数，具体有：①水声发射换能器的发送响应；②水声发射换能器指向性；③水声发射换能器电阻抗；④水声发射换能器的线性范围；⑤输入电功率、发射声功率和电声效率等。

1）水声发射换能器的发送响应

发送响应是用来表示发射换能器发射性能的物理量。在水声换能器的研制过程中或对水下声系统进行鉴定时，都需要对换能器的发送响应进行测量。按照参考电学量的不同，发送响应分为发送电压响应、发送电流响应和发送功率响应。对于压电换能器，一般测发送电压响应，而对于磁致伸缩换能器，一般测量发送电流响应。

（1）发送电压响应 S_V。

发射器在某频率下的发送电压响应 S_V 是发射换能器在某频率信号的激励下所形成的远场中，在指定方向（一般是声轴方向）离其有效声中心参考距离上产生的自由场表观声压 p_f 与加到换能器输入端的电压 V_i 之比，单位是帕米每伏（Pa·m/V），数学表达式为

$$S_V = \frac{p_f}{V_i} \tag{1-22}$$

式中，p_f 为轴向表观声压，可用离被测换能器有效声中心 d m 处的声压 p_d 来计算获得，即 $p_f = \frac{p_f d}{d_0}$，d_0 为参考距离 1m。因此，发送电压响应也可以说是发射器在某一频率下指定方向上离其有效声中心参考距离 d m 处远场中的声压 p_d 和该参考距离的乘积与加到输入电端的电压 V_i 的比值，即

$$S_V = \frac{p_d d}{V_i} \tag{1-23}$$

发送电压响应级是发送电压响应 S_V 与其基准值 S_{V_r} 比值的以 10 为底的对数乘以 20，单位是分贝（dB），数学表达式为

$$L_{S_V} = 20\lg(S_V / S_{V_r}) \tag{1-24}$$

式中，基准值 S_{V_r} 为 1μPa·m/V。

（2）发送电流响应 S_I。

发送电流响应 S_I 是发射器在某一频率下、指定方向上离其有效声中心参考距离 d m 处远场中的声压 p_d 和该参考距离的乘积与加到输入电端的电流 I_i 的比值，单位为帕米每安（Pa·m/A），数学表达式为

$$S_I = \frac{p_d d}{I_i} \tag{1-25}$$

发送电流响应以分贝表示时为发送电流响应级，即

$$L_{S_I} = 20\lg(S_I / S_{I_r}) \tag{1-26}$$

式中，基准值 S_{I_r} 为 1μPa·m/A。

（3）发送功率响应。

发射换能器的发送功率响应是发射换能器在某频率信号的激励下所形成的远场中，在指定方向（一般是声轴方向）参考距离处的声压平方和该参考距离平方的乘积与加到它的输入电端的电功率比值，符号为 S_W，单位为 $\mathrm{Pa^2 \cdot m^2/W}$。

2）水声发射换能器指向性

为了有效地提高主动声呐的作用距离，发射换能器总是做成具有一定的发射指向性，使它所发射的声能主要集中于空间某一方向（通常就是目标所在方向），其余方向上则仅有少量的发射声能。图 1.5 形象地表示了这种发射指向性特性。

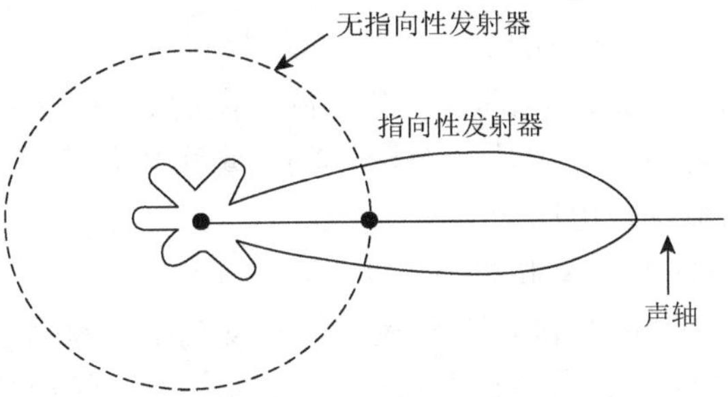

图 1.5　发射指向性图案

描述一个水声换能器的自由场远场的指向性响应的特性参量有指向性图、指向性因数和指向性指数等。

（1）指向性图。

发射换能器或其基阵的发射指向性图是表示它在自由场中辐射声波时，在其远场中声能的空间分布图像。通常用 $D(\phi,\theta)$ 表示归一化的指向性图函数，定义式如下：

$$D(\phi,\theta) = \frac{p(\phi,\theta)}{p(0,0)} \tag{1-27}$$

式中，θ 表示考察方向与极轴（X 轴）的夹角；$p(\phi,\theta)$ 表示各考察方向 (ϕ,θ) 上自由场声压的有效值；$p(0,0)$ 表示声轴方向（或选定方向）上自由场远场电压的有效值，通常 $p(0,0)$ 方向就选定为有效值声压为最大值的方向。

（2）指向性因数和指向性指数。

对于发射换能器而言，它的发射指向性因数和指向性指数定义为在参考方向上（通常指声轴方向）远场中某点的声强 I_o 与相同距离上各方向的声强平均值 $\bar{I}$ 的比值，称为发射指向性因数，用 DF 表示。此比值的分贝数即取其以 10 为底的对数乘以 10，则称为发射指向性指数，用 DI 表示。它们是声呐方程中的重要参量，用公式表示为

$$\mathrm{DF}=\frac{I_o}{\overline{I(\theta,\phi)}} \tag{1-28}$$

$$\mathrm{DI}=10\lg \mathrm{DF} \tag{1-29}$$

发射指向性指数 DI 实际上就是在相同的距离上，指向性发射器声轴方向上的声级高出无指向性发射器辐射声场声级的分贝数。DI 值越大，就表示声能在声轴方向集中的程度越高，就越有利于增加设备的作用距离。所以，近代主动声呐的发射器，都在造价、工程实施等允许的条件下，尽可能地提高发射指向性指数。

3）水声发射换能器电阻抗

水声换能器的电阻抗是指在一定频率下加于换能器电端的瞬时电压与相应的瞬时电流的复数比，符号为 Z，单位是欧[姆]（Ω）。换能器电阻抗的倒数称为换能器的电导纳，其符号为 Y，单位是西[门子]（S）。

水声换能器的电阻抗或电导纳与激励电信号的频率、大小和它所处的声场及其环境（静水压、温度等）有关，也与它的电缆长度有关。通常小信号下的阻抗（或导纳）不能代替大信号下的阻抗（或导纳）。

4）水声发射换能器的线性范围

换能器的线性范围是指换能器的输出量与输入量的比值保持不变时输入量的范围。对于发射换能器，输入量可以是电压、电流，输出量可以是声压、振速；对于水听器，输入量是声压，输出量是开路电压。

5）输入电功率、发射声功率和电声效率

发射换能器的输入电功率是被功率源吸收的有功功率，符号为 W_e，单位为瓦（W）。

发射换能器的发射声功率是其在单位时间内向介质发射出的有效声能量，符号为 W_a，单位为瓦（W）。

发射换能器的电声效率是其发射声功率与输入电功率的比值，符号为 η_{ea}，无单位，通常用百分率（%）表示。

1.2.3　压电式加速度传感器

压电式加速度传感器（压电加速度计）主要由质量块、压电敏感元件和基座等组成，其中压电敏感元件可以是石英晶体或压电陶瓷等，图 1.6 给出了美国 PCB 公司生产的压电加速度计产品。加速度计工作时，需要固定在被测物体上，粘接安装用到的黏结剂，一般有氰基丙烯酸盐、磁铁、双面胶带、石蜡、热黏结剂等。当物体振动时压电元件受到传感器质量块的惯性力作用，产生与所受力成正比的电荷，该电荷与质量块的加速度成正比。

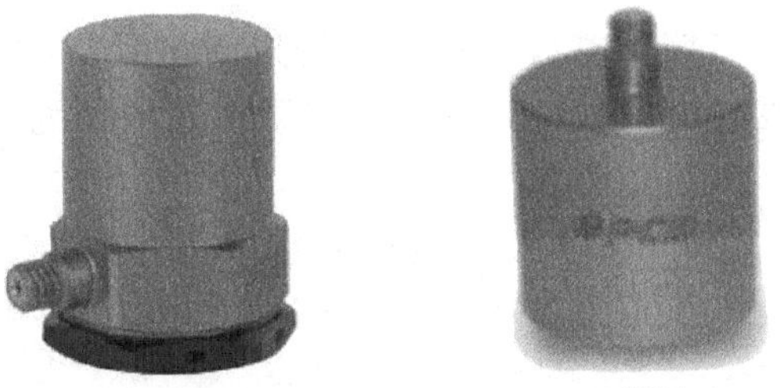

(a) 侧端输出　　(b) 顶端输出

图 1.6　美国 PCB 公司生产的压电加速度计产品

表征加速度计性能的主要参数包括幅频-相频响应曲线和灵敏度等。

1. 幅频-相频响应曲线

加速度计的使用上限频率取决于幅频曲线中的共振频率。一般小阻尼（$z\leqslant 0.1$）的加速度计，上限频率若取为共振频率的 1/3，便可保证幅值误差低于 1dB（即 12%）；若取为共振频率的 1/5，则可保证幅值误差小于 0.5dB（即 6%）。但共振频率与加速度计的固定状况有关，加速度计出厂时给出的幅频-相频响应曲线（见图 1.7）是在刚性连接的固定情况下得到的。

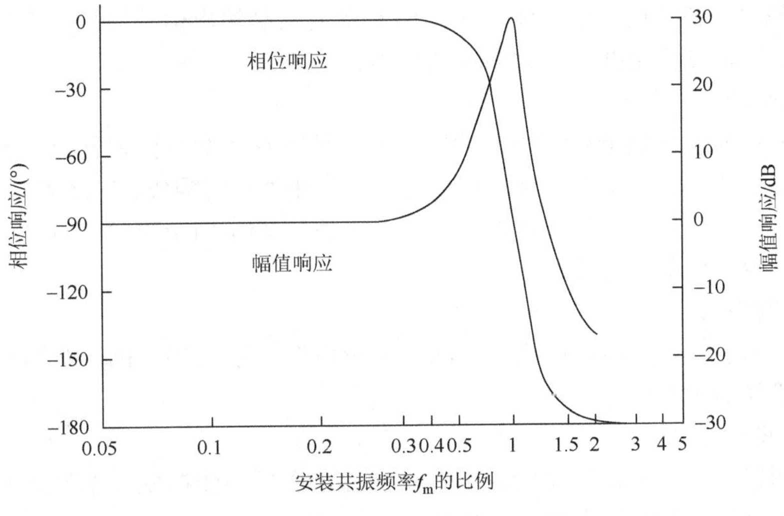

图 1.7　加速度计幅频-相频响应曲线

2. 轴向灵敏度

压电加速度计灵敏度有电压灵敏度和电荷灵敏度两种表示方法。前者是加速度计输出电压（mV）与所承受加速度之比；后者是加速度计输出电荷与所承受加速度之比。

3. 横向灵敏度

加速度计有一定的横向灵敏度，它与横向振动的方向有关，其横向灵敏度一般为轴向灵敏度的 1%～5%。在与传感器灵敏轴垂直的方向上受到激励时传感器的灵敏度称为横向灵敏度。横向灵敏度与沿灵敏轴方向上的灵敏度之比称为横向灵敏度比。

1.3　声学测量系统

尽管声学测量涉及的内容十分广泛，所需仪器也各不相同，但是完成测量所应用的测试系统其组成基本上是一样的，主要由接收系统和发射系统两部分组成，其中接收系统包括接收换能器、测量放大器、滤波器以及其他处理器，如电平记录仪、信号分析仪、指示器、计算机等；发射系统一般包括信号源、功率放大器及发射换能器等。

1.3.1　基本电子设备

1. 信号源

信号源主要用于产生测试所需的各类电信号波形。声学测量常用的信号源主要有以下几种。

1）正弦信号发生器

这是最基本、最常用的信号源。对它的基本要求是输出信号波形失真低，工作频率稳定，输出电压幅度稳定并具有大的可调范围。

2）正弦脉冲信号发生器

正弦脉冲信号发生器能够产生脉冲宽度和周期可在较宽范围内任意控制的正弦脉冲信号。该信号也可以由一般的正弦信号发生器和脉冲监控门构成。如丹麦的 B&K4440 型门系统，可以在信号中加入特定的时间窗口或脉冲，通常用于声学测量中，是一种特殊的门控技术，也可以称为键控门。

3）噪声发生器

噪声发生器能够产生谱密度级均匀的“白噪声”信号，或产生谱密度级以–3dB 的斜率下降的“粉红噪声”信号。

4）任意波形发生器

任意波形发生器可利用自身的软硬件功能通过面板操作产生任意形式的波形，也可通过专门的计算机软件控制产生任意波形。

5）多通道可变相位合成器

多通道可变相位合成器有两个或更多的独立输出通道，每个通道输出信号的频率和电压幅度都独立可调。在同频率下，各通道输出信号的相位连续可调。

2. 测量放大器

1）前置放大器

前置放大器的特点是具有高的输入阻抗和低的输出阻抗，尤其是低频前置放大器，输入阻抗要求高达几十兆欧，甚至几千兆欧。高输入阻抗旨在减小换能器耦合损耗，低输出阻抗为的是可以加接长的延伸电缆而使信号无明显衰减。这种放大器的增益可以为零。

2）电压/电荷放大器

电压/电荷放大器用于放大微弱的电信号。这种放大器的特点是噪声低，放大量准确可知、可调，线性范围大，非线性失真小，有较高的输入阻抗（通常为 1MΩ）。

3）多通道放大器

多通道放大器用于同时放大多个电信号。除具有电压放大器的特点外，各通道间还有良好的相位、幅度一致性。

4）锁相放大器

锁相放大器用于在高噪声背景下检测微伏级微弱电信号。这种放大器的最大特点是使用了参考信号，且参考信号的频率与被测信号的频率相同，因此具有高的抗干扰性。参考信号可以内置，也可以从外部输入。

5）差分放大器

差分放大器用于对两个同频率信号进行适量相加或相减并放大输出。这种放大器具有高的共模抑制比。

3. 滤波器

滤波器也是声学测量中不可缺少的设备。由于感兴趣的声信号往往混入各种干扰噪声，有时某些干扰噪声甚至超过声信号，因此为了提高测量信噪比，必须用滤波器进行预处理。滤波器的功能是滤除干扰噪声，无畸变地通过有用信号，因此，它对信号具有高的保真度，在通带内应无衰减和增益，在通带外则应衰减快。常用的滤波器种类包括如下几种。

1）倍频程滤波器

倍频程滤波器是一种通带按倍频程设计的带通滤波器，其通带的上限与下限频率之比通常为 2、$2^{1/3}$ 或 $2^{1/12}$，分别称为倍频程滤波器、1/3 倍频程滤波器和 1/12 倍频程滤波器。

2）高通和低通滤波器

只滤除某一频率以下的无用信号而保留有用的高频信号的滤波器为高通滤波器，只滤除某一频率以上的无用信号而保留有用的低频信号的滤波器为低通滤波器。

3）百分比带宽和恒定带宽滤波器

百分比带宽滤波器的通带宽度是中心频率的百分之几，倍频程滤波器实际就属于此类滤波器。恒定带宽滤波器的通带宽度为恒定值，不随中心频率而改变。

4）窄带跟随滤波器

窄带跟随滤波器是一种特殊的恒定带宽滤波器或百分比带宽滤波器，其通带非常窄，中心频率能自动跟随信号源频率。

5）多通道滤波器

这是多通道并联工作的滤波器，可以是高通滤波器、低通滤波器，各通道间应有良好的一致性。

4. 电信号测量和分析仪器

在声学测量中，电信号测量和分析仪器是用于精确测量电压值或高保真采集电压波形，或精确分析电压信号的时域或频域特性的仪器，种类很多，主要有以下几种。

1）数字电压表

数字电压表用于直接测量电压值。测量直流电压用直流数字电压表，测量交流电压用交流数字电压表。数字电压表应读数准确、动态范围大、测量频率宽。

2）相位计

相位计用于测量两个连续、稳定正弦信号间的相位。相位计应读数准确、测量频率宽、动态范围适合。

3）数字信号采集器

数字信号采集器用于高保真地采集模拟电压信号，使之变成数字信号存储起来，或者以波形形式再显示出来，或者进一步进行信号处理和保存。采集器的波形量化误差应足够小（要求等于或高于 10bit），采样率应足够高，尤其是获取相位信息时，采样率必须远远高于采样定理的规定值。另外，为了取得更多的信息，它还应有足够大的内存量。对于多路信号，应使用多路信号采集器，各路之间应有良好的一致性。

如 UDAQ 型便携式数据采集器，详见附录 D.1。

4）频谱分析仪

这是在频域上观察、测量信号的仪器，主要用于对多频率合成信号和各种噪声信号的测量和分析。对于噪声信号，频谱分析仪可给出频带谱级（频带宽度是可调的或可设定的），也可给出谱密度级。

频谱分析仪主要有两种：一种是扫频频谱分析仪，主要用于对时间稳定信号的分析，其分析滤波器的中心频率是手动或自动连续扫描，测量的信号是扫描到时刻的单频信号或一个频带的信号；另一种是实时频谱分析仪，包括多通道式的同时分析仪和计算式的快速傅里叶变换（fast Fourier transform，FFT）分析仪，用于快速测量和分析同一时刻的频谱图。具有两个以上通道的实时频谱分析仪，除可测量功率谱外，还可测互功率谱、相关系数和传递函数等。对于分析频带宽度很窄的频谱分析仪，有时也称频率分析仪。

5）多功能分析仪

多功能分析仪通常是一种集信号发生器、示波器、采集器等多功能于一身的设备。在现代自动化电子测量系统中应用较为广泛。

如 Analog Discovery 2 多功能分析仪，详见附录 D.2。

1.3.2　测试空间

1. 电声测量空间

电声测量空间是在空气中进行各项声学测试的空间，最常见的是室内空间，此外在声学实验室一般可以接触到的还有消声室、混响室、隔声室等。

1）室内空间

在建筑声学中，很多情况涉及声波在一个封闭空间内（如剧院观众厅、播音室等）传播的问题，这时，声波传播将受到封闭空间的各个界面（墙壁、顶棚、地面等）的约束，形成一个比在自由空间（如露天）要复杂得多的“声场”。这种声场具有一些特有的声学现象，如在距声源同样远处要比在露天响一些；又如，在室内，当声源停止发声后，声音不会像在室外那样立即消失，而要持续一段时间。这些现象对听音有很大影响。

室内声场有区别于室外声场的不同特征。从室外某一声源发出的声波，以球面波的形式连续向外传播，随着接收点与声源距离的增加，声能迅速衰减。而在剧院的观众厅、体育馆、教室、播音室等封闭空间内，声波在传播时将受到封闭空间各个界面（墙壁、天花板、地面等）的反射与吸收，声波相互重叠形成复杂声场，即室内声场，并引起一系列特有的声学特性。

室内声场的显著特点有以下几点。

（1）距声源一定距离的接收点上，声能密度比在自由声场中要大，常不随距离的平方衰减。

（2）声源停止发声以后，在一定的时间里，声场中还存在着来自各个界面延迟的反射声，产生所谓的“混响现象”。

（3）由于室内的形状和内装修材料的布置，可能会形成回声、颤动回声（平行墙面引起的多次声反射）、声音聚焦等各种特殊听音现象。

(4) 由于声反射形成的干涉而出现房间的共振，引起室内声音某些频率的加强或减弱。

2）消声室

消声室是用来模拟自由场或半自由场空间的，其内表面安装有吸声尖劈，尖劈的长短和大小由要求的消声性能决定，入射其上的声波几乎是毫无反射地被全部吸收。地面、顶棚和墙面全都安装吸声尖劈的房间，称为全消声室［见图 1.8（a)]；房间仅在顶棚和墙面安装吸声尖劈，而地面做成坚硬光滑的声反射面的消声室，称为半消声室［见图 1.8（b)]。

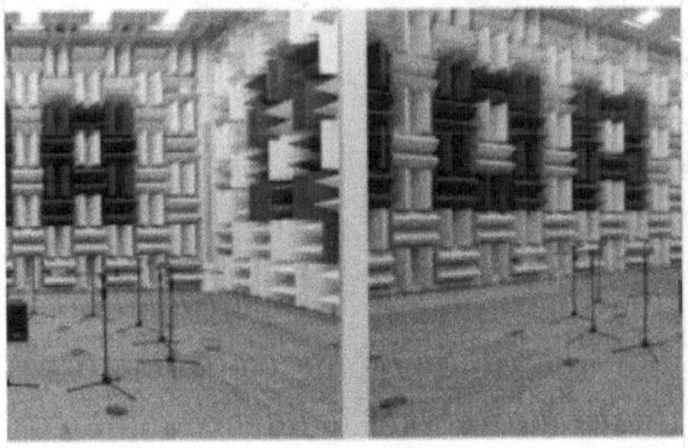

(a) 全消声室

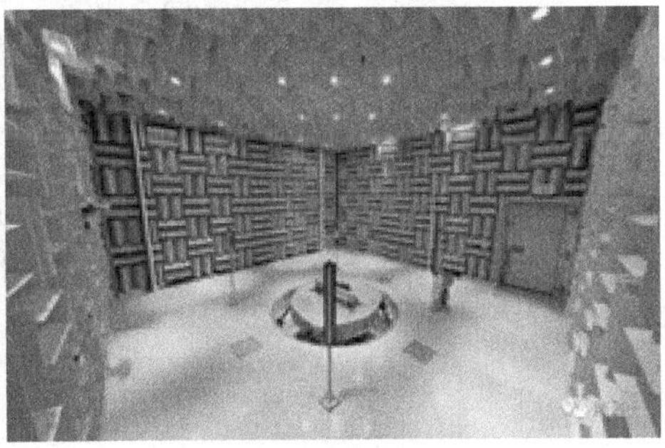

(b) 半消声室

图 1.8　消声室

消声室的用途是可以测定吸声材料及吸声结构的吸声系数，测量设备和某些产品的噪声功率级，同时可以测量传声器、扬声器的频率响应特性，或者对乐器、精密仪器的声学频率特性进行分析等。

（1）全消声室。

六个面全铺设高效吸声材料的房间，模拟近似自由场环境，没有反射声。可用于测量声源声功率、辐射声源的指向特性等。全消声室对高频声的吸收效果明显，对低频声的吸收取决于房间体积及吸声材料的厚度等特性。

（2）半消声室。

五个面铺设吸声材料、地面为光滑反射面的房间，模拟半自由声场空间。半消声室适用于对大型设备和机器进行声学测试。

3）混响室

声学混响室是一个能在所有边界上全部反射声能，并在其中充分扩散，能够形成各处能量密度均匀、在各传播方向做无规律分布的扩散场的实验室。房间表面尽量不规则，以使混响时间尽量长，保证声能充分扩散。当封闭空间内被激发起足够多的简正方式（相应的驻波传播方式）声波时，不同方式有各特定的传播方向，使达到某点的声波包括了各种可能的入射方向。在这种情况下，除了在扩散场距离内的自由声场区和离界面 1/4 波长范围内的固定干涉区以外，空间内各点的声能密度相等；从各个方向到达某点的声强相等；到达某点的各波束之间相位是无规律的。具备这种特性的声场称为扩散声场。

混响室内，基本都是弧形墙面或光滑墙面，当声音在室内传播时，这些不规则墙面就会对声波进行反射，形成混响效果，如图 1.9 所示。混响室的容积一般在 100～500m^3，对于不同面积的混响室，用途有所不同。它主要用于测定材料的吸声系数，空气中的声吸收，声源和机器、设备等的声功率及频谱，测量某些电声器件和设备的效率等声学性能以及对灵敏机件进行噪声疲劳试验等。

图 1.9　混响室

4）隔声室

隔声室可用于测定楼板、墙板、门窗等对结构和空气声的隔声特性。从隔声室的构造上讲，通常由隔振垫（弹簧）、隔声板、隔声门、隔声窗、通风消声器等组成。根据隔声量的不同，采用单层隔声室或双层隔声室。

隔声室分为空气声隔声实验室及撞击声隔声实验室，图 1.10 为空气声隔声实验室，其包括发声室和接收室，中间设置用于安装待测构件的测试洞口。空气声隔声实验室主要用于测量建筑构件的空气声隔声量。

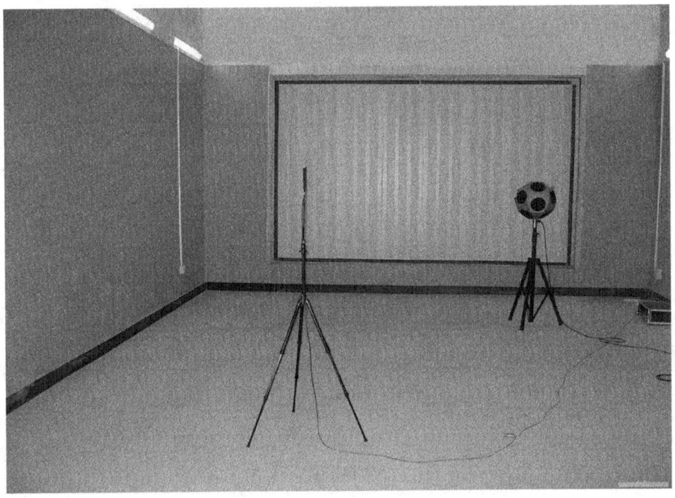

图 1.10　空气声隔声实验室

5）其他

（1）驻波管。

驻波管是一种用来测量吸声材料垂直入射吸声系数的装置，其主体是一个具有刚性壁的矩形或圆形截面的圆管，截面的线度远小于 $\lambda/2$；对于圆形管，其直径应小于 0.586λ。圆管的长度要保证在最低测量频率时，管内至少出现一个波腹和一个波节。在圆管的一端装有声源和可移动的探管传声器，另一端则留作安装材料样品，样品的安装要和实际材料使用的方法相同。声源在管内产生一个平面波，在样品处产生部分反射，在其前方形成驻波。使用传声器测出最靠近样品的波腹与波节的驻波比即可得到吸声系数。如果再测出样品与第一波节之间的距离，还可以计算出材料的声阻抗，图 1.11 为实验室常用的低频驻波管及其被测材料样品。

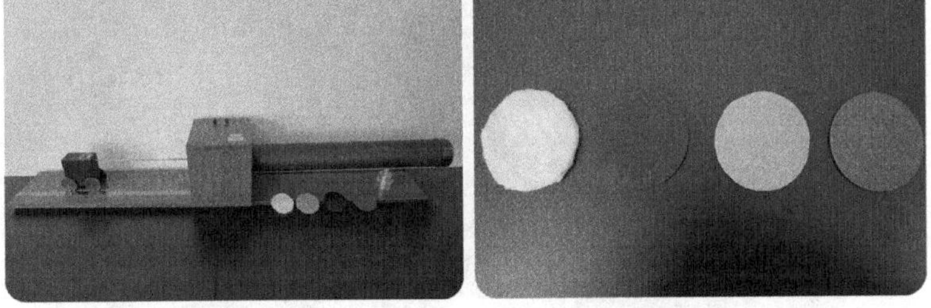

(a) 低频驻波管　(b) 低频驻波管-吸声材料

图 1.11　低频驻波管及其被测材料样品

（2）管道消声实验室。

管道消声实验室（见图 1.12）可以测量各种消声器、风管、风口的声学性能和空气动力性能。测试管道可以根据所测样品的尺寸不同，组合拼装相应规格的模板块，使测试管道的管径与被测样品截面尺寸一致，可不使用变径管或者截面变化很小的变径管，这样可以减少测量误差，使测量结果更准确。实验室一般配备离心风机，根据需求提供风量。

图 1.12　管道消声实验室

（3）声学风洞。

声学风洞（见图 1.13）可以理解为有气流的消声室，或者说是处于消声室内的低噪声、低紊流度并有开口工作段的风洞，它是一种地面装置，可用来研究飞行速度对风扇气流噪声和螺旋桨噪声的影响以及研究流过物体的噪声。它既具有常规风洞特点（具有适宜的管道和气流控制装置，以最小的能量损失在试验段产生达到实验要求的气流），又具有声学要求［满足自由场条件，足够的尺寸条件（可进行远场测量）和非常低的试验段背景噪声］。为了达到小的紊流度，喷口应做成收缩形式。而低噪声是靠选用低噪声风扇并前后安装消声器方法，使工作段噪声不超过 60～70dB。

图 1.13　声学风洞

2. 水声测量空间

在水声测量中，可供选择的试验场地有三类。

第一类是海上试验场，这种试验场地比较开阔，容易建立自由声场，海水就是水声换能器或声呐基阵的实际负载，但海上环境条件比较复杂，不稳定因素较多。因此除大型声呐总体性能试验应在海上试验场试验外，大多数换能器或基阵参数性能测量都不在海上进行。

第二类是湖上试验场，这是利用平静的湖泊或水库建立的试验场地。这类场地虽然没有大海开阔，但风、浪、流的影响较小，它的水域空间与换能器或基阵尺寸及波长相比仍然是很大的，足以建立符合测量要求的自由声场。这类试验场地往往需要建立锚泊的趸船、固定的码头或栈桥及相应的起吊设备。

第三类是室内人造试验水池，室内试验水池具有最稳定的试验条件，能全天候工作，缺点是水域有限。

对于水声换能器、声呐基阵及其他水下声学材料构件的测量，最合适的实施场地是自由场远场。自由场就是均匀各向同性的介质中，边界影响可以不计时的声场。破坏自由场条件的主要因素是边界的影响，边界的反射声与直达声叠加在一起，改变了声源原来所产生的声场。

1）天然水域

天然水域包括湖泊、池塘、水流平稳的江河、水库、海湾和港口等。海洋虽然是最大的天然水域，但是条件复杂、稳定性差、环境噪声较大，一般不适合水声计量测试。天然水域只有满足以下条件才适合进行水声测量。

（1）水域应有足够大的空间以便满足远场条件。

空间较大时，边界反射声的影响可借助距离衰减来消除，也可使用脉冲声技术来消除。天然水域的边界通常比较大而且有斜坡，斜坡形边界与水面形成天然尖劈吸声区。因此，有斜坡的水域，即使水域不很大，只要足够深，也可认为是开阔水域。

水深是判断水域空间大小的另一重要指标，测量水域合适的测量深度一般与测量内容、换能器形状、测量精度和频率范围有关，还与测量所用信号形式（连续信号还是脉冲信号）有关。原则上，应使所选择的水域深度既能满足测量要求，又能消除水面、水底反射声的影响或使其可以忽略。

（2）测量水域内环境噪声级要足够低。

水域内环境噪声主要来源于往来船舶、水力发电厂的各种运转机器、汽车、火车、飞机和下雨等。应尽量选择远离噪声源的水域进行测量，在有水力发电机工作的水域测量时，测量区一般应远离拦水大坝，以免受机器和水流噪声的干扰。测量区域不应选在船舶航道上。

（3）测量水域中应无任何引起声波反射、折射和散射的因素。

水的流动、温度梯度、水下生物、气泡和污秽物等都可产生声波反射、折射和散射。若在测量深度上或其附近存在温度梯度，声波会产生折射引起声线弯曲，易增加测量误差；测量水域中存在鱼群和其他水生生物时往往会引起水声测量不稳定，尤其是当鱼群在被测体和测量换能器附近或在直达声路径附近游动时可能会导致测量失效；有些水域存在水草等大量漂浮物，也会影响测量正常运行；如果水质不干净，或者存在腐烂有机物，水中会产生气泡，也将影响测量数据的准确性和稳定性。

利用天然水域进行水声测量时一般需要预先准备测量平台。测量平台有各种形式，包括码头、桥、趸船或其他浮动结构体以及测量船等。其中码头式和桥式平台最稳定、方便，但在开阔深水域中，必须使用浮动结构体。

2）人工水池

人工水池包括室外人造池塘和室内人造水池。除了自然水域中的自由场，还有一种实验室自由场条件，即消声水池（见图 1.14）。有的人工水池在六个界面上全部敷设吸声材料构件，可以将到达池壁处的声波吸收掉，相当于没有反射界面，称为全消声水池；有的在界面的局部区域敷设吸声构件，称为局部消声水池；有的干脆不贴任何吸声构件，则称为非消声水池。人工水池多数都是开口的，类似于天然水域中的测量场地。也有封闭式水池，高压水池就属于此类。这种水池能模拟深海大洋的静压力和温度环境条件。

(a) 消声水池场地　　　　(b) 边界上的吸声尖劈示意图

图 1.14　消声水池

人工水池与天然水域相比有很多长处，最主要的优点是影响测量准确性和稳定性的因素少，不受自然条件影响。它的主要缺点是尺寸受到很大限制，一般远比天然水域小。水域尺寸小，使用范围自然受到很大限制，也使自由场条件变差。为了消除或减小边界反射声的干扰，改善自由场条件，除了对水池池壁作一定的消声处理外，还常采用脉冲声测量技术。

3）水箱

除了以上的天然水域或室内水池，在某些情况下，水声测量需要使用其他声场设施，如满足一定声学条件的刚性充水声管、充水腔体和水箱一类设施。图 1.15 是哈尔滨工程大学水声工程国家级实验教学示范中心自主研发的水箱实验装置。其中，大水箱箱体几何尺寸为 1.8m×1.5m×1.5m，水箱两侧敷设吸声材料，可以在一定频段范围内实现声波吸收。水箱上部有发射换能器、接收水听器的固定支架，将发射换能器安装至连接杆上，可以进行水下声场布放。发射换能器入水深度、水平方向位置及方位角度可以通过连接杆、水平标尺以及回转装置上的标尺进行读数。小水箱箱体几何尺寸为 1.2m×0.6m×0.6m，吊放装置采用手动旋转方式，有效地排除了电机驱动带来的电磁干扰影响。

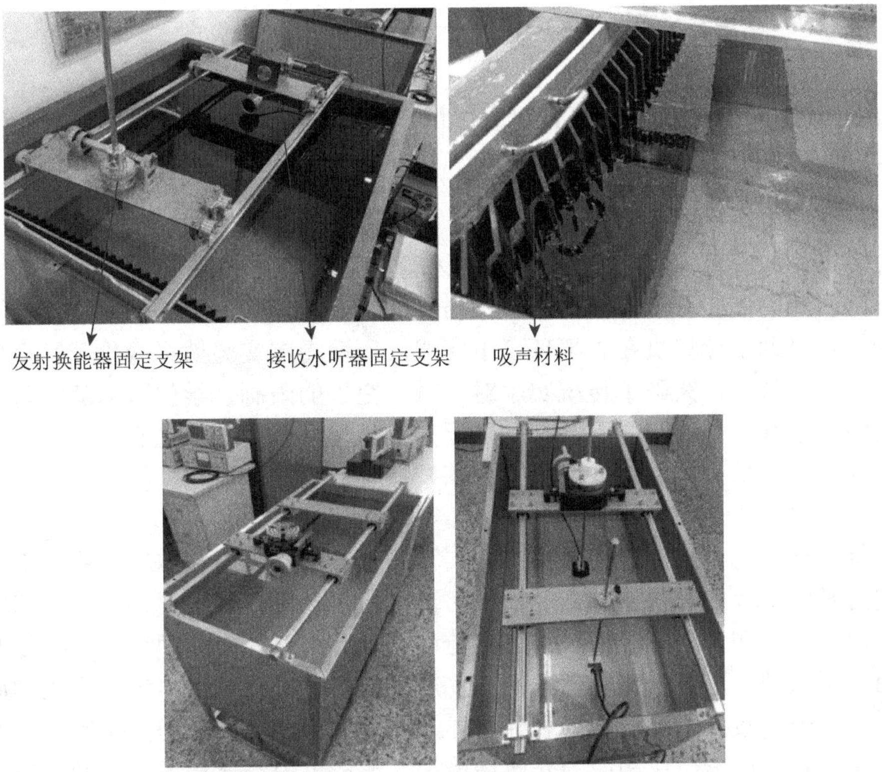

图 1.15　水箱实验装置

第2章　声学测量虚拟认知实验

随着多媒体、仿真、人机交互、数据库和虚拟现实等技术的飞速发展，在20世纪末兴起了一门崭新的实验教学方法——虚拟仿真实验，它能将现实中不能实现或不容易实现的实验内容借助于计算机在虚拟环境下完成，所取得的实验效果等价于甚至优于在真实环境中取得的效果，突破了传统实验对“时、空”的限制，学生可以随时随地上网进入虚拟实验室进行各种实验，不仅有助于提高实验教学质量，而且有助于各高校间实验课程资源的共享，从而可以有效缓解部分高校在实验场地、设备、技术水平等方面普遍面临的一些问题。

本章首先介绍一个水声工程虚拟仿真实验平台，该平台是哈尔滨工程大学水声工程国家级实验教学示范中心打造的专业虚拟仿真实验平台，目前主要包括1个国家级虚拟仿真实验教学项目和3个省级虚拟仿真实验教学项目。这些实验项目是依托专业仿真软件获得的理想点源、无限大障板下平面活塞声源辐射形成的自由声场中声压和质点振速物理量的空间分布数据以及混响场和驻波场中声压的空间分布数据，采用虚拟可视化手段将其直观、真实地呈现在相应的介质环境中，形成虚拟测试声场。这种理想条件下的声场分布特性在实际环境下是无法实现的，因此传统的实物实验达不到对该知识点的验证和深入理解。同时，虚拟实验项目在设计时，将一些专业概念（如质点）或者现象（如驻波的形成过程）“具物化”，从而能够帮助学生对这些内容的物理意义快速建立起清晰、直观的印记，有助于后续相关理论的学习和对更深层面科学问题的探索。然后本章通过介绍该平台软件的功能和操作来学习几个与声学测量相关的概念。

2.1　水声工程虚拟仿真实验平台及虚拟测量软件

2.1.1　水声工程虚拟仿真实验平台

1. 进入平台

直接登录实验空间——国家虚拟仿真实验教学课程共享平台（https://www.ilab-x.com），搜索“声波基本要素的测量与分析实验”且单击“我要做实验”进入平台，或者直接点击链接（https://hgcxnfzpt.hrbeu.edu.cn）进入哈尔滨工程大学“开放式虚拟仿真实验教学管理平台”（见图2.1）。

2. 登录

输入用户名和密码，登录平台（见图2.2）。

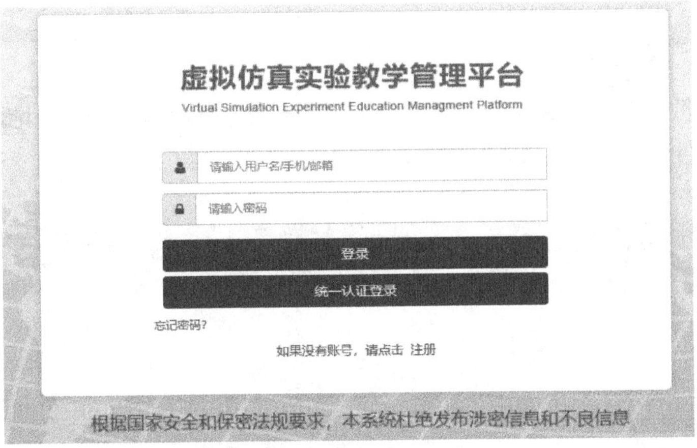

图 2.1　开放式虚拟仿真实验教学管理平台

图 2.2　登录平台

3. 进入实验库

登录平台后，进入实验库（见图 2.3）。

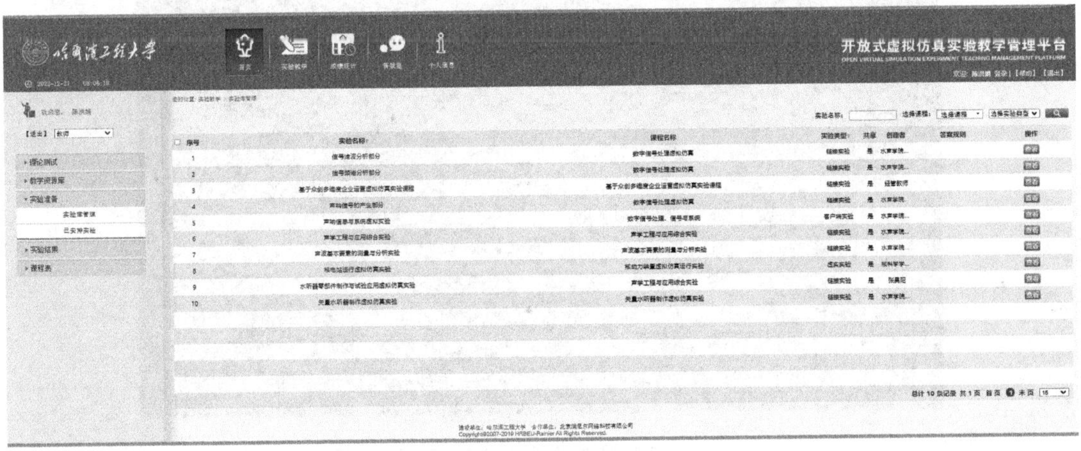

图 2.3　进入实验库

4. 查看实验列表

单击“实验教学”，查看实验列表，选择准备开展的实验项目，见图 2.4（第一次使用时需要安装插件）。

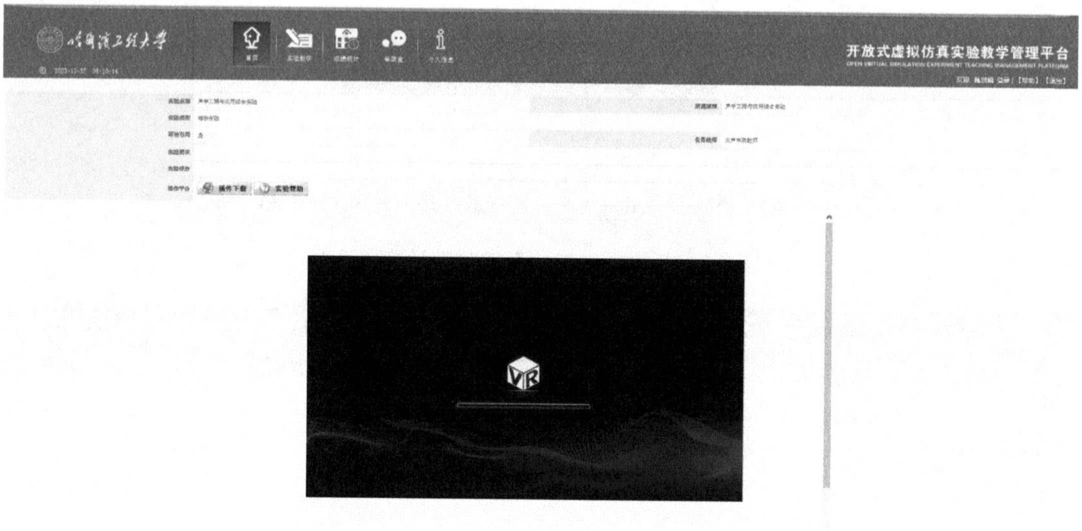

图 2.4　选择实验项目

2.1.2　虚拟测量软件

完成虚拟测量实验使用的软件是“声波产生机理虚拟装置仿真实验”，其主要分为测量实验和演示实验两个模块，如图 2.5 所示。

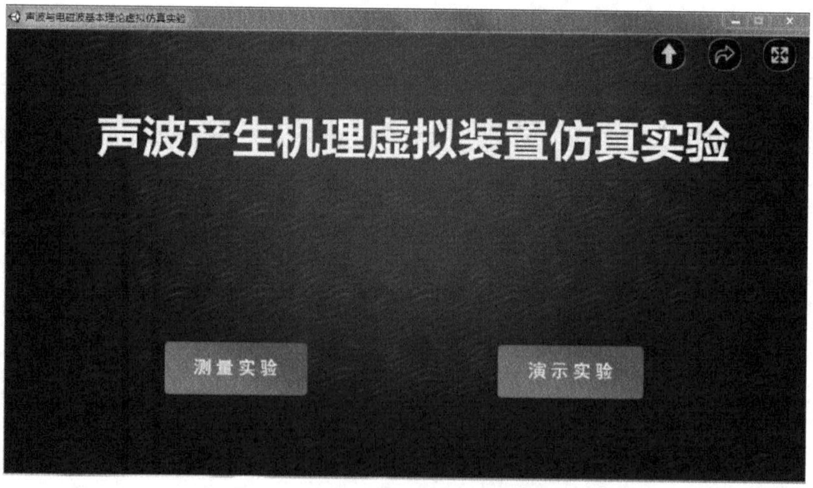

图 2.5　“声波产生机理虚拟装置仿真实验”教学软件

在开展虚拟测量实验前，首先安排两个虚拟演示实验：一个是驻波演示实验，另一个是弦的横振动演示实验。前者展示的是声波传播的机理内容，偏向于理论的可视化；后者展示的是实验室实际测试内容，偏向于操作的虚拟化。两者设计的目的是让同学们了解虚拟实验在实验教学中承担的角色，理解虚拟实验在实验教学中的作用和意义，从而提高对虚拟实验教学手段的认知，提高对虚拟实验的重视程度与参加意愿。

1. 驻波演示实验

首先在声波产生机理虚拟装置仿真实验界面，单击“演示实验”，进入测量主界面［见图 2.6（a）］，然后单击“驻波场”开始，请学生观察声波传播的过程［见图 2.6（b）］，并描述这一声学现象。

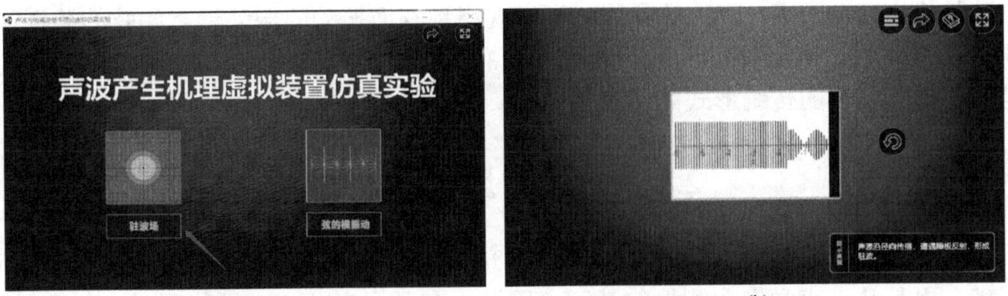

(a)　(b)

图 2.6　驻波场实验

具体动画演示过程导引：①第一时间段，一列平面声波沿径向传播（思考题：什么是平面声波？平面声波传播的特点是什么？）；②第二时间段，声波遇到声学障碍物后，垂直入射的声波产生反射现象（思考题：什么是垂直入射？什么是声波的反射？反射波的特点是什么？）；③同时，反射波与入射波叠加，然后依次形成驻波（思考题：形成驻波的条件是什么？驻波的特点是什么？）。

通过上述演示实验和思考，培养学生对实验现象的观测能力，这是学习利用实验手段研究声学理论、解决声学问题的方法之一。另外，拓展思考如下问题。

（1）在实际工程和日常生活中，声波以平面波形式传播的情况多吗？通常，声波以什么形式传播的居多，理论上讨论的三种简单声波形式是哪三种？

（2）声波遇到声学障碍物后，除了发生发射，通常还会发生哪些声学现象？

（3）如果在无限大理想流体介质中，声波不遇到声学障碍物，它将以什么形式一直传播下去？会衰减吗？

（4）请学生提出思考问题……。

2. 弦的横振动演示实验

首先在声波产生机理虚拟装置仿真实验界面，单击“演示实验”，进入测量主界面，然后单击“弦的横振动”开始，请学生参与实验操作过程（见图 2.7），并给出测量结果。

图 2.7　弦的横振动实验

弦的横振动演示实验是利用计算机虚拟技术真实还原“弦的横振动实验”这一实物实验的虚拟实验，包括实验室环境的虚拟、实验设备的展示以及实验过程的操作。通过改变弦的线密度、长度、张力等参数，可以观察到弦横振动的振动形态和弦的共振现象，并测出弦振动的前 3 阶共振频率（见附录 A.3）。这是一个理论验证性实验项目，实验过程是学生比较熟悉的传统形式的虚拟化。

2.2　虚拟测量认知实验

如前所述，声压和质点振速作为声学研究的基本物理量，不仅是开展声学理论研究的基础，更是从事声学专业测量的基石。因此，在开展专业的声压物理量实物测量技能培训之前，首先通过参与虚拟测量认知实验，掌握两个声学测量中常用的理想声场环境下声压和质点振速的空间分布规律，并且通过直观的观测来掌握一些开展基本声学测量需要的专业名词和术语。

2.2.1　球声源声场分布特性虚拟认知实验

1. *声场与自由声场*

首先打开声波产生机理虚拟装置仿真实验界面，单击“测量实验”，进入测量主界面（见图 2.8），在测量主界面单击“球声源”进入球声源声场虚拟实验界面（见图 2.9）。

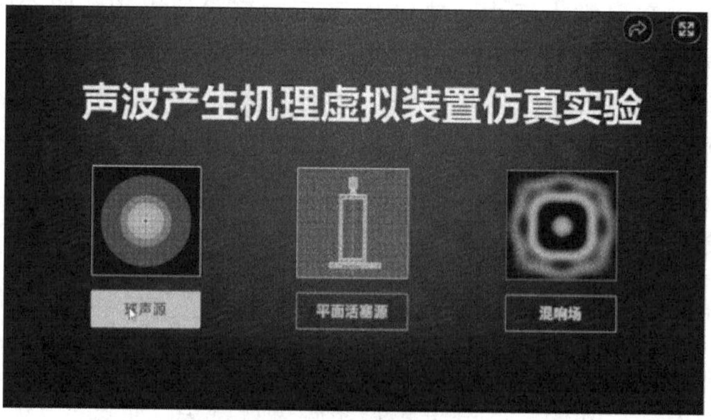

图 2.8　测量主界面 1

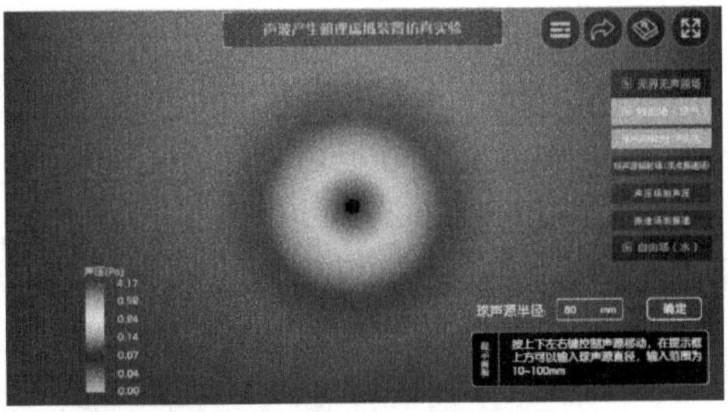

图 2.9　球声源声场虚拟实验界面

在球声源声场虚拟测量实验界面依次单击“无界无声源场”+“空气（或水）”，或“自由场（空气）”+“球声源辐射场（声压场）”，或“自由场（空气）”+“球声源辐射场（质点振速场）”，或“自由场（水）”+“球声源辐射场（声压场）”，或“自由场（水）”+“球声源辐射场（质点振速场）”，可以看到观察界面（见图 2.10），请学生观察画面内容，并根据画面名称和掌握的声学知识描述各画面表达的物理意义（完全开放式答案）。

提示：

（1）在本虚拟实验设计中，用蓝色代表水、绿色代表空气、黑色代表固体；

（2）在界面中有提示框可以查看。

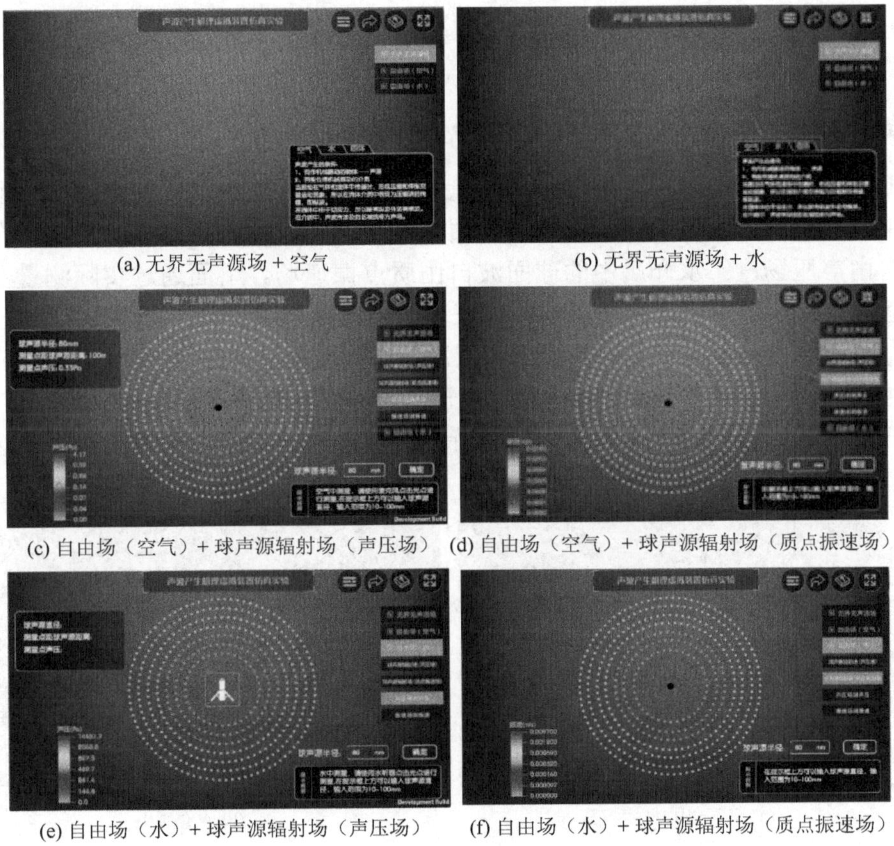

(a) 无界无声源场 + 空气　　(b) 无界无声源场 + 水

(c) 自由场（空气）+ 球声源辐射场（声压场）　(d) 自由场（空气）+ 球声源辐射场（质点振速场）

(e) 自由场（水）+ 球声源辐射场（声压场）　(f) 自由场（水）+ 球声源辐射场（质点振速场）

图 2.10　观察界面

具体画面导引如下所述。

（1）观察无界无声源场［同时操作，单击提示框：空气、水、固体或自由场（空气）、自由场（水）］，回答画面展示的是什么物理概念。

思考：这里空气、水、固体在声学中统称什么？

（2）观察球声源辐射声场［同时操作，单击声压场和质点振速场，配合自由场（空气）、自由场（水），且按提示框指示移动声源位置］，回答声压场和质点振速场这两个画面展示的内容与无界无声源场相比，画面增加的展示内容包括哪些物理概念？

思考：这里有声场吗？什么是声场？什么是自由声场？什么是质点？声压和质点振速物理量的本质区别是什么？

（3）继续观察球声源辐射场（同时操作，按提示框指示选择不同的球声源直径），回答画面展示有无变化。

思考：什么是声源？什么是点声源？什么是球声源？

（4）再继续观察球声源辐射场（见附录 C.2），回答传播中的声波在同一时刻的瞬时声压或质点振速相位相同的各点的轨迹是怎样的。

思考：什么是波阵面？点声源或球声源的波阵面是什么形状的？

思考如下拓展问题。

（1）点声源产生的声场具有哪些特性？

（2）球声源产生的声场具有哪些特性？

（3）请学生提出思考问题……。

2. 球声源辐射声场中声压的分布特性认知虚拟测量实验

如上所述，在球声源辐射声场虚拟测量实验界面一共提供了四种不同的声场：①空气介质中的球面波自由声压场；②空气介质中的球面波自由质点振速场；③水介质中的球面波自由声压场；④水介质中的球面波自由质点振速场。下面通过实际测量及分析来研究球面波自由声场中声压和质点振速物理量的声传播规律。

在球声源声场虚拟测量实验界面下，依次单击“自由场（空气）”+“声压场测声压”和“自由场（水）”+“声压场测声压”，打开实验界面（见图 2.11），完成在空气和水两种流体介质中球面波自由声场中声压分布特性的虚拟测试实验，探索在自由声场中球面声波传播的规律。

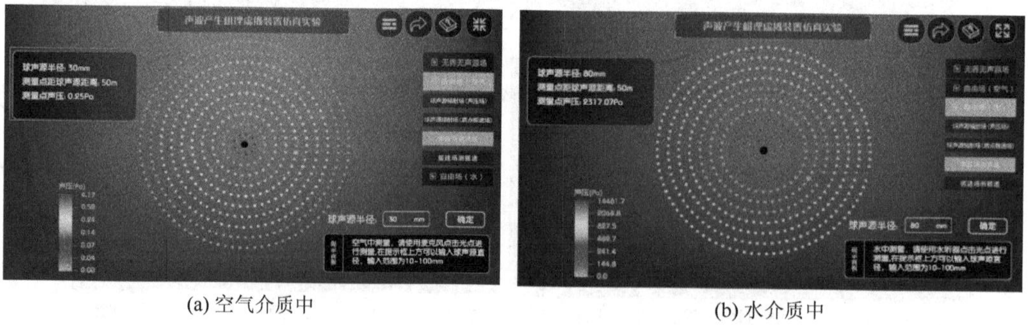

(a) 空气介质中　　(b) 水介质中

图 2.11　球面波自由声场中声压分布特性的虚拟测试实验界面

在空气和水两种不同介质球面波自由场声压分布特性的虚拟测量实验界面分别进行如下操作。

（1）按照提示框指示选择声源半径，按“确定”键结束。

（2）显示相应声场后，单击鼠标，这时屏幕光标处会相应出现传声器或水听器图标，将其移动到最接近声源的某一个位置“点”，这时屏幕左上角将显示出所选球声源的半径以及测量点距球声源距离和测量点处的声压量值，将此数据记录在实验手册或线上实验报告相应测量数据表格内，然后依次由近到远，完成 5 组（以与声源距离相等为一组）。

（3）改变球声源半径，观察质点的变化，并重复测量步骤（2），完成对不同尺寸球声源辐射产生的球面波自由声场中声压分布特性的虚拟测试。

思考：

①相同尺寸球声源在空气和水两种不同介质中同一位置处，辐射产生的声压量值是否相同？如果不相同，其影响因素是什么？

②不同尺寸球声源在空气或水某一相同介质中同一位置处，辐射产生的声压量值是否相同？如果不相同，其影响因素是什么？

（4）最后，绘制多个不同尺寸球声源辐射形成的声场中声压量的空间分布特性曲线图。

具体要求如下。

①球声源尺寸和介质类型确定后，以角度为横轴、声压量值为纵轴、固定参量为与声源的距离，由测得的 5 组数据绘出点声源声场中，与声源距离相等但不同角度位置处的各点声压的空间分布曲线（极坐标图）。

思考：根据此极坐标下点声源声场中声压的空间分布曲线，回答球声源辐射产生的声波在空间周向的分布特点是什么。什么是波阵面？总结球面波的定义。

②选择不同于①的球声源尺寸和介质类型确定后，以距离为横轴、声压量值为纵轴、固定参量为与声源的角度，由测得的 5 组数据绘出点声源声场中，与声源相同角度但不同距离位置处的各点声压的空间分布曲线（直角坐标图）。

思考：根据此直角坐标下点声源声场中声压的空间分布曲线，回答球声源辐射产生的声波在空间径向的分布特点是什么。总结球面波在自由场中的传播特点。

3. 球声源声场中质点振速的分布特性认知虚拟测量实验

在球声源声场虚拟测量实验界面下，依次选择“自由场（空气）”+“振速场测振速”和“自由场（水）”+“振速场测振速测声压”，打开实验界面（见图 2.12），完成在空气和水两种流体介质中球面波自由声场中质点振速分布特性的虚拟测试实验，探索在自由声场中球面声波传播的规律。

在空气和水两种不同介质球面波自由场质点振速分布特性的虚拟测量实验界面分别进行如下操作。

（1）按照提示框指示选择声源半径，按“确定”键结束。

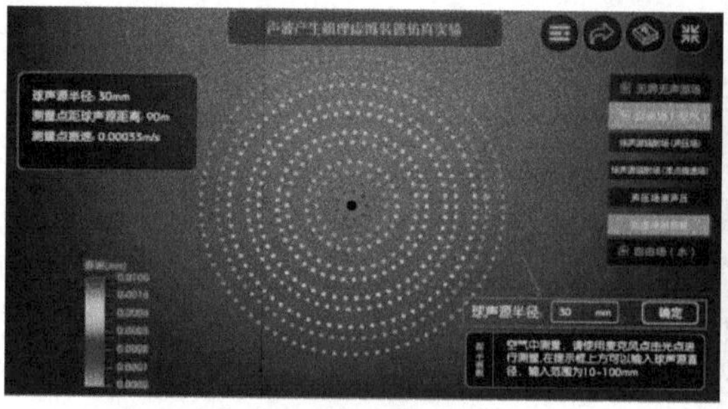

(a) 空气介质中

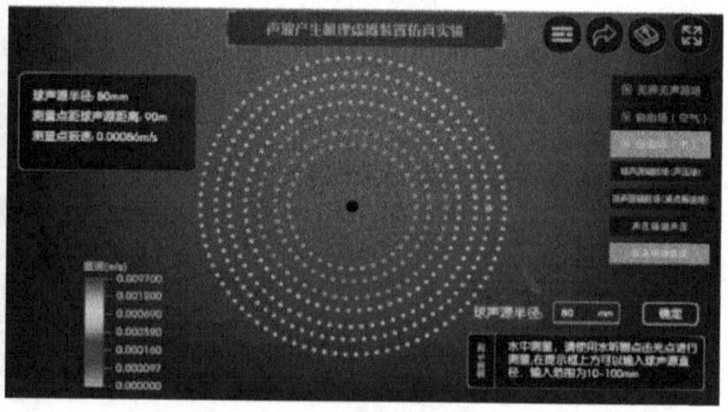

(b) 水介质中

图 2.12　球面波自由声场中质点振速分布特性的虚拟测试实验界面

（2）按住鼠标右键，这时屏幕光标处会相应出现传声器或水听器图标，将其移动到最接近声源的某一个位置“点”，这时屏幕左上角将显示出所选球声源的半径以及测量点与球声源距离和测量点处的质点振速量值，将此数据记录在实验手册或线上实验报告相应测量数据表格内，然后依次由近到远，完成 5 组（以与声源距离相等为一组）。

（3）改变球声源半径，观察质点的变化，并重复测量步骤（2），完成对不同尺寸球声源辐射产生的球面波自由声场中质点振速分布特性的虚拟测试。

（4）绘制多个不同尺寸球声源辐射形成的声场中质点振速量的空间分布特性曲线图。具体要求如下。

①球声源尺寸和介质类型确定后，以角度为横轴、质点振速量值为纵轴、固定参量为与距声源的距离，由测得的 5 组数据绘出点声源声场中，与声源距离相等但不同角度位置处的各点质点振速的空间分布曲线（极坐标图）。

思考：根据此极坐标下点声源声场中质点振速的空间分布曲线，回答球声源辐射产生的声波，其声压和质点振速量值在空间周向的分布有什么不同？

②选择不同于①的球声源尺寸和介质类型确定后，以距离为横轴、质点振速量值为纵轴、固定参量为与声源的角度，由测得的 5 组数据绘出点声源声场中，与声源相同角度但不同距离位置处的各点质点振速的空间分布曲线（直角坐标图）。

思考：根据此直角坐标下点声源声场中质点振速的空间分布曲线，回答球声源辐射产生的声波，其声压和质点振速量值在空间径向的分布有什么不同？

2.2.2　平面活塞声源辐射声场特性认知实验

1. 平面活塞声源辐射声场中远场分布特性认知虚拟测量实验

首先打开声波产生机理虚拟装置仿真实验界面，单击“测量实验”，进入测量主界面（见图 2.13），然后在测量主界面单击“平面活塞声源”进入平面活塞声源声场虚拟实验界面（见图 2.14）。

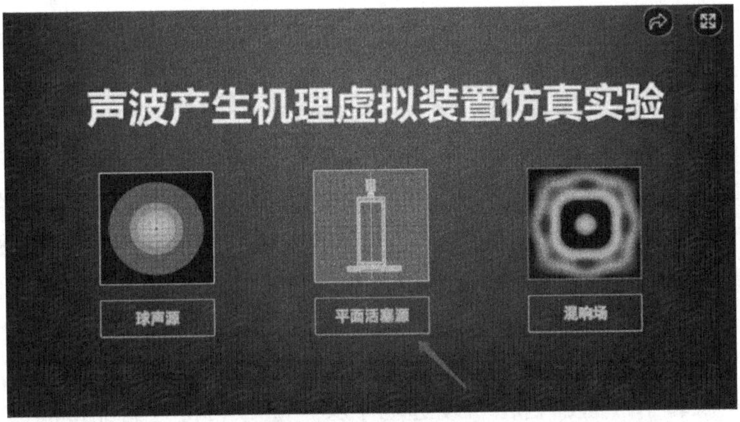

图 2.13　测量主界面 2

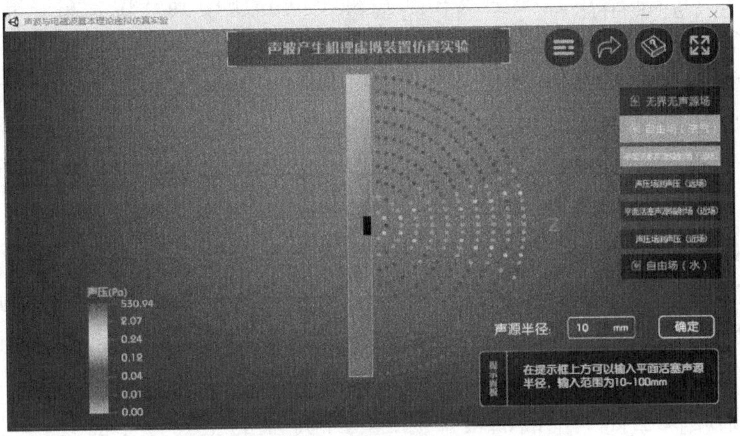

图 2.14　平面活塞声源声场虚拟实验界面

在平面活塞声源声场虚拟实验界面依次单击“自由场（空气）”+“声压场测声压（远场）”和“自由场（水）”+“声压场测声压（远场）”，打开实验界面（见图 2.15），完成在空气和水两种流体介质中平面活塞声源辐射声场的远场中声压分布特性的虚拟测试实验，探索在平面活塞声源辐射产生的自由声场远场中球面声波的传播规律。

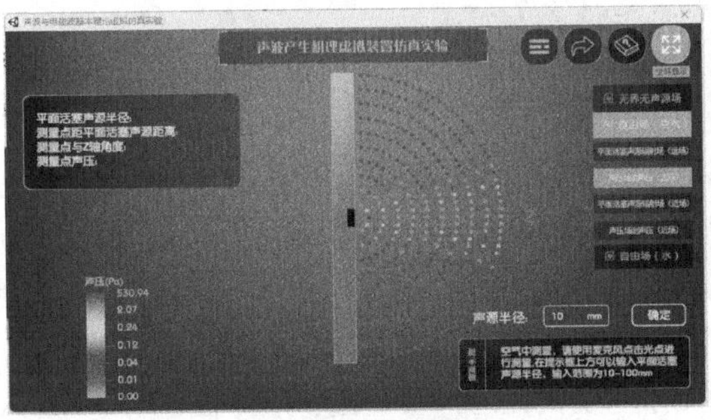

(a) 空气介质中远场

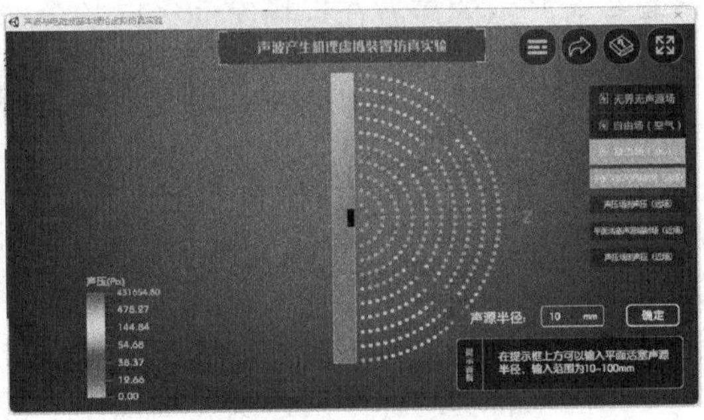

(b) 水介质中远场

图 2.15　平面活塞声源辐射声场的远场中声压分布特性的虚拟测试实验界面

在空气和水两种不同介质平面活塞声源辐射声场的远场中声压分布特性的虚拟测试实验界面分别进行如下操作。

（1）按照提示框指示选择声源半径，按“确定”键结束。

（2）按住鼠标右键，这时屏幕光标处会相应出现传声器或水听器图标，将其移动到离声源最远的某一个位置“点”，这时屏幕左上角将显示出所选球声源的半径、测量点距平面活塞声源距离和测量点与 Z 轴的角度及测量点处的声压量值，将此数据记录在实验手册或线上实验报告相应测量数据表格内，然后依次由远到近，完成 5 组（以与声源距离相等为一组）。

（3）改变平面活塞声源尺寸，观察质点的变化，并重复测量步骤（2），完成对不同尺寸平面活塞声源辐射产生的自由声场远场中其声压分布特性的虚拟测试。

思考：

①相同尺寸平面活塞声源在空气和水两种不同介质中同一位置处，辐射产生的声压量值是否相同？如果不相同，其影响因素是什么？

②不同尺寸平面活塞声源在空气或水某一相同介质中同一位置处，辐射产生的声压量值是否相同？如果不相同，其影响因素是什么？

（4）绘制多个不同尺寸平面活塞声源辐射形成的声场远场中声压量的空间分布特性曲线图。

具体要求如下。

①平面活塞声源尺寸和介质类型确定后，以角度为横轴、声压量值为纵轴、固定参量为与声源的距离，由测得的 5 组数据绘出平面活塞声源远场中，与声源距离相等但不同角度位置处的各点声压的空间分布曲线（极坐标图）。

思考：根据此极坐标下平面活塞声源远场中声压的空间分布曲线，回答平面活塞声源辐射产生的声波在空间周向的分布特点是什么，什么是声源的指向特性？总结平面活塞声源的远场指向性特点。

②选择不同于①的平面活塞声源尺寸和介质类型确定后，以距离为横轴、声压量值为纵轴、固定参量为声源的主轴方向，由测得的 5 组数据绘出平面活塞声源声场中，声源主轴方向上不同距离位置处的各点声压的空间分布曲线（直角坐标图）。

思考：根据此直角坐标下平面活塞声源远场中声压的空间分布曲线，回答平面活塞声源辐射产生的声波在远场空间径向的分布特点是什么？

2. 平面活塞声源辐射声场中近场分布特性认知虚拟测量实验

在平面活塞声源声场虚拟测量实验界面下，依次单击“自由场（空气）”+“声压场测声压（近场）”和“自由场（水）”+“声压场测声压（近场）”，打开实验界面（见图 2.16），完成在空气和水两种流体介质中平面活塞声源辐射声场的近场中声压分布特性的虚拟测试实验，探索在平面活塞声源辐射产生的自由声场近场中声波的传播规律。

在空气和水两种不同介质平面活塞声源辐射声场的近场中声压分布特性的虚拟测试实验界面分别进行如下操作。

（1）按照提示框指示选择声源半径，按“确定”键结束。

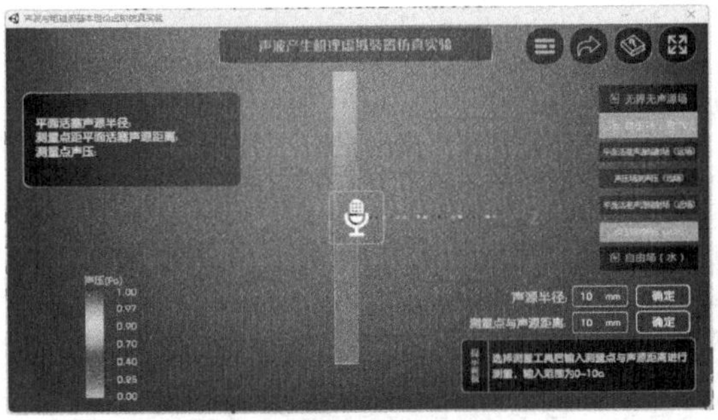

(a) 空气介质中近场

(b) 水介质中近场

图 2.16　平面活塞声源辐射声场的近场中声压分布特性的虚拟测试实验界面

（2）按住鼠标右键，这时屏幕光标处会相应出现传声器或水听器图标，将其移动到声源主轴方向上离最声源最近的某位置“点”，这时屏幕左上角将显示出所选球声源的半径、测量点与平面活塞声源距离和测量点处的声压量值，将此数据记录在实验手册或线上实验报告相应测量数据表格内，然后依次由近到远，完成所有点的声压值测量工作。

（3）改变平面活塞声源尺寸，观察质点的变化，并重复测量步骤（2），完成对不同尺寸平面活塞声源辐射产生的近场中其声压分布特性的虚拟测试。

思考：

①相同尺寸平面活塞声源在空气和水两种不同介质中同一位置处，辐射产生的声压量值是否相同？如果不相同，其影响因素是什么？

②不同尺寸平面活塞声源在空气或水某一相同介质中同一位置处，辐射产生的声压量值是否相同？如果不相同，其影响因素是什么？

（4）绘制多个不同尺寸平面活塞声源辐射形成的声场近场中声压量的空间分布特性曲线图。

具体要求如下。

平面活塞声源尺寸和介质类型确定后，以离声源距离为横轴、声压量值为纵轴、固定参量为声源主轴方向，由测得的所有数据绘出平面活塞声源声场近场中，声源主轴方向上不同距离位置处的各点声压的空间分布曲线（直角坐标图）。

思考：

①根据此直角坐标下平面活塞声源近场中声压的空间分布曲线，回答平面活塞声源辐射产生的声波在近场空间径向的分布特点是什么？总结平面活塞声源的近场轴向声压分布特点。

②根据平面活塞声源辐射声场的远、近场轴向声压分布特点，总结远场判据。

第3章　声学测量技能训练实验

声学测量基本技能主要包括声学换能器的选择与使用、声学测量空间的选择与测试、声场的建立、收发换能器间测量距离的确定、声学测量信号的选择与生成、电子测量设备的选择与操作等。同时，在此基础上还要掌握一些基本物理量和声学参量的测量方法。

本章将上述基本技能训练内容分为五个部分，其中，空气声方面有两个部分，水声方面有三个部分。学生通过这五个方面的实物实验的训练，能够学会在空气和水介质中利用传声器、扬声器以及水声换能器发射和接收声信号的方法，熟悉声学发射与接收测试系统，掌握利用脉冲声技术开展水声测量的方法，以及学习利用实验手段研究水下声速的测量和室内混响与驻波现象等。

3.1　声压测量基本技能训练1：声波基本要素的测量与分析

通常将测量分为直接测量和间接测量，直接测量是指把待测物理量直接与作为标准的物理量相比较，如用直尺测身高；间接测量是指按一定的函数关系，由一个或多个直接测量量计算出另一个物理量，如采用超声检测仪测量混凝土的声速：由仪器直接测量的是超声波在给定距离上的传播时间，然后利用距离和时间才能计算出声速。因此，这个声速值是间接测量的结果；再如作为载荷需要测量大面积水的重量时，一般只需要测量水的容积，就可以计算出水的重量，这也属于间接测量。但在声学测量技术中，声压的测量采用声学接收器——传声器或水听器，它们是一种传感器，大多数传感器的测量方法都属于直接测量方式中的间接比较法。测量声压时，实测物理量是电压（这里仅指能够将声压量转换为电压量的接收器），然后利用接收器的接收灵敏度换算成声压。学会如何测量声压物理量，是开展声压测量基本技能训练1的目的。

本节以“声波基本要素的测量与分析”为题，采用熟悉的纯音音叉和鼓、编钟等乐器作为声源（操作简单、无须专业训练），学习利用传声器在室内空间任意位置测量声压信号的方法，同时培训示波器或采集器这些作为信号波形显示以及数据采集和存储的设备的操作与使用，要求必须掌握在示波器或采集器上如何正确显示出声压信号时域或频域波形图（频谱）的方法，且能够将信号保存下来以便课后对测得的数据进行处理。这一训练内容主要是针对空气介质中测量声压时，其接收系统的设备组成、连接方法及系统联调等专业基本实践能力培养而设定的。同时，将能力训练与声学理论或声学测量技术基础知识学习融为一体，培养学生掌握利用实验手段学习声学理论知识以及发现声学新规律和解释新现象的能力。

本节将通过对纯音音叉和鼓、编钟等不同声源产生的声压时域波形的观测，来学习两个知识点：①最简单的简谐振动（单自由度一阶振动系统）产生的声波，其时域波形图满足正弦（或余弦）函数曲线关系，因此称简谐波；②一般意义的声波，其时间函数是非谐和的，但非谐和声波是许多谐和声波的叠加结果，因此在时域中任何复杂声源产生的声波波形都可以由 N 个正弦波的组合完全且唯一地来描述。为了研究声波的这一特性，训练中既要观测声压的时域波形，还要观测声压的频域波形，学习从两个不同角度、两种不同手段认识声压信号的方法，在不同维度建立对声压信号的直观感受且形成专业认知习惯，为后续理论与实践课程学习奠定基础。

下面就进入声压测量基本技能训练 1 的内容，先了解一些基础声学知识吧！

3.1.1　基础声学知识

1. 声波的基本要素

波长、周期（或频率）和声速是描述声波的三个基本要素，下面简单回顾一下这三个基本参数的定义。

1）波长

波长是声波在一个周期内传播的距离。对于横波，它是相邻两个波峰或波谷之间的距离；对于纵波，它是相邻两个质点密部或疏部对应点之间的距离，表示符号为 λ，单位为 m。

2）周期

周期是声波前进一个波长的距离所需要的时间，即质点振动回复到原来的位置和方向的时间，表示符号为 T，单位为 s。周期的倒数，即质点每秒钟振动的次数称为频率，表示符号为 f，单位为 Hz。

3）声速

声速是声波在介质中传播的速度，表示符号为 c，单位为 m/s。声波的传播速度与介质质点振动速度是完全不同的概念，不能混淆。声速是一个与声波传播介质物理特性有关的物理常数。声速随介质弹性和密度的不同而改变。

通常，空气中的声速以温度为变量可以用以下公式计算：

$$c = 331.4\sqrt{1 + \frac{t}{273}} = 331.4 + 0.607T \tag{3-1}$$

式中，t 是空气的温度，单位为℃。气温为 20℃时，空气中声速为 344m/s，常温下的声速一般都取这个数值。温度高时，由于介质密度减小，声速将增高。对于空气，温度每增加 1℃，其声速增加 0.6m/s。声速与大气压无关，大气压改变时声速几乎不改变，而空气湿度改变时声速略有变化。

液体中的声速仅取决于液体密度 ρ_0 和绝热压缩系数 β_s，可用以下公式计算：

$$c = \sqrt{\frac{1}{\rho_0 \beta_s}} \tag{3-2}$$

在海水中，声速与海水的温度、盐度和静压力有关，欲求其理论关系较难，但根据实测数据得到的经验公式较多，其中乌德（Wood）声速公式为

$$c = 1450 + 4.21t - 0.037t^2 + 1.14(s - 35) + 0.018h \tag{3-3}$$

式中，t 是水的温度，单位为℃；s 是水的盐度，用%表示；h 是水深，单位为 m。可见，温度对声速的影响最大。在同样的盐度和深度下，水温升高 1℃，声速约增加 4.5m/s。19℃淡水中的声速约为 1460m/s，15℃海水中的声速约为 1500m/s。

声速在声学技术研究和声学工程中是一个非常重要的物理量，但它并不是需要经常测量的声学物理量，而是一个通常通过查表就可得到的物理常数。

声波的波长 λ、频率 f 或周期 T 和声速 c 之间有如下关系：

$$c = \frac{\lambda}{T} = \lambda f \tag{3-4}$$

2. 乐音的三要素

声压测量基本技能训练 1 以音叉、鼓和编钟等为声源，它们是能发出乐音的乐器，也是日常生活中常听到的声音。在初中物理声学部分学习过，乐音有三个基本特征——音调（或称音高）、音量（或称响度）和音色，也称为乐音的三要素。一般要从这三个方面去分析乐音，才是完整的。

1）音调

音调是指声音的高低，物体振动得快，发出的声音就高。如果把每秒内振动的次数，称为频率（单位为赫兹，符号为 Hz），则音调是由频率决定的，频率越高，音调就越高。人耳能听到的声音频率范围是 20Hz～20kHz，这一频段也称为音频段。在乐音里，标准音调的频率为 440Hz，人的听觉识别音调主要是通过内耳中的基底膜对声音进行解析，然后传入大脑，由大脑根据音调的模式进行识别的。

2）音量

音量理论上是指声音的强度，声音的强度是指单位时间内通过垂直于传播方向上单位面积的声音的能量。但通常音量是指人耳听到声音的响度，物体振动的幅度（称为振幅）大，发出的声音就响；音量是由振幅决定的，振幅越大，音量就越大；音量还与声源的距离和频率有关，距离越远，声音越分散，音量越小。

3）音色

音色是指声音的音质，声源（发声体也就是乐器）的材料、结构不同，音色也不同，因此利用音色可以分辨出不同的乐器。音色是由乐音中的泛音构成决定的，一般可从两个维度来分析乐音中的泛音构成：一是乐音在持续稳定状态下的泛音构成，这是目前大部分音频分析所采用的方法；二是乐音在起振阶段的泛音构成，这个阶段的泛音构成对人耳的听觉辨别音色起着决定性的作用。

对比声波的三个基本要素可以发现：无论研究声波还是声音，频率都是被关注的最基本参量。声波和声音两个声学名词的区别：声音是指可以被人耳识别的声波，频率范围在 20Hz～20kHz，也称为可听声；频率低于 20Hz 的称为次声波；频率高于 20kHz 的称为超声波。因此，声波涵盖的频率范围更宽、更专业。

3. 音乐常识

音乐声学是研究乐音和乐律物理问题的科学，是声学的一个分支。人类最早对声学的研究就始于音乐，曾侯乙编钟是中国战国时期的一套大型青铜打击乐器。它展现了中国在战国时期就在律制上有了系统性创新，而且确定了调音的基准频率，掌握了乐器的调音技术，甚至更早在商周时代已创造出一钟二音（一个钟能发出两个基音），这是音乐史上的奇迹。除律制的建构外，中国古代在泛音系列的发现及其演奏时的应用，管乐器音调的管口校正，簧、管耦合的原理和控制技术等方面都有重要贡献。

一切声音都是由物体的振动产生的。声音是一种压力波，当演奏乐器时，它们的振动会引起空气介质中分子有节奏的振动，使周围的空气产生疏密变化，形成疏密相间的纵波，这就产生了声波，这种现象会一直延续到振动消失为止。通过分析振动，我们可以认识振幅、周期、频率等这些重要的概念。振动与音乐相关的有阻尼振动、受迫振动、共振、自持振动等。从音乐声学的原理来说，弦乐器的振动是受迫振动，而管乐器的振动则是自持振动。

1）乐器的发音原理

音乐声学的研究从激励器、共鸣器、辐射器三大部件来入手，以求得最高的发音效率和优美的音色。简单的响器，其激励、共鸣、辐射合为一体，如锣；电子合成乐器则用电路来模仿激励器和共鸣器，辐射器就是扬声器。

从音乐声学的角度来看，乐器一般是由三部分组成的：①激振体，是用以激发乐器振动的物体，如提琴的弓、钢琴的弦槌、簧管的簧等，它们大都是乐器的一部分；②振动体，是乐器产生振动的物体，如提琴的弦、管乐器的空气柱、各种鼓的膜等，它们大部分是乐器的主要部分；③共鸣体，是能扩散振动体能量的物体，如弦乐器的琴身、钢琴的共鸣板、木琴的共鸣管等。

由于乐器的种类繁多，必须对其进行分类，才能对其进行系统研究。对乐器的分类在中国古代有八音分类法，即按乐器的基本制作材料，分为金、石、丝、竹、匏、土、革、木八类。在欧洲则主要是萨克斯-霍恩博斯特分类法，根据乐器的发音原理，把乐器分为五类：①弦鸣乐器，弦乐器的发声原理主要是通过摩擦、波动来实现弦的振动，从而发出声音；②气鸣乐器，管乐器的发声原理主要是通过腔体内空气振动发出声音的；③体鸣乐器，打击乐器主要依靠棒振动、板振动、膜振动等来实现发音；④膜鸣乐器；⑤电鸣乐器。在这五大类基础上，再根据十进分类法和乐器的形状或演奏方式进行细分。这种分类法基本可以涵盖所有已知的乐器。

2）乐律

人耳能听到的频率范围很广（一般在 20Hz～20kHz），当一个音的频率为另外一个音的频率的二倍时，听起来像是同一个音（调提高了），每提高一个倍频程都有重复的感觉。所以只要把一个倍频程内的音排列好了，就等于把所有的音都排列好了。乐律或音阶就是在一个倍频程内把若干个音从低到高按一定音程排列，以适合音乐的要求。乐律是音乐的基本构造元素，即为乐音体系创建某种规范，使之更合乎人们在音乐中使用的需求。每一个音称为一个律音，各律音之间的频率比形成简单整数比关系时，听起来更加协调。

在中国和世界各国音乐研究的历史上，最悠久的都是律学。欧洲的毕达哥拉斯和中国的管仲都是最先开始律学研究的，从而开创了音乐理论研究的历史。律学是依据声学原理、运用数学方法来研究各音间相互关系的一门学科。之所以要依据声学原理，很重要的是我们要认识到，音乐中一个八度之内所用到的 12 个音，以及八度、五度等音程，并不是历史上某个人无缘无故凭空想象出来的，而是来源于乐音的泛音列，以及弦长比和音程的固定关系。这也解释了在公元前，远隔千山万水，在中国和古希腊相继产生了原理相似的三分损益律和毕达哥拉斯律的原因。因为那时都是从弦长比和音程的关系出发来研究律学的。要理解律学，一定要从理解这些声学原理开始，这也是律学要列为音乐声学范畴的一个重要原因。至于运用数学方法，原因也在于音与音的关系，最终是用数字关系来描述的。当然，各音间的关系用数字来表示，它的精确性和稳定性也就达到了最高程度。律学的发展和音乐的发展是密切相关的。从欧洲来说，五度相生律是和单音体音乐联系在一起的。而多音体音乐则是与纯律以及十二平均律联系在一起的。正是音乐的发展，才促进了律制的发展。而律制的发展也极大地推动了音乐的发展。没有十二平均律，就没有 24 个大小调，也就没有巴赫以来几乎所有的音乐。

3）噪声和乐音

噪声通常指那些难听的、令人厌烦的声音，它的波形是杂乱无章的。乐音通常指那些动听的、令人愉快的声音，它的波形是有规律的。如何从理论上区分噪声和乐音呢？一般称物体在 1s 内没有周期性规律的振动所产生的可听声为噪声。而乐音是指物体在 1s 内呈周期性振动所产生的有明确音调的可听声。区分噪声和乐音有一个最重要的决定性因素，即乐音是有确切音调的，而噪声一般没有确切的音调。乐音又可分为纯音和复合音两种。复合音是具有一个音调以上的声觉，由一些频率不同的简谐正弦成分合成的声波，音乐中的乐音大部分是复合音，如实验中使用的鼓、编钟、乐曲等。而纯音是有单一音调的声觉，瞬时值为一简单正弦时间函数的声波，如实验中使用的音叉。

4）音质

一段悦耳动听的音乐由不同频率的声波复合而成，通常我们会以音质的好坏加以鉴定，所谓音质就是指声音的品质，涵盖了音调、音量、音色等要素。用于音质评价的专业术语主要如下。

声音发炸：高频或中高频过多。

声音发沙：中高频畸变，有瞬态互调畸变。

声音发浑：瞬态不好，谐振峰突出，低频或中低频过多。

声音发闷：高频或中高频过少。

声音发散：中频欠缺，中频瞬态不好，混响过多。

声音发暗：缺乏高频及中高频。

声音发干：缺乏混响，缺乏中高频。

声音发直：中低频太突出，混响少，瞬态差。

声音毛糙：中高频略多，有瞬态互调畸变。

声音宽厚：频带宽，中低频、低频好，混响适度。

声音纤细：高频或中高频适度，瞬态好。

声音扎实：中低频好，混响适度，音量足够。

声音狭窄：频率特性狭窄。

声音圆润：频率特性好，混响适度，瞬态好。

声音明亮：中高频及高频足够，相对平坦，混响适度。

声音尖刺：高频及中高频过多。

声音清晰：中高频及高频好，瞬态好。

声音透明：高频及中高频适度，瞬态好。

声音丰满：频带宽，中低频好，混响适度。

声音柔和：低频及中低频适度。

高音虚（飘）：缺乏中频，中高及高频指向太尖锐。

金属声：中高频个别频点突出。

声音有层次：瞬态好，频率特性平坦，混响适度。

声音有立体感：频响平坦，混响适度，瞬态好。

声音有临场感：频响好，特别中高频好，瞬态好。

综合声波和声音的三个基本要素，本节主要在 20Hz～20kHz 频率范围内，通过学习声压的测量方法，来研究声音的频率（音调）、强度（响度）和音质（音色）的一些规律，例如，音调高的声音音量不一定大，反之，音量大的声音音调不一定高；声音的音量和声音的强度并不呈线性关系，而是呈对数关系等。而在 3.2 节声压测量基本技能训练 2 中将主要在高于 20kHz 的频率范围内，通过学习水介质中声压的测量方法，来研究声波的波长、周期（频率）以及水中声速的测量方法。

3.1.2 实物测试

实物测试就是走进实验室，利用专业的测试仪器和设备，亲自动手通过实际操作来测量声压，获得测试数据，并通过对测试数据的处理得出结论的过程。

本节的实物测试内容有三个方面。

一是耳听和手感，就是敲击机械声源发出声波，然后实验者用耳聆听并记录感受，包括主观感觉对音量的大小、音调的高低和音色的饱满程度等三个物理量的定性描述，同时实验者用手接触声源发声体并记录感受，包括对主观感受到的振动幅度大小和振动频率快慢的定性描述。

二是观测声压信号在时域和频域上的波形图，这里要求实验者在耳听和手感实验部分能够较好地掌握敲击力度、敲击位置（力度和位置是否合适的判断，以是否能够明显分辨出差别为准）后，再分别以不同的力度敲击声源发声体同一位置和以相同的力度敲击声源发声体不同的位置，同时利用传声器（带前置放大器）在声源发声体附近接收声波，并将传声器输出端的电信号送到示波器或采集器进行显示且保存，然后通过对测试数据的处理给出对音量的大小、音调的高低和音色的饱满程度等三个物理量的定量描述，最后与耳听的定性描述进行比对。

三是观测振动信号的时域和频域波形图，测试时首先将一个加速度传感器（也称为加速度计）固定安装在声源发声体上，然后将传声器放置在发声体附近，在敲击发声体的同时注意耳听和手感，这里需要多人合作，测试结果能够很好地反映出团队合作的成效。

下面就让我们一起走进实验室，感受一下专业测试的魅力吧！同时，看看能够获得哪些收获呢？

1. 音叉和简谐波

1）音叉

音叉是一种发声仪器，常用于调试乐器和测试音调，图 3.1 是常见的两种音叉，二者的区别为是否带有共振腔，各种音叉由于质量不同和音叉臂的长度、厚度不同在振动时可以发出不同频率的纯音，本节实验建议采用共振音叉。

(a) 音叉组　　(b) 带共鸣腔的音叉

图 3.1　音叉

让我们用橡胶锤敲击一下音叉，听一听、测一测吧！首先拿起橡胶锤交替敲击音叉，完成下列测试内容（见表 3.1）。

表 3.1　音叉测试 1

序号	测试内容、测试要求、测试结果
①	以不同的力度（要求：3 个不同力度以上，能够明显分辨出不同为宜）敲击音叉的叉臂同一位置（要求：做好标记），用耳听、手触摸来判断音量与敲击力度的关系，并记录下来
②	以相同的力度敲击音叉的不同位置（要求：位置点间隔适当，且建议有叉臂和叉座），用耳听、手触摸来判断音调与敲击位置的关系，并记录下来

①和②的测试内容在日常生活中经常做，只不过敲击的不是音叉而已。这里，安排这个测试内容不仅仅是想让大家通过耳朵和手来定性研究音量和音调与敲击力度和位置的关系，更重要的是要学习和掌握一种专业的测试方法——控制变量法。

控制变量（control variate）法是在蒙特卡罗方法中用于减少方差的一种技术方法。该方法通过对已知量的了解来减少对未知量估计的误差。物理学中对于多因素（多变量）的问题，常常采用控制因素（变量）的方法，把多因素的问题变成多个单因素的问题。每一次只改变其中的某一个因素，而控制其余几个因素不变，从而研究被改变的这个因素对事物的影响，分别加以研究，最后综合解决，这种方法称为控制变量法。它是科学探究中的重要思想方法，被广泛地运用在各种科学探索和科学实验研究之中。

2）简谐波

下面采用专业的测试仪器设备——传声器和加速度计代替耳朵和手，重复表 3.1 中的①和②的测试内容，详见表 3.2 中的①*和②*。

表 3.2　音叉测试 2

序号	测试内容、测试要求、测试结果
①*	以不同的力度（要求同上，尽量保持一致）敲击音叉的叉臂同一位置（即标记的位置），用传声器和加速度计分别获取声信号和振动信号，并记录下来，然后分析音量与敲击力度的关系
②*	以相同的力度敲击音叉的不同位置（要求同上，标记要保持完好），用传声器和加速度计分别获取声信号和振动信号，并记录下来，然后分析音调与敲击位置的关系

采用传声器和加速度计代替耳朵和手进行测试时，要注意：“耳朵”不只是一个“传声器”，还具有检波特性，甚至判断时它还有大脑这个“处理器”等一系列复杂的组成部分；“手”感受也一样复杂。因此，在对传声器和加速度计测得的数据进行处理后，与耳听、手触摸感受对比时要考虑到这些不同因素的影响。

这里，安排这个测试内容也不仅仅是让大家对比定性研究和专业定量测试的不同，而且要通过测试认识和学习一个重要的知识点 1：简谐振动和简谐波（参见附录 A.1）。

在完成①*和②*测试的过程中，传声器和加速度计的输出电信号将在示波器或采集器上显示出来并存储。接下来，就认识一下示波器显示的信号波形图吧，如图 3.2 所示，这是描述声压信号随时间变化的关系曲线。

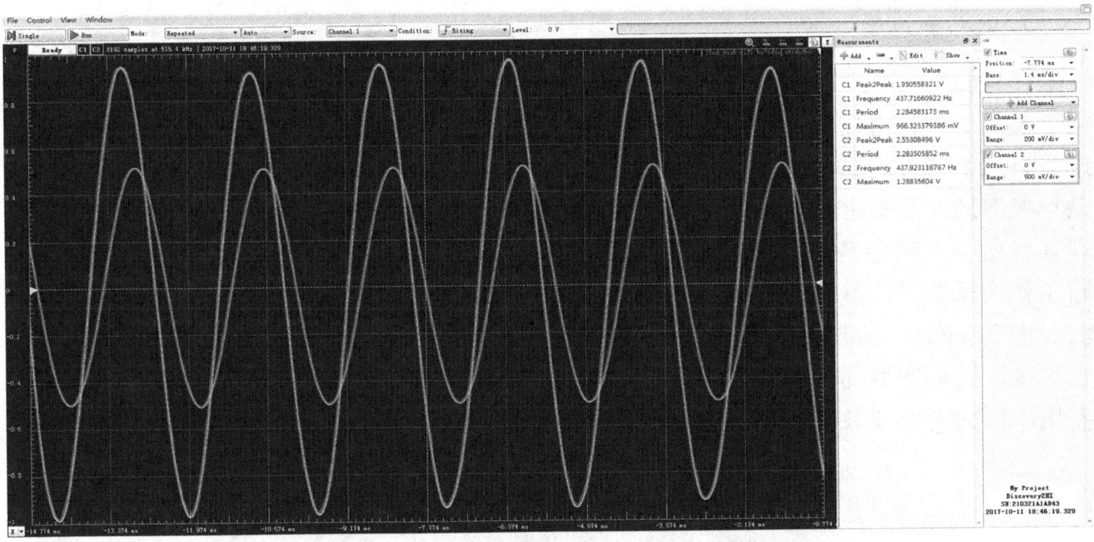

图 3.2　示波器显示的音叉信号波形图（传声器和加速度计）

提示：你在实验中测得的波形图是这样的吗？如果不是，请调整后重测。①将传声器放置在共振腔开口处。②检查加速度计是否安装牢固。③如果使用采集器记录波形图，要注意敲击音叉和控制采集开始时间要尽量同步（建议采集时间点稍提前一些）。④测试过程中可能还会出现其他现象，要一一排除，以达到或接近如图 3.2 所示波形图。

根据图 3.2 显示的波形图，结合学过的数学函数知识，可以发现：这个波形图与正弦函数（或余弦函数）的图像相符，而且是周期函数，因此表达式可写成

$$y = A\sin(\omega t + \varphi_0) \tag{3-5}$$

式中，y 代表传声器或加速度计的输出量，这里指电压量 U，它是时间 t 的函数，即 $U(t) = U_0 \sin(\omega t + \varphi_0)$。

根据函数的性质可知：U_0 是传声器或加速度计输出电压量的幅值；ω 是传声器或加速度计输出电压量的角频率；φ_0 是传声器或加速度计输出电压量的初始相位。因此，如果已知传声器或加速度计灵敏度，则传声器或加速度计测得的声压或加速度物理量的表达式为

$$p(t) = P_0 \sin(\omega t + \varphi_0) \tag{3-6}$$

$$a(t) = a_0 \sin(\omega t + \varphi_0) \tag{3-7}$$

思考题：

（1）已知传声器或加速度计的灵敏度 S_V 或 S_a，由传声器或加速度计的输出电压量幅值 U_0 求得的传声器或加速度计测得的声压或加速度物理量的幅值 P_0 和 a_0 是多少？传声器或加速度计测得的声压或加速度物理量的频率是多少？

（2）参照图 3.2 的波形图，回答什么是简谐振动，什么是简谐波。

（3）如果在实验中将型号相同的两个音叉相邻放置，用橡胶锤敲击其中一个音叉的叉臂，另外一个会不会发出声音？为什么？用目前现有的仪器设备进行验证。

（4）通过本实验学会了空气声和振动信号的时域测量方法，尝试自己设计一个测试方案验证一个声学或振动现象。

2. 鼓和拍现象

1）鼓

鼓是一种打击乐器，在坚固且一般为圆桶形鼓身的一面或双面蒙上一块拉紧的膜。鼓可以用手或鼓杵敲击出声。中国与美索不达米亚、古埃及、古印度，同为世界上鼓的最早发源地。历史上，中国鼓传至邻国，如朝鲜、日本，同时也吸收了许多外来鼓。在现代音乐中，鼓也是一种比较重要的乐器，有的乐队完全由以鼓为主的打击乐器组成。除了作为乐器外，鼓在古代许多文明中还用来传播信息。图 3.3（a）为宋朝黑釉贴花纹鼓，图 3.3（b）为非洲手鼓，图 3.3（c）为中国浅筒形鼓，除了造型不同，击鼓的手法也很多，人们在鼓的各种部位用鼓槌、拳头、手掌拍打，甚至还有用脚后跟击鼓，从而奏出不同的音响和效果。也有用鼓槌敲击的，过去曾经用象牙、骨做过鼓槌。还有一种

(a)　(b)　(c)

图 3.3　鼓

用小棍子摩擦喷有某种粉末的鼓皮而发声的摩擦鼓。在尼日利亚有一种夹在腋下演奏的小鼓，随着手臂对鼓身皮条的压力大小，鼓的音调可以随时变化。

让我们用木槌敲击一下鼓，听一听、测一测吧！首先拿起木槌交替敲击鼓，完成下列测试内容（见表 3.3）。

表 3.3　鼓的测试

序号	测试内容、测试要求、测试结果
①	以不同的力度（要求：3 个不同力度以上）敲击鼓心同一位置，用耳听、手触摸来判断音量与敲击力度的关系
②	将加速度计粘接在鼓心上，传声器布放在鼓面附近，以不同的力度（要求：3 个不同力度以上）敲击鼓面同一位置、以相同的力度敲击鼓的不同位置（要求：3 个不同位置）（注意：如果敲击位置移动到边缘处，加速度计也相应移至边缘处），存储波形图，分析敲鼓产生的声压与敲击力度和敲击位置的关系

在完成①和②测试过程中，传声器和加速度计的输出电信号将在示波器或采集器上显示并存储下来。接下来，就认识一下示波器显示的信号波形图吧，如图 3.4 所示。

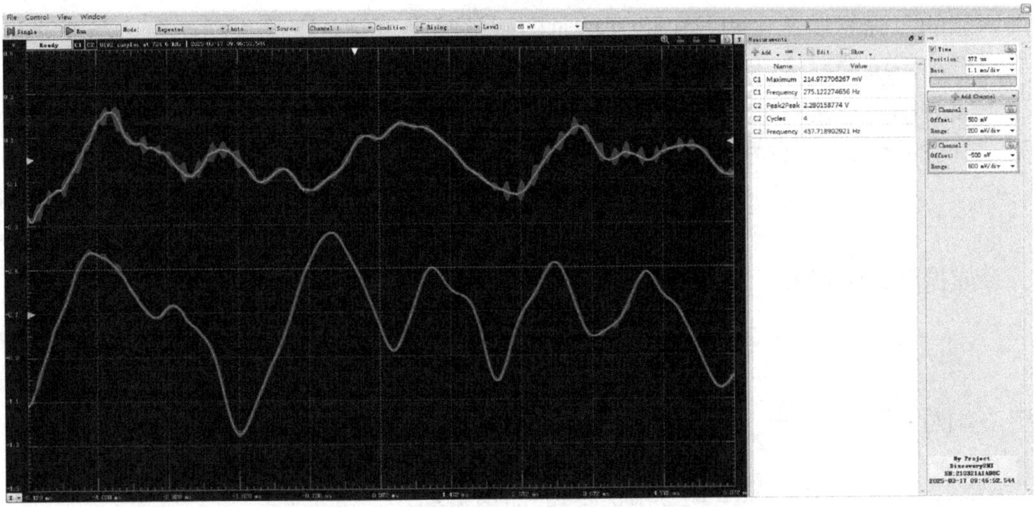

图 3.4　示波器显示的鼓信号波形图（传声器和加速度计）

提示：你在实验中测得的波形图是这样的吗？

或者，有的同学可能会得到这样的波形图，如图 3.5 所示。

如果两种情况都不是，请调整后重测：①将传声器的接收部正对敲击位置，距离尽量近一些；②检查加速度计是否安装牢固；③测试过程中可能还会出现其他现象，要一一排除，以达到或接近如图 3.4 或图 3.5 所示波形图。

①和②的测试过程中，用木槌敲击时，有的同学是无规律地敲击或者只敲击一次，有的同学是有节奏地连续敲击。此时，会发现示波器中显示的波形图完全不一致，有的同学甚至可以用鼓敲击出和音叉相似的波形，这是为什么呢？

这涉及音乐声学中的一个重要概念——拍。

2）拍现象

拍现象就是由两个频率相接近的声音合成的一个低频变幅的声音。常见的拍现象有

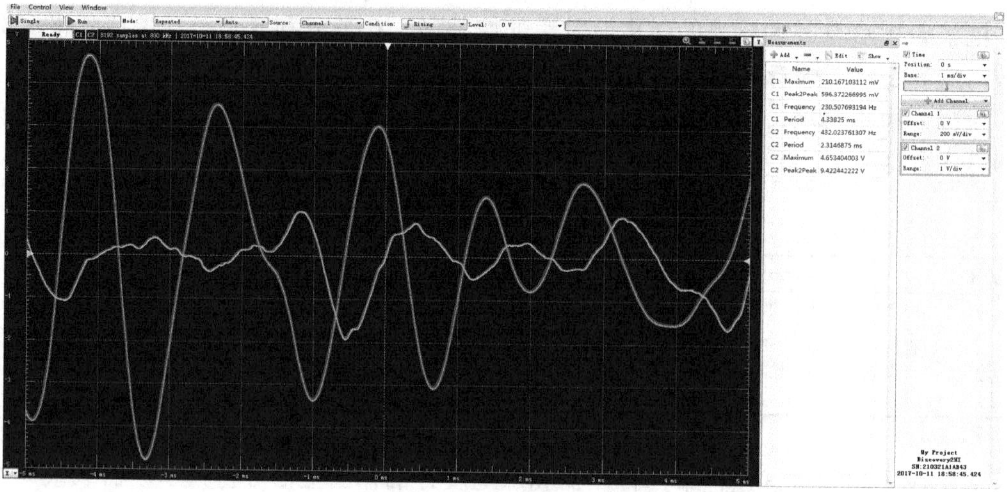

图 3.5　示波器显示的信号波形图（传声器和加速度计）

钟声明显的忽强忽弱变化和发电机开动时的磁铁哼嗡声等。在受迫振动中，当激励函数频率与振动系统频率接近时，也可观察到拍现象（参见附录 A.1.1）。

下面对拍现象进行一下理论分析，设两简谐振动振幅相同（$A_1 = A_2 = A$，初相都为零）。它们的运动方程分别为

$$y_1 = A_1\cos(\omega_1 t) \tag{3-8}$$

$$y_2 = A_2\cos(\omega_2 t) \tag{3-9}$$

合成振动的位移为

$$y = y_1 + y_2 = 2A\cos\left(\frac{\omega_1-\omega_2}{2}t\right)\cos\left(\frac{\omega_1+\omega_2}{2}t\right) = A(t)\cos\left(\frac{\omega_1+\omega_2}{2}t\right) \tag{3-10}$$

式中，$A(t) = 2A\cos\left(\frac{\omega_1-\omega_2}{2}t\right)$ 可以看作合成振动的振幅，随时间做周期性变化。而后面的 $\frac{\omega_1+\omega_2}{2}t$ 部分则是以 $\frac{\omega_1+\omega_2}{2}t$ 为圆频率的简谐振动。

由此可见，当同方向的两个频率相差不大的简谐波叠加时，叠加后波形的幅值将随时间做强弱的周期性度化，这种现象称为拍，幅值出现忽强忽弱的变化，单位时间内出现的拍数称为拍频（拍的频率），也是叠加后波形的幅值变化频率。

拍现象不同于幅值调制，虽然在时域上表现相同，都是幅值忽高忽低，但二者有着本质的区别。当出现拍现象时，人耳听到的声音在幅值上会出现周期性的强弱变化，一强一弱变化就是一次拍。

思考题：

（1）通过鼓实验，你对其振动而引起的声波波形有哪些认识？与音叉波形相比，从幅值、频率角度出发，谈谈对音叉和鼓的音量、音调的测试感受。

（2）鼓在古代许多文明中用来传递信息，请同学们思考一下，他们是通过何种方式用鼓来传递信息的？这里面对应着声学中哪些物理概念？

（3）与音叉实验相比，鼓的实验只是一个重复，其测试系统和测试方法都没有变化，

但却可以进一步研究拍现象，因此，尝试自己设计一个测试方案验证一个声学或振动现象吧！

3. 编钟、谐波和音色

1）编钟

作为中国汉族古代大型打击乐器，编钟兴起于周朝，盛于春秋战国直至秦汉。中国是制造和使用乐钟最早的国家，它用青铜铸成，由大小不同的扁圆钟按照音调高低的次序排列起来，悬挂在一个巨大的钟架上，用丁字形的木槌和长形的棒分别敲打铜钟，能发出不同的乐音，因为每个钟的音调不同，按照音谱敲打，可以演奏出美妙的乐曲。根据文献记载和出土文物，发现中国在西周时期就有了编钟，那时候的编钟一般是由大小 3 枚组合起来的。春秋末期到战国时期的编钟数目就逐渐增多了，有 9 枚一组的和 13 枚一组的等。1957 年，在河南信阳城阳城址春秋战国墓中出土了我国第一套完整的青铜编钟，共 13 枚，发音准确，音色优美。我国第一颗人造地球卫星上天时，悠扬悦耳的《东方红》乐曲声就是用此编钟演奏的，该乐曲随着卫星周游世界、响彻太空。“东方红一号”卫星的发射成功，使得浩瀚的太空中终于有了中国的声音。

1978 年在湖北随县出土的战国早期的曾侯乙编钟（见图 3.6）钟架长 748cm，高 265cm，全套编钟共 65 件，分三层八组悬挂在呈曲尺形的铜木结构钟架上，最大钟通高 150 余厘米，重 203.6kg。每件钟均能奏出呈三度音阶的双音，全套钟 12 个半音齐备，可以旋宫转调。音列是现今通行的 C 大调，能演奏五声、六声或七声音阶乐曲，其音域跨 5 个半八度，12 个半音齐备，比现代大部分打击乐器都宽，无论中国民族乐曲还是西方交响乐都能演奏。尤为珍贵的是，编钟上 3755 字铭文记载了先秦时期的乐学理论，以及周、楚、齐等诸侯国的律名和阶名的相互对应关系。这一重大发现，改写了所谓“中国的七声音阶是从欧洲传来，不能旋宫转调。”的说法。

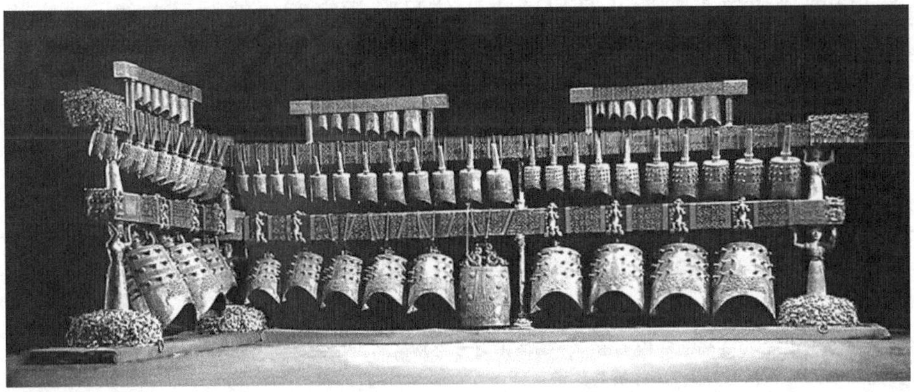

图 3.6　曾侯乙编钟

2）谐波和音色

用小铜锤敲击实验室提供的编钟仿制品，用传声器和加速度计采集声压和振动信号，可以看到如图 3.7 所示波形图。

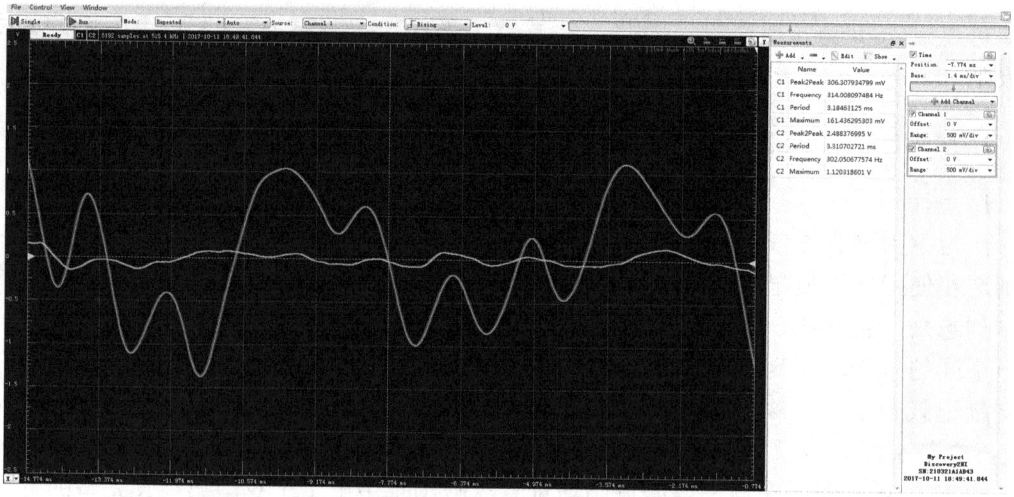

图 3.7　示波器显示的编钟时域信号波形图（传声器和加速度计）

可以发现，与音叉和鼓的信号相比，编钟的时域信号很难看出什么规律，这是什么原因造成的呢？

因为声音是一种振动，任何物体的振动都无法做到纯单一的频率，包括音叉也是。除基本频率（基频或基波频率）振动的影响，物体还受弹性形变的影响，会产生其他频率的振动，这些振动的叠加或消减就产生了更多频率的振动，这些就是谐波（或谐音）。音色指的是声音的特性，物理上讲其决定于物体（乐器）振动方式和声波的传播，主要由其谐音的多少及各谐音的相对强度决定，也称音品、音质。每个人的声音以及各种乐器所发出的声音的区别，就是音色不同造成的。可以通过观测声音信号在时域和频域上的函数值得到细致客观的数据。因此，对于复杂的声音信号，单纯的时域分析无法满足测量需求，这时需要进一步开展声压信号的频谱分析。

频谱是频率谱密度的简称，是描述声压信号随频率变化的关系曲线，是将复杂振荡分解为振幅不同和频率不同的简谐振荡的过程，这些简谐振荡的幅值按频率排列的图形称为频谱。频谱将对信号的研究从时域引入频域，从而带来更直观的认识。

让我们完成下列测试内容，来开展声压的频谱分析吧（见表 3.4）！

表 3.4　频谱测试

序号	测试内容、测试要求、测试结果
①	利用音叉作为声源，将传声器直接测量的声压信号通过采集器分析其频谱波形图且存储（要求：3 个声压信号以上），分析其频谱特征
②	选择 3 个不同尺寸的编钟作为声源，将传声器直接测量的声压信号通过采集器分析其频谱波形图且存储（要求：3 个声压信号以上），分析其频谱特征

在完成①、②测试过程中，将传声器输出电信号的频谱在采集器上显示并存储下来。

思考题：

（1）参考谐波定义，进一步了解什么是泛音，加深对音色的物理意义认知。通过音色可以分辨出不同的人和不同的乐器，那么可以用来识别目标吗？

（2）编钟的铸造对形状、大小、质量和材料成分等有严格的规定，只有按规定才能制造出可以演奏的乐器。通过实验，你对这句话有何体会？

4. 实验要求

1）声压的时域信号测量要求

（1）采集音叉简单振动产生的声波波形图（至少 3 个），并根据波形图曲线形式写出简谐声压函数表达式及该声波的频率（音调），并利用传声器灵敏度计算出音叉产生的声波在传声器所在点处的声压幅值（音量）及其声压级大小。

（2）采集击鼓实验中加速度计和传声器输出的电压信号波形图（至少 6 个），并分析敲击鼓产生的振动信号（加速度计测得的）和声信号（传声器测得的）之间的关系。

（3）将上述实际测量结果与耳朵和手的感性认知结果相比，做出对比分析。

2）声压的频域信号测量要求

（1）采集音叉作声源产生的声波的频域波形图（至少 3 个），并尝试与之前测得的音叉时域波形图进行对比，总结两种声波表示方法（时域、频域）的特点。

（2）采集 3 个不同尺寸编钟作声源产生的声波的频域波形图（至少 3 个），并分析 3 个不同尺寸编钟的频谱特征。

（3）采集两段以上录音结果的频谱分析图，并分析不同乐器之间的音色特征。

3）实验总结

本实验内容以及能力训练等级为基础型，结合实际操作思考自己可以继续开展的研究内容，利用实验室提供的仪器设备，或者手机 App 等现有工具，以小组为单位，设计一个演示实验，解释一个声学现象或者说明一个声学问题。

3.2　声压测量基本技能训练 2：水下声信号的获取

通过 3.1 节我们学会了在空气介质中如何测量声压物理量，并且能够利用测得的声压时域或频域波形开展相应的声学概念（简谐波、谐波、音量、音调、音色等）和现象（拍、泛音）研究工作，本节将学习在水介质中如何进行声压测量的基本技能训练。

在水介质中需要使用的水下接收器是水听器，同时测试中需要使用专业的声源（发射器）产生声波，因此，首先需要掌握水声换能器的使用方法及注意事项，然后需要学习在水声测试中常用的几种发射信号的形式及特点，最后在水箱中训练水下声压信号的获取技能。

现在从最基本的水声换能器电阻抗特性测量开始吧！

3.2.1　水声换能器电阻抗特性测量

1. 基本知识

1）水声换能器电阻抗导纳圆图及频响特性

在水声测量中大都使用压电式换能器，对于压电换能器，其在谐振频率附近的等效电路如图 3.8 所示。

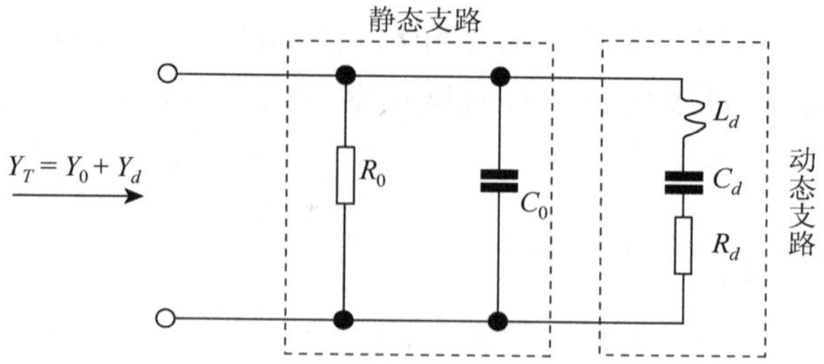

图 3.8　压电换能器的等效电路

从换能器电端看进去的等效输入导纳 Y_T 为

$$Y_T = Y_0 + Y_d = G + \mathrm{j}B \tag{3-11}$$

式中，Y_0 为静态导纳；Y_d 为动态导纳；G 为电导（导纳的实部）；B 为电纳（导纳的虚部）。静态导纳 Y_0 为

$$Y_0 = \frac{1}{R_0} + \mathrm{j}\omega C_0 \tag{3-12}$$

其中，R_0 为材料绝缘阻抗（换能器机械部分钳定不动时的电阻）；C_0 为静态电容。

动态支路由表示换能器自身力阻的等效动态电阻 R_d、动态电感 L_d 和动态电容 C_d 组成，动态元件是由换能器振动而产生的。因此，动态支路中的每个元件都直接与换能器的振动联系在一起。如果把换能器完全钳制而不让其振动，换能器电端只能测量出静态导纳。

动态支路的阻抗 Z_d 和导纳 Y_d 的表达式为

$$Z_d = \frac{1}{Y_d} = R_d + \mathrm{j}X_d = R_d + \mathrm{j}\left(\omega L_d - \frac{1}{\omega C_d}\right) \tag{3-13}$$

式中，X_d 为等效电抗。

这样换能器的总输入导纳的表达式为

$$\begin{aligned} Y_T = Y_0 + Y_d &= \frac{1}{R_0} + \mathrm{j}\omega C_0 + \frac{1}{R_d + \mathrm{j}\left(\omega L_d - \dfrac{1}{\omega C_d}\right)} \\ &= \left(\frac{R_d}{|Z_d|^2} + \frac{1}{R_0}\right) + \mathrm{j}\left(\omega C_0 - \frac{X_d}{|Z_d|^2}\right) \\ &= G + \mathrm{j}B \end{aligned} \tag{3-14}$$

式中

$$G = \frac{R_d}{|Z_d|^2} + \frac{1}{R_0};\qquad B = \omega C_0 - \frac{X_d}{|Z_d|^2} \tag{3-15}$$

整理后有

$$\left(G - \left(\frac{1}{R_0} + \frac{1}{2R_d}\right)\right)^2 + (B - \omega C_0)^2 = \left(\frac{1}{2R_d}\right)^2 \tag{3-16}$$

式（3-16）表明，换能器导纳矢量端点的轨迹图是一个圆，此圆称导纳圆，如图 3.9 所示。

通常，除了用上述的导纳圆图表示换能器的阻抗特性外，还用直角坐标图表示，这种表示方法更为直观，便于理解，如图 3.10 所示。

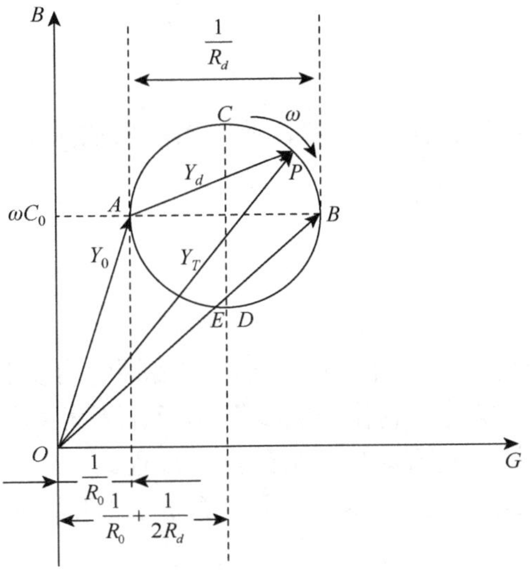

图 3.9 压电换能器的导纳圆图

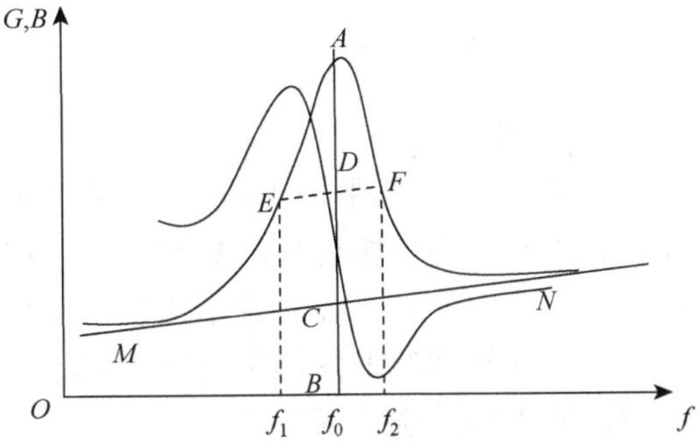

图 3.10 压电换能器的频响特性曲线

图 3.10 中，线段 AB 为谐振频率点 f_0（或 f_s）上的总电导，线段 AC 为动态电导，BC 为静态电导，频率 f_1 和 f_2 分别为半功率点频率，其差值称为半功率点带宽，对应的动态电导值均等于谐振频率 f_0（或 f_s）上动态电导值的一半，即线段 AD 的长度是 AC 的一半。MN 为渐近线，EF 平行于 MN。

2）表征水声换能器电阻抗特性的参数

（1）机械谐振频率。

当换能器受到外界激励进行响应时，如果该激励频率与换能器的谐振频率相近，则换能器将产生共振，并给出最大响应输出。如图 3.8 所示的等效电路图，假设压电换能器的机械损耗为 0，即 $R_d=0$。在右侧的动态支路中，L_d 和 C_d 为串联，则此时对应的谐振频率 f_0（或 f_s）为

$$f_0=\frac{1}{2\pi\sqrt{L_dC_d}} \tag{3-17}$$

（2）–3dB 带宽。

前面所说的半功率点带宽对应换能器的发射频率响应曲线上低于最大电导响应值 3dB 的上下两个边频之差，定义为换能器的–3dB 频道宽度，简称带宽（–3dB）：

$$\Delta f=f_2-f_1 \tag{3-18}$$

式中，f_1、f_2表示半功率点频率，即从功率最大值下降到 1/2 处对应的频率点，在发射响应或者电导曲线上，表示从最大值下降到 0.707（或$1/\sqrt{2}$）处对应的频率点。

（3）品质因数。

品质因数 Q 是一个无量纲的正实数，主要用来描述换能器频带宽度，其大小相对反映了换能器的带宽情况，计算公式为

$$Q = \frac{f_0}{f_2 - f_1} \tag{3-19}$$

换能器的品质因数 Q 越大，频带越窄，响应曲线就越尖锐，此时换能器的频率选择性越强；Q 越小，则频带越宽，响应曲线就越平坦。

2. 虚拟仿真实验

1）操作过程

完成水声换能器电阻抗特性测量虚拟实验使用的软件是声学工程与应用综合实验软件，其主要分为“振动与声基础”“声场测量”“换能器制作与测试”“水下目标辐射噪音测量”四个模块。下面介绍水声换能器电阻抗特性测量虚拟实验的操作过程。

（1）打开声学工程与应用综合实验界面，如图 3.11 所示，在主界面单击“开始实验”按钮，进入模块选择部分。

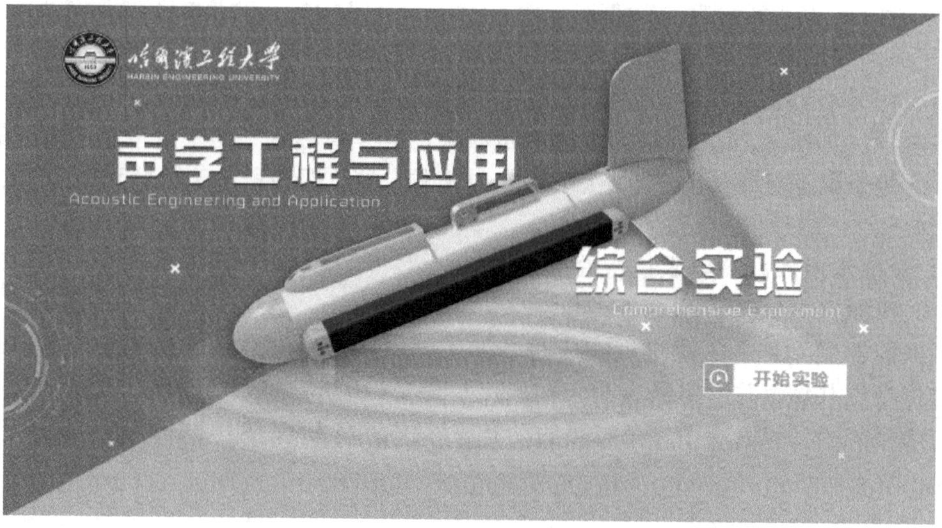

图 3.11　声学工程与应用综合实验主界面视图

（2）在如图 3.12 所示的模块选择界面中，将鼠标放置在“声场测量”模块上，会出现“声场测试”“矢量声场测试”两个部分，本实验选择其中的“声场测试”部分。

（3）单击图 3.12 中的“声场测试”，出现如图 3.13 所示的界面。阅读实验前须知，了解相关声场测试部分的虚拟实验目的、实验意义及实验要求，阅读后单击“确定”按钮。

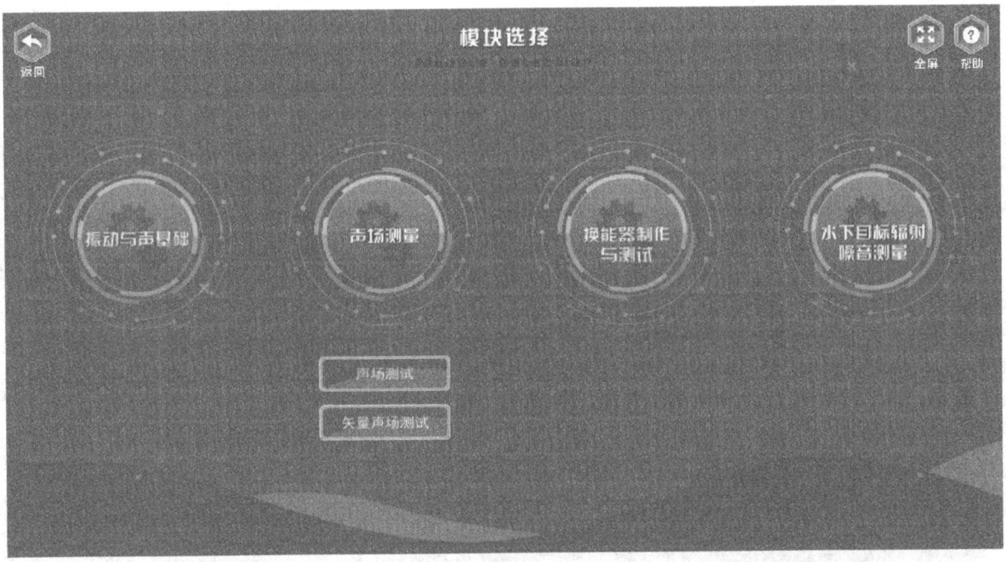

图 3.12　模块选择

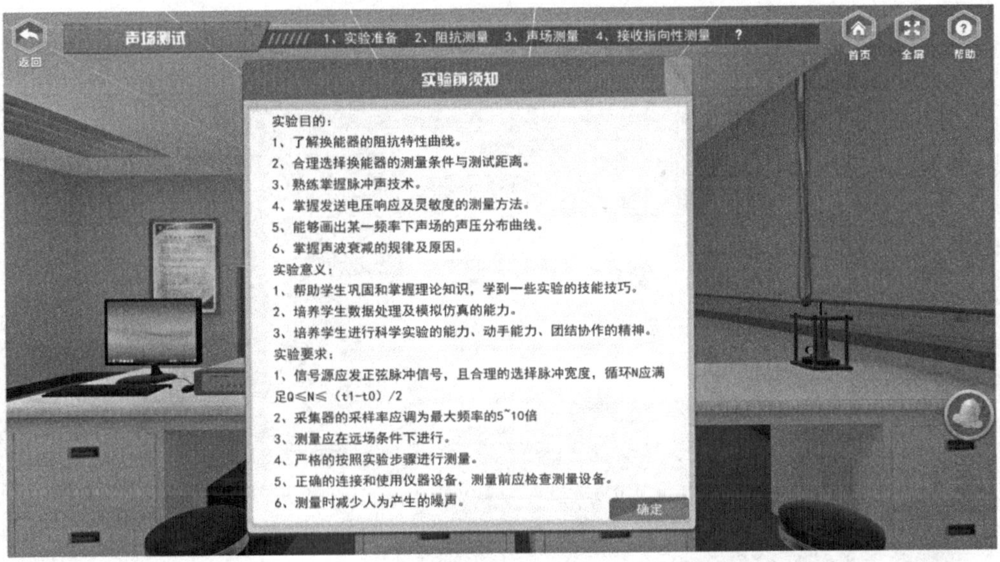

图 3.13　实验前须知

（4）单击“确定”按钮后，将进入“实验准备”部分，注意如图 3.14 所示右下角的实验操作提示，按照操作提示，寻找画面中高亮部分，进行擦拭换能器的虚拟实验操作。

（5）完成“实验准备”部分后，单击屏幕上方选项卡中的“2、阻抗测量”，出现如图 3.15 所示的阻抗测试对象选择的界面，分别有“进行水下换能器阻抗测量”“进行空气中换能器阻抗测量”两类测试。下面以“进行水下换能器阻抗测量”示例进行说明。单击“进行水下换能器阻抗测量”之后，按照实验操作提示进行仪器设备连接（寻找高亮点时，可以利用键盘的 W、A、S、D 观看不同视角）。

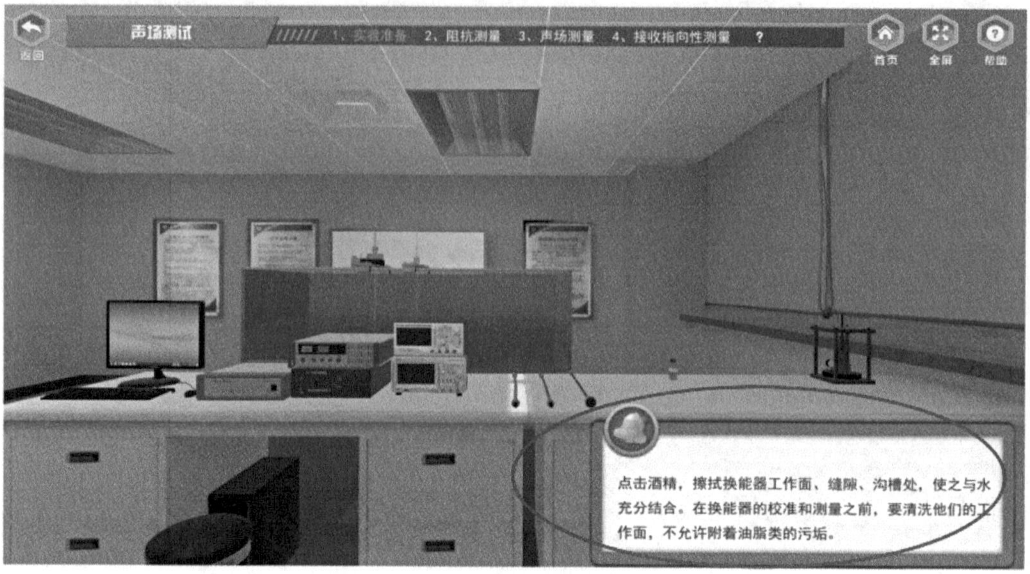

图 3.14　实验操作提示

图 3.15　阻抗测试对象的所处位置选择

（6）连接仪器设备后，左键单击计算机桌面图标（有高亮标记提示），出现如图 3.16 所示的 PV70-80A 软件界面，根据提示，输入起始频率、终止频率以及扫描步距，单击“启动”按钮，进行阻抗特性虚拟测试。需要注意的是，起始频率、终止频率的单位是 kHz，扫描步距的单位是 Hz。以起始频率为 50kHz、终止频率为 140kHz、扫描步距为 50Hz 为例，阻抗特性的虚拟测试结果如图 3.17 所示，左侧为导纳圆图，右侧为压电换能器频响特性曲线。

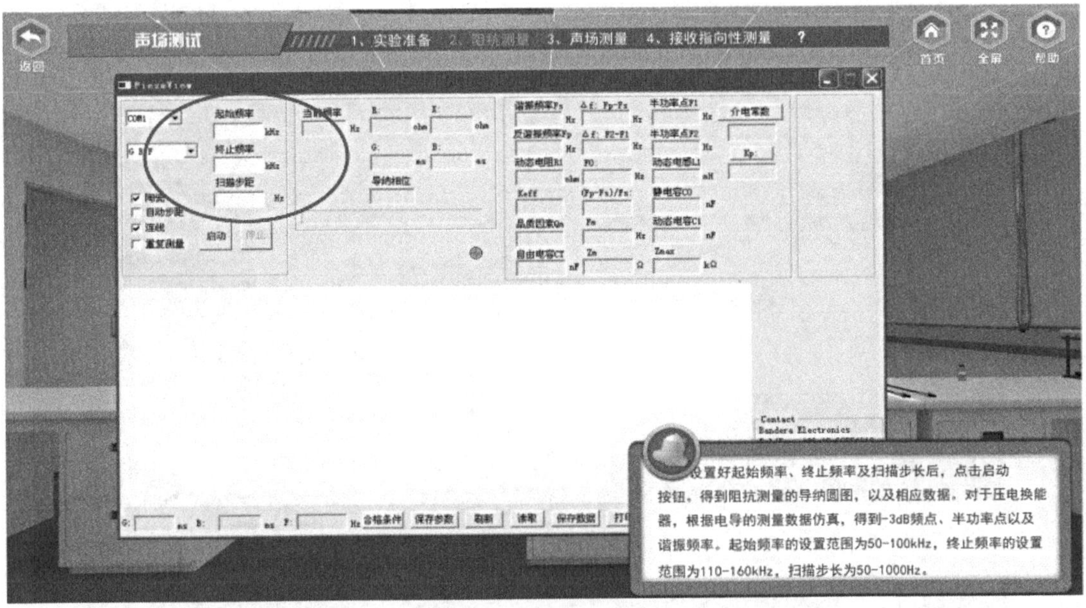

图 3.16　PV70-80A 软件界面

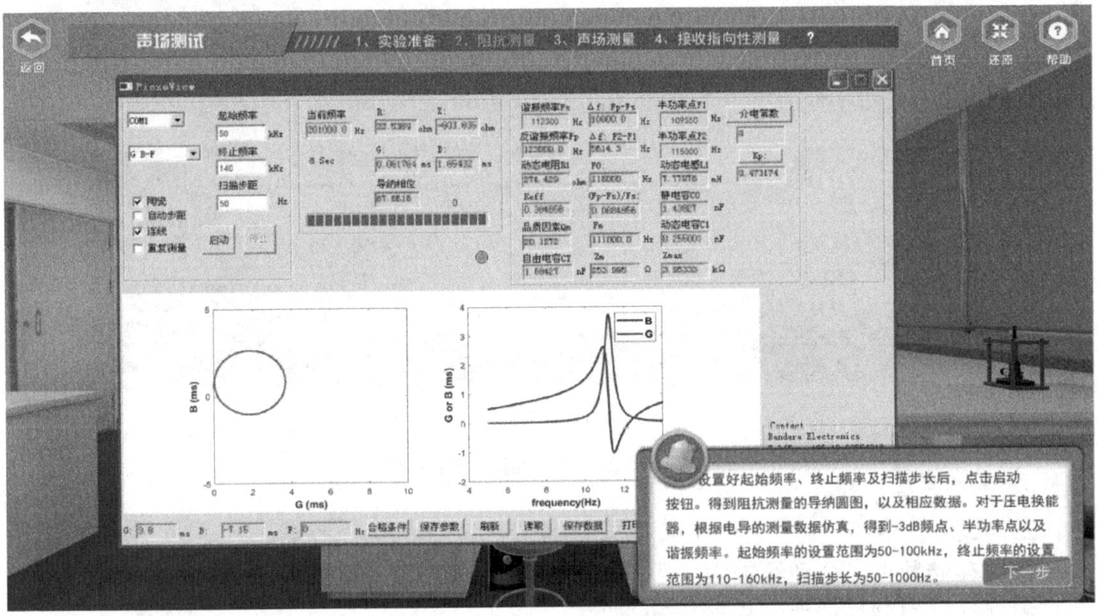

图 3.17　水中测试结果实例

（7）当界面中显示导纳图形后，可以选择软件界面下方的“保存数据”按钮、“保存图形”按钮进行数据与图形保存，数据为.xls 格式，图片为.bmp 格式，默认保存在浏览器的下载文件夹中，如图 3.18 所示。

（8）数据与图形保存完毕，可以返回上一层，重新选择参数进行测试。

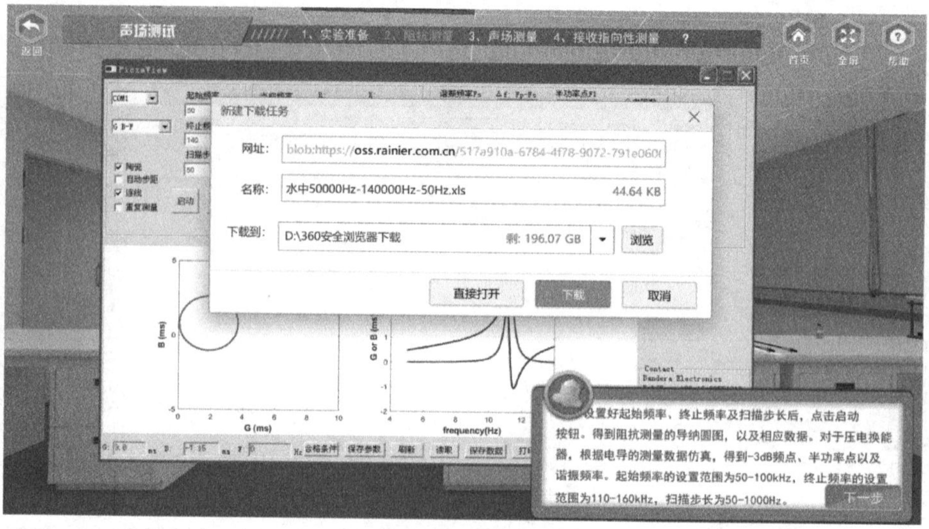

(a) 数据保存界面

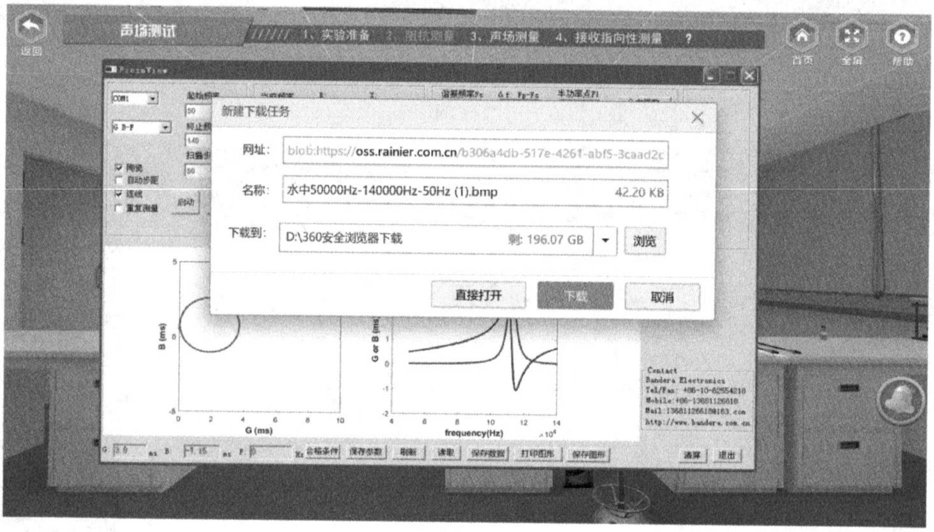

(b) 图形保存界面

图 3.18 保存水中测试结果实例

2）实验要求

根据存储数据，分别绘制空气中与水中的发射换能器导纳圆图、导纳频响特性曲线，并且根据计算得到换能器谐振频率和带宽。

3. 实物测试

目前，测量水声换能器阻抗特性的方法有多种，最常用的是电桥法，即用阻抗（导纳）电桥直接测量。由于电子计算机及数字技术的发展，自动化的数字式阻抗分析仪早已问世。本实验主要要求学会使用 PV50A 型低频阻抗分析仪测量电声换能器阻抗特性的方法，并掌握利用换能器的阻抗特性确定换能器工作带宽的方法。

1）PV50A 型低频阻抗分析仪

PV50A 型低频阻抗分析仪是由清华大学和中国科学院声学研究所共同研制开发的，实物图如图 3.19 所示。其主要适用对象为各类压电陶瓷、压电换能器等的阻抗特性测量，通过阻抗分析仪可以得到的主要参数包括谐振频率 f_s、半功率点 f_1 与 f_2、最大导纳 G_{max}、静电容 C_0、动态电抗 R_d、动态电容 C_d、动态电感 L_d 等，并可以绘制压电器件的五种特性曲线（导纳特性图、阻抗特性图、导纳极坐标图、阻抗极坐标图、对数坐标图）。

图 3.19　PV50A 型低频阻抗分析仪

主要的技术参数如下。

（1）测量范围：0.1～300kHz。

（2）阻抗范围：1Ω～100kΩ。

（3）频率步进：0.1Hz～任意。

（4）存储打印：计算机任意存储；打印报告、图形、参数、测量过程中的所有数据。

2）测试步骤

参考前面的虚拟仿真实验中的步骤（4）～（8），完成如下实物操作。

（1）将待测换能器与仪器连接，打开计算机上对应的阻抗分析软件。

（2）设置频率粗扫范围，频率间隔，开始测试。

（3）分别在水中、空气中进行粗扫，存储导纳圆图以及阻抗测试结果，记录粗扫得到的谐振峰 f_0。

（4）分别在水中、空气中，在粗扫得到的谐振峰 f_s 附近，设置频率范围为 f_0–5kHz～f_0 + 5kHz，频率间隔为 50Hz，进行细扫，存储导纳圆图以及阻抗测试结果。

3）实验要求

根据测得的换能器阻抗特性曲线，求出被测换能器的谐振频率 f_0，并掌握确定发射器和水听器带宽的方法。

4）实验总结

（1）根据测量结果分析，换能器在水中工作时的谐振频率与其在空气中工作时的谐振频率有什么不同，原因何在。

（2）根据测量结果分析，换能器在水中工作时谐振频率点处的最大电导值与其在空气中工作时谐振频率点处的最大电导值有什么不同，原因何在。

（3）本实验内容以及能力训练等级为基础型，对自己在实验中遇到的问题进行描述并分析原因。

3.2.2　水下常用声信号的发射和采集

1. 测量信号的选择

1）单频正弦连续信号

单频正弦连续信号是水声计量测试中最常用的基本信号形式，使用单频正弦连续信号进行测量所得到的结果最能直接地反映换能器、水听器或其他被测声学部件在测量频率下的空间和时间稳态性能。

使用这种信号测试的最大缺点是，在时域很难把有用信号与水中边界、障碍物的反射、散射信号和其他频率干扰（包括声、电、振动干扰）等无用信号区分开，因此它常用于开阔水域中自由场条件下的校准和测量，还可以在低频测量中用于小容器内产生声压场和在管中产生驻波场和行波场。

2）正弦填充脉冲信号

正弦脉冲信号是水声校准与测量中常用的一种信号形式类型。正弦脉冲信号是正弦连续信号被矩形脉冲信号调制而产生的信号，如图 3.20 所示。正弦脉冲信号中的基波频率与正弦连续信号的频率相等，正弦脉冲信号的脉冲宽度 τ 和重复周期 T 即矩形脉冲的宽度和重复周期。在实际使用中，基波频率就是测量频率，τ 和 T 可以任意调节。

正弦脉冲信号的主要特点是信号出现的短暂性和重复性，利用它的这一特点可以得到短暂的、重复的自由场，通常把这种应用脉冲信号进行声学测试的技术也称为脉冲声技术（详见 3.3 节）；正弦脉冲信号的另一特点是，利用它激励一个谐振系统（发射器）时，在其所辐射的声场中接收到的声压信号的正弦脉冲波形具有暂态特性，如图 3.21 所示。脉冲开始激励发射器系统时，输入的能量并不是马上就能够变成向介质辐射的有功能量，而是在系统中储存起来（如压电发射器就相当于一个容性器件），在接收端其表现形式为脉冲内正弦信号幅度慢慢增大直至最大值，这一储存过程称为前部暂态阶段；

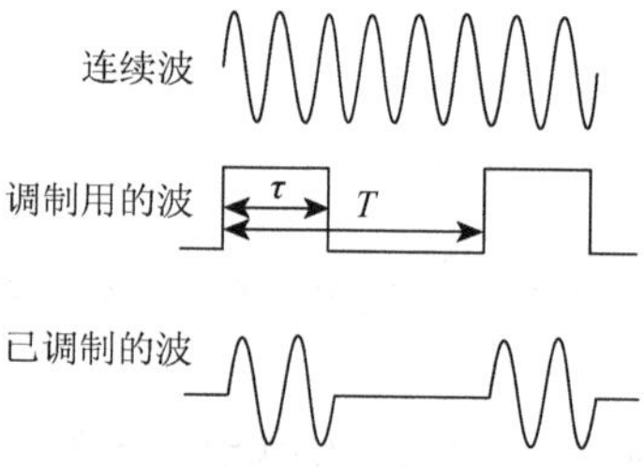

图 3.20　形成正弦脉冲信号的各部分信号波形

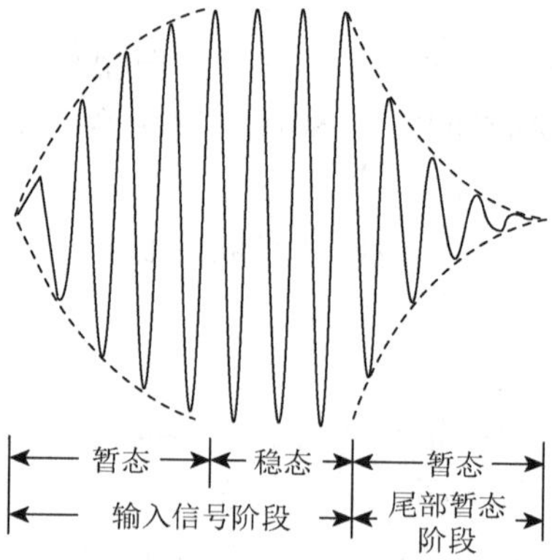

图 3.21　脉冲信号激励下发射器辐射声场中接收声压的典型脉冲波形

接下来系统以最大值为振幅做稳定的等幅振荡，直至激励脉冲结束，这一过程称为稳态振荡阶段；激励脉冲结束后，输出脉冲内的正弦振荡并不立即停止，而继续以原频率振荡，但幅度慢慢减小直至为零，这种衰减振荡形式是系统内存储的能量逐渐被释放的结果，这一过程称为尾部暂态阶段。

思考题：

（1）正弦脉冲信号的频谱波形图是什么样的，采集一组看看吧！

（2）正弦填充脉冲信号的脉冲宽度 τ 如果过短，对接收信号稳态部分的影响是什么？

（3）观察图 3.21 典型脉冲接收信号波形图，分析前部和尾部暂态信号幅值的上升与衰减规律符合什么函数特征，并结合前部和尾部暂态信号产生的物理机理分析，两个函数之间有什么关系？

3）线性调频信号

线性调频信号示意图如图 3.22 所示，是指在[0, T]持续期间内频率连续线性变化的信号。线性调频可以同时保留连续信号和脉冲的特性，因此常被应用在雷达和声呐探测上。

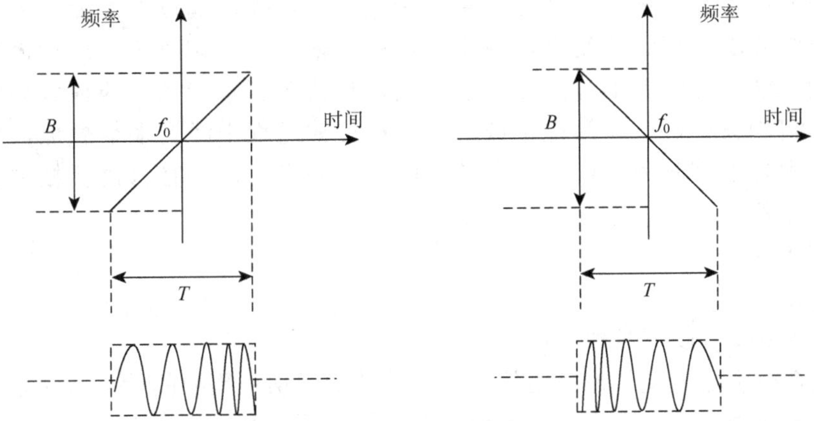

图 3.22　LFM 信号频率变化与对应时域信号示意图

另外，在水声通信中，由多径传输效应引起的码间串扰是通信系统必须解决的问题之一。目前，解决码间串扰问题的主要方法有均衡技术、分集技术和扩展频谱技术。扩展频谱技术是常用的雷达信号，其表达式为

$$c(t)=a(t)\exp(\mathrm{j}(2\pi f_0 t+mt^2)),\qquad 0\leqslant t\leqslant T \tag{3-20}$$

线性调频信号的瞬时频率 $f(t)$ 呈线性变化，有

$$f(t)=f_0+kt$$

式中，f_0 表示时间等于零时的频率；k 表示频率改变的速率。当 $k>0$ 时，频率递增；当 $k<0$ 时，频率递减。

线性调频信号的频谱图如图 3.23 所示。

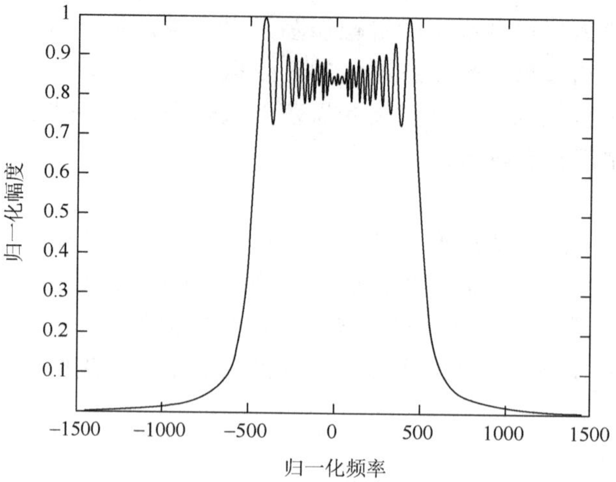

图 3.23　线性调频信号频谱示意图

为了能够实现长距离探测又保留时间的分辨力，雷达需要持续发射短时间的脉冲波，传输信号的带宽远远大于信息本身的带宽，在接收端通过相关处理恢复到信息带宽，这种方法实现起来结构复杂，成本代价高。采用线性调频信号进行调制是一种中频扩频调制方法，能够把信号在频域里分离，且传输速率较高。线性调频信号的时域特性尖锐，自相关性好，旁瓣电平低，即使在传输过程中经过多径叠加，接收端的自相关器也能很好地抑制旁瓣电平，有效地解决码间串扰，并且只需要相关解调，不需要增加其他设备。

4）噪声信号

（1）定义。

噪声信号主要有以下两种形式。

①从是否有用上定义，把有用信号以外的其他一切不需要的信号（包含有规的无用信号）统称为噪声，这些噪声对有用信号起干扰作用，有时称为干扰噪声。如一个声信号干扰了另一个声信号，尽管是一个有规则的信号，但是我们还是称其为第二个信号的干扰噪声。例如，做实验时经常遇到的 50Hz 电源的“嗡鸣”声，或其他某个频率振动源发出的不希望有的声音。

②无规、断续的或者速记的振动过程可以看作许多正弦信号的叠加，即具有许多频率成分的噪声。这种噪声有连续谱与线状谱，多数都是连续谱。这些具有连续谱的噪声信号也可以是有用信号。

在水声测量中感兴趣的是后一种定义的噪声，这种噪声通常称为随机噪声信号。随机噪声信号的一个重要特性是具有宽的频带，根据傅里叶变换原理，它可以被看作许多不同频率正弦信号的叠加。如果噪声是由许多频率离散分布的正弦信号组成的，则具有“线状谱”特征，即频谱图上的谱线是离散的；如果噪声是由无限多个不同频率、其幅度围绕某平均值做随机分布的正弦信号组成的，则具有“连续谱”特征，即噪声的各频率分量是在某一频带范围内连续分布的。

描写随机噪声信号的特征量主要有功率谱、功率密度谱和概率密度函数。功率谱，即各频率分量的功率在频谱上的分布，由于连续谱随机噪声信号有无限个功率谱线，故每个功率谱线的幅度无限小量，即功率谱分量趋于零。因此，对随机噪声信号实际上都用频带功率谱标识，频带功率谱即一定频带内噪声平均幅度平方值在频域的分布。显然，频带功率谱与频带宽度有直接关系，不同的频带宽度有不同的频带功率谱。因此，用频带功率谱表示时必须附加说明频带宽度；另一种比较合理也更简便的标识是功率密度谱，所谓“功率密度”，就是单位宽带（1Hz）中的功率。功率谱是幅度谱的平方，如幅度电压单位用 V 表示，则功率谱的单位是 V^2，而功率密度谱的单位是 V^2/Hz。如幅度以声压单位 Pa 表示，而功率密度谱的单位是 Pa^2/Hz。图 3.24 为一种随机信号的典型功率密度谱，谱包络曲线下的面积表示信号的总功率，阴影面积是 $f_1 \sim f_2$ 频带内的功率。功率密度谱只表示信号能量在频域的分布，没有说明信号能量随时间的变化，因此它还不能唯一地代表信号的特征；概率密度函数，是描述信号幅度随时间变化的量。这是一个与谱无关的统计量，多用于噪声信号检测与分析，因此在水声计量测试中不使用这一参数，这里就不作详细说明了。

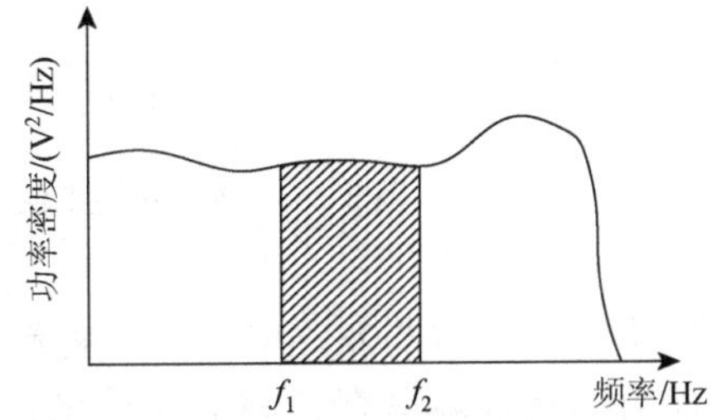

图 3.24　随机信号典型的功率密度谱

噪声信号除了一般的随机噪声信号外，还有一种专门设计的伪随机噪声信号。一般的随机噪声在时间上是无穷长的，但在实际测量中总是对有限时间的信号采样，这必然会丢失部分信息，不仅会影响测量值的准确性，而且会使频率分辨力变差，容易发生混叠现象。为了克服这些缺点，在利用数字采样的测量中往往不使用一般的随机噪声信号，而采用 PRS。PRS 与一般的随机噪声信号有类似的特性，如谱密度均匀（频谱包络平直），但它是周期性重复的。因此，只要测量时间间隔正好是信号重复周期的整数倍，就不会引入统计误差，也不会丢失信息。由于 PRS 是周期性的，因此功率谱是线状的。

噪声还可以分为宽带噪声和窄带噪声。但宽带与窄带是相对的，并没有严格的界限。例如，有的发生器能产生 DC～200kHz 的宽带噪声，也可以产生带宽为 100Hz, 200Hz, 400Hz, 800Hz, 1.6kHz, 3.2kHz, 6.4kHz, …的窄带噪声。有的发生器能产生 DC～40kHz 的宽带噪声，又可产生 1/3 倍频程带宽的窄带噪声。

（2）测量用噪声信号的类型。

水声测量中常用的噪声信号，从功率密度谱包络的形状来分，主要有“白噪声”和“粉红噪声”。所谓“白噪声”，就是功率密度均匀（不随频率而变）的噪声，它的功率密度谱包络是一水平直线；所谓“粉红噪声”，就是功率密度与频率成反比的噪声，它的功率密度谱包络是频率每增加一个倍频程功率密度下降 3dB 的斜直线。图 3.25 为用频谱分析仪测量和显示的一种信号发生器输出的这两种噪声信号的恒定带宽（$\Delta f = 1$kHz）的功率谱。

由于压电发射换能器的带宽一般不是足够宽的，其发送响应随频率的增高会急剧加大，这样发射换能器在白噪声信号激励下产生的噪声声压就不再是“白噪声”了，其

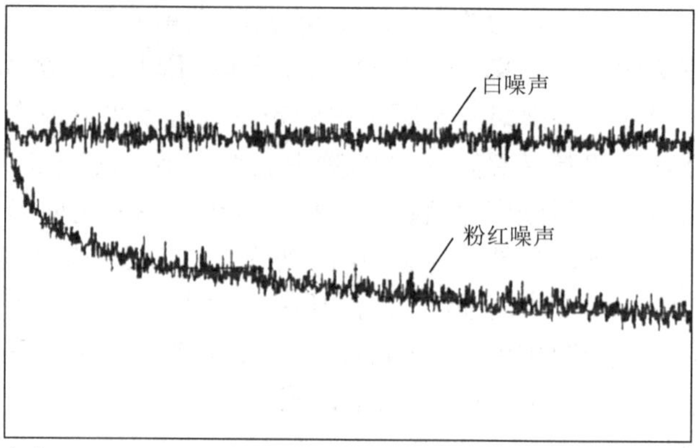

图 3.25　频谱分析仪给出的一种恒定带宽的噪声功率谱（$\Delta f = 1\text{kHz}$）

功率密度也将与发送响应一样随频率的增高而增大。这不但会增大频带声压的测量误差，而且会使高频分量值与低频分量值相差太大，不利于低频信噪比的提高。因此，为了使压电发射器辐射的噪声声压具有比较平坦的功率密度谱，最好使用“粉红噪声”信号激励。“粉红噪声”信号的功率密度具有随频率升高而下降的特性，对压电换能器的发送响应随频率升高而增大的特性有一定程度的补偿。

（3）噪声信号在水声测量中的应用。

水声测量中通常有两种场合可能应用到噪声信号。

一种场合是被校准或被测量的对象本身就是在噪声作用下工作的，需要测量它对噪声信号的响应。例如，校准噪声声压测量仪、水下噪声测量和分析系统等。另外，根据声呐总体要求，目前较多的声呐接收系统或鱼雷的被动声制导系统在窄带噪声状态下工作，因此对其中的声呐换能器进行校准时，要采用噪声信号，得到其在噪声场作用下的性能。

另一种场合是根据测量技术的要求应用噪声信号，例如，在低频自由场条件不好时，为了减小声场起伏影响，可应用窄带噪声信号校准水听器，即通过窄带噪声信号来减小声场中的驻波比，减少声场不均匀对换能器测试的影响。因此，在小充水容器内，可用噪声比较法在低频段校准水听器；此外，目前采用的以信号处理技术为基础的宽带校准技术中，可应用伪随机噪声信号作为宽带信号。

在噪声的实际测量中，一般都是首先测量某一频带内总的噪声声能（即声压有效值的平方），其大小取决于带宽和频率分量幅度随频率变化的状态。对于幅度不随频率变化的“白噪声”，如用恒定带宽滤波器分析，各频带内声压有效值的平方是相同的；如用恒定百分带宽滤波器（带宽是中心频率的某恒定百分数）分析，各频带内声压有效值的平方就不相等了，而是随着频率的增高而增大。常用的 1/1、1/3 和 1/12 倍频程滤波器就是恒定百分带宽滤波器，它们的带宽分别为中心频率的 70.7%、23.1%和 5.8%。但无论哪种恒定百分带宽滤波器，用于测量分析噪声声压时，都是频率每增加一倍，频带内声压有效值平方增大 3dB。因此，当用这样的滤波器测量分析“粉红噪声”声压时，频带内声压有效值平方将不随频率的增高而变化。

在水下噪声声压的测量和分析中，频带内声压有效值平方是用频带声压级表示的，即

$$L_P = 20\lg\frac{P_{\Delta f}}{p_0} \tag{3-21}$$

式中，$P_{\Delta f}$ 是频带 Δf 内的声压有效值；p_0 是基准声压，一般取 1μPa。由频带声压级 L_P 和测量频带宽度 Δf 可计算噪声声压谱（密度）级：

$$L_{P_s} = L_P - 10\lg\Delta f \tag{3-22}$$

为了保证 L_P 的测量准确性，测量水听器开路电压灵敏度的频率响应应至少在 Δf 内是平坦的。

2. 实物实验

1）实验仪器设备及连接框图

水下常用声信号的发射和采集实验的仪器设备连接框图如图 3.26 所示，这是一套相对完整的水下声压测量系统。实验中，首先调整信号源输出根据测试要求选择好的测试电压信号，送至功率放大器，再把经过功率放大的电压信号加载到发射换能器上；然后通过水听器接收声信号，送至数据采集器或示波器中；最后在示波器界面显示接收到的声信号波形，或通过计算机端软件进行数据分析与存储。

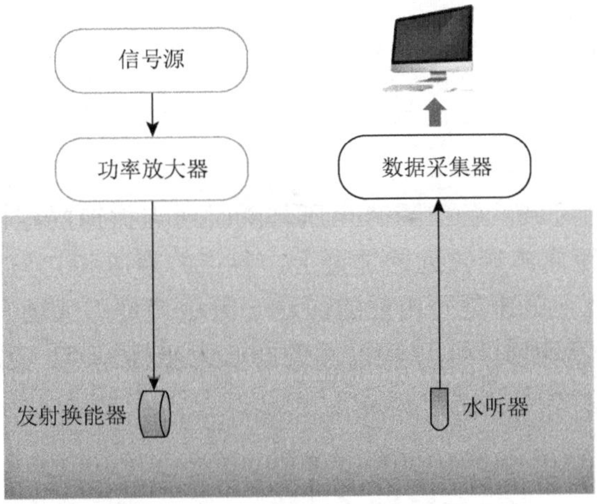

图 3.26　水下常用声信号发射和采集实验仪器连接框图

2）实验要求

（1）根据水下常用信号发射和采集实验仪器连接框图，进行声场布放，记录声场布放参数，并动手连接实验仪器。

（2）利用 3.2.1 节的水声换能器电阻抗特性测量时得到的发射换能器谐振频率数据，学习操作信号源直接输出相应工作频率范围内的单频正弦信号、正弦填充脉冲信号、噪声信号和线性调频信号，并利用采集器进行数据采集和存储。

(3) 对接收器接收到的各类信号的数据进行频谱分析，观察单频正弦信号、正弦填充脉冲信号、噪声信号、线性调频信号的时域与频域特性。

思考题：

(1) 改变发射器和接收器之间的距离，观察各种接收信号的变化。

(2) 改变正弦填充脉冲信号的脉冲宽度 τ 和重复周期 T，观察接收信号的变化。

3) 实验总结

本实验中单频正弦信号和正弦填充脉冲信号部分内容以及能力训练等级为基础型，而白噪声和粉红噪声信号、线性调频信号内容以及能力训练等级为拓展型（在水声学相关实验中有应用），结合实际操作思考各类不同测试信号还有哪些应用？

3.3 声学测量基本技能训练 3：脉冲声技术

在 3.2 节学习了正弦填充脉冲信号，也提到过脉冲声技术，本节主要讲解脉冲声技术的原理及其实现方法，并且利用这种技术开展一个自由场中声压分布特性的测试实验（3.4 节开展一个水中声速测量实验）。

在开始脉冲声技术内容之前，首先学习一个知识点：在声场中进行声学测量时，发射器和接收器之间的距离不是任意的，通常情况下接收器需要放在发射器的远场处，那么离发射器多远的地方是远场呢？回忆一下 2.2.2 节虚拟实验部分。

下面就从如何确定收发换能器之间的测量距离开始吧！

3.3.1 测量距离

1. 远场判据

声场中靠近声源的区域，各点瞬时声压与瞬时质点振速的相位都是不同的，这一区域就是“近场”；而在距离声源较远的位置上，各点的声压和它与声源的距离成反比，各点的瞬时声压与瞬时质点振速是同相位的，这一区域就是“远场”。

假设有一个圆面活塞辐射器，以辐射面的圆心为坐标原点，辐射源面在 XOY 平面上，坐标系如图 3.27 所示。

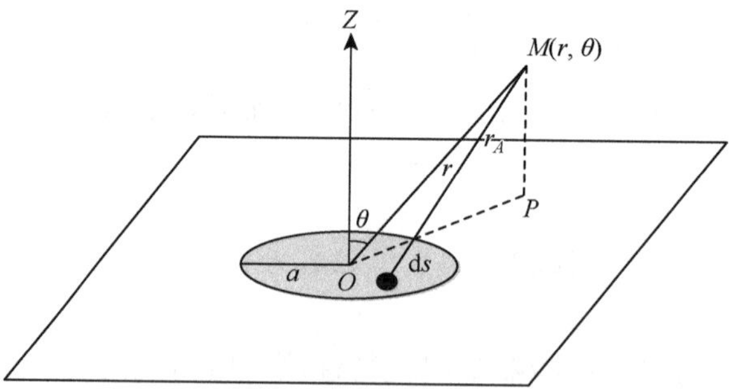

图 3.27 圆面活塞辐射器坐标系示意图

r_A 是 M 点与 ds 的距离

（1）当 $r \gg a$ 时，声场中点 M 处的速度势函数表达式为

$$\phi(r)=\frac{Q\mathrm{e}^{\mathrm{j}(\omega t-kr)}}{2\pi r}\frac{2J_1(ka\sin\theta)}{ka\sin\theta} \tag{3-23}$$

式中，$Q=\pi a^2 v_0$，v_0 是圆面活塞辐射器表面振速。

这时，当 $\theta=0$，即观察轴线 z 方向上声压随距离变化的规律时，由于此时根据函数性质有 $\lim\limits_{x\to 0}\frac{2J_1(x)}{x}=1$，则由式（3-23），可以得到轴线上圆面活塞辐射器产生的声压表达式为

$$p(z,t)\approx -\mathrm{j}\omega\rho\frac{2v_0}{k}\mathrm{e}^{\mathrm{j}(\omega t-kz)}\frac{ka^2}{4z}\left(1-\frac{1}{6}\left(\frac{ka^2}{4z}\right)^2\right) \tag{3-24}$$

显然，当 $z \gg a$ 时，$\frac{1}{6}\left(\frac{ka^2}{4z}\right)^2$ 很小，可以忽略，因此，对于圆面活塞辐射器，其轴线上的声压幅值是随着距离的增加而呈 $1/z$ 规律减小的（参见 2.2.2 节虚拟测试结果），符合远场的定义，这与点声源的规律相同（比对 2.2.1 节虚拟测试结果）。

（2）当 $r \ll a$ 时，同样观察轴线 z 方向上声压随距离变化的规律，则有

$$p(z,t)\approx -\mathrm{j}\omega\rho\frac{2v_0}{k}\sin\left(\frac{k}{2}\left(\sqrt{z^2+a^2}-z\right)\right)\mathrm{e}^{\mathrm{j}\left(\omega t-\frac{k}{2}\left(\sqrt{z^2+a^2}+z\right)\right)} \tag{3-25}$$

由式（3-25）分析发现：

当 $\frac{k}{2}\left(\sqrt{z^2+a^2}-z\right)=n\pi\ (n=0, 1, 2, 3, \cdots)$时，轴线 z 上各点的声压为零；

当 $\frac{k}{2}\left(\sqrt{z^2+a^2}-z\right)=\left(n+\frac{1}{2}\right)\pi\ (n=0, 1, 2, 3, \cdots)$时，轴线 z 上各点的声压为最大值。

根据式（3-25）可以绘出轴向声压 P 随距离 z 的变化曲线图，如图 3.28 所示，轴向声压值做等幅度周期性振荡。

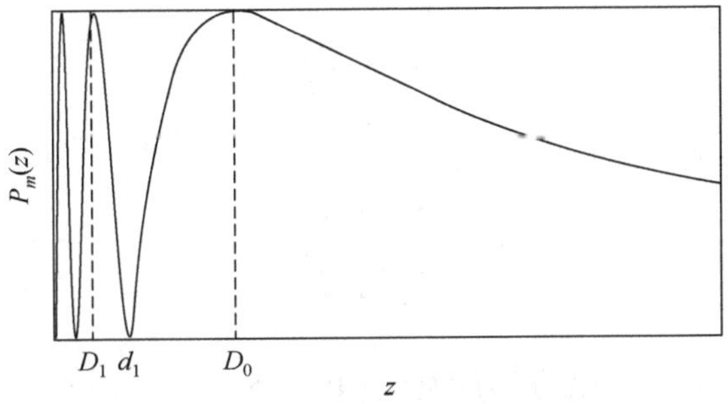

图 3.28　圆面活塞辐射器的轴向声压随距离的变化

（3）当 z 逐渐增大时，由图 3.28 可以看到周期振荡现象消失，声压单调下降，并慢慢与球面波扩散规律即与距离反比律曲线（图中虚线）相汇合，也就是它由近场逐渐过渡到远场。

下面利用式（3-25）推导远场判据。

根据二项式定理，将$\sqrt{z^2+a^2}$展开，有

$$\sqrt{z^2+a^2}=z+\frac{1}{2z}a^2+\frac{1}{8z^3}a^4 \tag{3-26}$$

当$\frac{1}{2z}a^2 \gg \frac{1}{8z^3}a^4$时，即$z \gg \frac{1}{2}a$时，忽略高阶项，则有如下近似：

$$\frac{k}{2}\left(\sqrt{z^2+a^2}-z\right)\approx\frac{ka^2}{4z},\quad \frac{k}{2}\left(\sqrt{z^2+a^2}+z\right)\approx kz$$

则式（3-25）简化为

$$p(z,t)=-\mathrm{j}\omega\rho\frac{2v_0}{k}\sin\left(\frac{ka^2}{4z}\right)\mathrm{e}^{\mathrm{j}(\omega t-kz)} \tag{3-27}$$

从式（3-27）可以看出在接近远场区域，轴线上声压幅值按照$\sin\left(\frac{ka^2}{4z}\right)$规律衰减。

根据$\lim\limits_{\theta\to 0}\sin\theta=\theta$，如果$\frac{ka^2}{4z}\ll 1$，即$z \gg \frac{ka^2}{4}=\frac{\pi a^2}{2\lambda}$，则得到

$$p(z,t)=-\mathrm{j}\omega\rho\frac{2v_0}{k}\frac{ka^2}{4z}\mathrm{e}^{\mathrm{j}(\omega t-kz)} \tag{3-28}$$

由式（3-25）简化到式（3-28），经过两次有条件的数学近似后轴线 z 上声压幅值随距离呈 $1/r$ 规律衰减，即具有远场声传播特征。因此，这两个条件就是无限大障板下圆面活塞辐射器声场中测量距离的远场判据公式：

$$\begin{cases} z \gg \dfrac{a}{2} \\ z \gg \dfrac{\pi a^2}{2\lambda} \end{cases} \tag{3-29}$$

在实际测量中，式（3-29）测量距离通常取如下形式：

$$\begin{cases} d \gg a \\ d \gg \dfrac{\pi a^2}{\lambda} \end{cases} \tag{3-30}$$

对于方形活塞，则有

$$\begin{cases} d \gg a \\ d \gg \dfrac{a^2}{\lambda} \end{cases} \tag{3-31}$$

式中，a 是方形活塞边长；a^2 是方形活塞面积。

对于线列或细柱换能器，则有

$$\begin{cases} d \gg L \\ d \gg \dfrac{L^2}{\lambda} \end{cases} \tag{3-32}$$

式中，L 是线列或细柱换能器的长度。

把上述典型情况综合起来，可以得到一个普遍适用的测量距离判据，即

$$\begin{cases} d \gg L_{\max} \\ d \gg \dfrac{L_{\max}^2}{\lambda} \end{cases} \tag{3-33}$$

式中，$L_{\max}$ 为换能器的最大线性尺度。

需要注意以下两点。

（1）以上远场判据推导时，假设一对收发换能器中一个换能器很小（如点接收器），只考虑一个较大换能器尺寸的情况下得到的远场判据；反过来，如果发射器是点声源、接收器是圆面活塞接收器也适用。但当两个换能器的尺寸都不能忽略不计时，只用式（3-33）来限定测量距离就不恰当，须重新估算允许的测量距离。

（2）以上远场判据推导时，换能器的辐射面与声轴方向垂直，即在这种情况下从辐射面各点发出的声波到达远场距离处的声压幅值基本相等。如果这一对收发换能器中较大的换能器工作时辐射面或接收面不满足这一要求，例如，测量细线列换能器的远场指向性时，还必须附加另一个距离限制，即

$$d \geqslant 10D \tag{3-34}$$

式中，D 是换能器沿声波传播方向上的最大尺寸。

2. 等效声中心

如上所述，在水声测量前需要首先确定测量距离，那么收发换能器之间的距离起点从换能器的哪个位置算起呢？答案是换能器的等效声中心。

一个有限尺寸的换能器发射声波时，无论其声波在近区如何分布，在一定的远处（远场中）都将以球面波的形式传播。因此，从远场中观察，换能器发射来的球面扩散的波就像是由换能器上或附近的某一点发出来的一样，这一点就称为该换能器的等效声中心，简称声中心。按照声互易原理，换能器在收发状态下的声中心是相同的。

对于工作面对称的换能器，其真实声中心可通过它的几何中心求得。例如，球形和柱形换能器的声中心分别是球心点和圆柱中心轴的中点，活塞式换能器的声中心是活塞面的几何中心。对于特殊形状的换能器（或基阵），尤其是当换能器尺寸大于波长时，它们的声中心就不能简单地用几何中心代替了，必须通过实际测量来求声中心位置。

测量非对称换能器声中心的方法是首先在测量方向上，在换能器的表面或其附近指定一个参考点（假设声中心），然后在它的远场中（球面波扩散区）测量两个不同距离 d_1 和 d_2 处的声压，如图 3.29 所示。d_1 和 d_2 由参考点量起。若参考点与声中心正好重合，则在两测量点测得的声压完全服从球面波衰减规律，即它们的声压级差 $20\lg(p_1/p_2) = 20\lg(d_1/d_2)$。如果测得的声压级差大于或小于此值，则表示假设的声中心与真正的声中心有偏差。设这个偏差为 Δd，则远场中某处的声压为

$$p_d = \frac{A}{d + \Delta d} \tag{3-35}$$

式中，d 是以假设声中心为起点的远场中测量点的距离；Δd 是假设声中心与真正声中心的距离偏差；A 是与发射换能器处声压成正比的常数。

式（3-35）也可改写成

$$\frac{A}{p_d} = d + \Delta d \tag{3-36}$$

由式（3-36）可知，若对不同的 d 值测量 p_d 值，并以 A/p_d 为纵坐标，以 d 为横坐标上的截距 $O'O$ 即为 Δd，因此 O' 点为真正的声中心。若 Δd 为正值，则真正声中心（O'）在假设声中心（O）的后面；若 Δd 为负值，则真正声中心在假设声中心的前面。注意，在测量发射换能器的声中心时，应使用点状接收器；在测量接收换能器的声中心时，应使用点状声源。

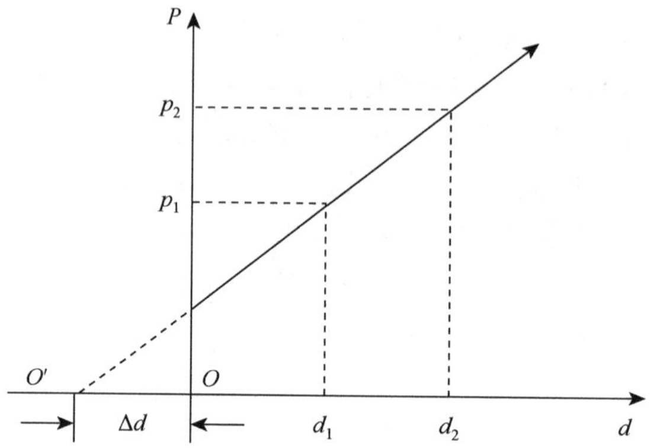

图 3.29　测定换能器声中心的坐标图

在实际工作中，并不是任何情况下都必须通过上述办法精确求定声中心。当预计到假设的声中心与真正声中心的偏差不大时，也可以通过增大测试距离来减小声中心偏差的影响。当测试距离大于声中心偏差的 100 倍时，声中心偏差对声级测量的影响可以忽略不计。

3.3.2　脉冲声技术的基本原理与实现方法

1. 基本原理

大部分的水声测试都要求在自由场环境中进行。自然形成的湖泊等开阔水域可以认为是自由场，也可以通过建造专业的消声水池（各边界面均敷设吸声材料）来形成自由场环境。而实际情况中，大部分水池都是非消声的，在非消声水池中可以采用脉冲声技术去掉水池边界环境对测试结果的影响，实现自由场测试条件。

脉冲声技术的基本原理就是利用正弦填充矩形脉冲信号或不同于连续单频信号的短促脉冲信号激励发射换能器，并控制接收系统使其只在脉冲声信号从发射器直达水听器的那一段时间内接收和测量，而在此段时间之前到达的脉冲电信号（如电串漏信号）或此段时间之后到达的脉冲声信号（如从水面、水底、池壁或支架等反射的信号）将被接收系统拒绝接收，这样可将被测有用信号与不希望的噪声信号在时域上分离开来，从而形成时间域上的自由场，发射与接收信号波形图如图 3.30 所示。

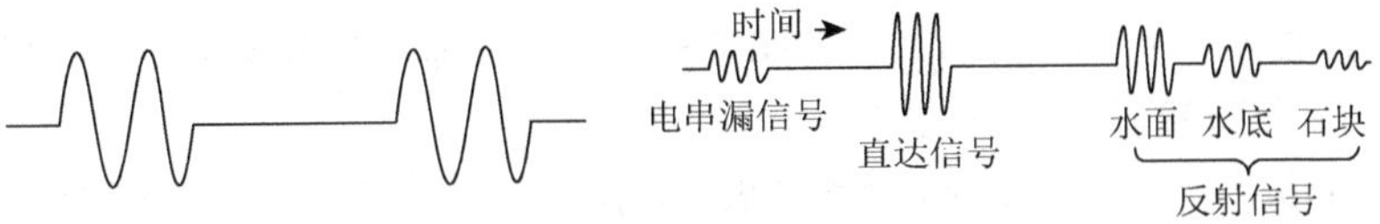

(a) 发射信号 (b) 接收信号

图 3.30 水听器发射与接收信号示意图

在图中可以看到以下几种信号。

1）电串漏信号

电或电磁的信号，经非声学途径传播，是发射与接收系统直接电耦合所致，可能是接地线不妥当或水听器屏蔽不好。

2）直达信号

直达信号，经过一段时间的延迟到达，这段延迟的时间就是声传播时间，在实际换能器测量中，直达信号不会那么正规，因为电子设备或者换能器都有一定的滤波特性，会使脉冲形状发生某种畸变。

3）反射信号

由于各种反射途径均比直达声程远，因此各种反射波均在直达声后面出现。

2. 实现方法

脉冲声技术的实现主要是激励脉冲信号的设计，包括脉冲宽度和重复周期的选择。

1）脉冲宽度的选择

脉冲宽度 τ 的选择不能太短，否则接收信号达不到稳态；也不能太长，否则直达波和反射波不能分开，因此脉冲宽度 τ 需要满足如下条件。

（1）脉冲宽度 τ 必须足够大，以保证能在稳态振动状态下进行测量。这是使接收信号在时间上达到稳态对 τ 的要求。

如前所述，当正弦脉冲信号激励水声换能器时，它的输出声脉冲会有暂态现象。脉冲激励开始，先对系统负载馈送无功的或储存的能量，因此，外部激励振动不能在一开始就建立，而是随着时间的增加，系统负载储存的能量趋向饱和后才开始。一般情况下，自由场测量的参数都是按稳态工作状态定义的，因此声脉冲的暂态部分不能直接用于测量，要求脉冲宽度 τ 至少应大于前部暂态时间。

前部暂态阶段结束的时刻为

$$t_0 = \frac{\ln(1-\eta)}{\pi}\frac{Q}{f_0} \tag{3-37}$$

式中，Q 是换能器的品质因数；f_0 是换能器的谐振频率；η 是暂态振动幅值与稳态振动幅值的比值。

由式（3-37）可以看出，对于不同的 η 值，可求得不同的时间 t_0。例如，取 $\eta = 96\%$，即此时振动幅度逐渐达到稳态振幅的 96%，则

$$t_0 = \frac{Q}{f_0} \tag{3-38}$$

式（3-38）表示发射器经过 Q 个周期信号（$T_0 = 1/f_0$）时间以后，随着系统负载储存能量趋于饱和，声场就可慢慢建立起来。

同样地，如果稳态信号幅值要求更高，取 $\eta = 99\%$，即此时振动幅度逐渐达到稳态振幅的 99%，则

$$t_0 = 1.5\frac{Q}{f_0} \tag{3-39}$$

即表示发射器经过 1.5Q 个周期以后，振幅可以达到 99%。

同时，实施稳态信号测量时，要求的稳态波形数视数据采集方法和采集设备而定。但根据国际电工委员会（International Electrotechnical Commission，IEC）标准的推荐，至少需要两周稳态信号，这要求

$$\tau \geqslant t_0 + \frac{2}{f} \tag{3-40}$$

式中，f 是测量频率，即脉冲载波频率。

因此，在比较精准的测量中，需要有两个以上达到 99%稳态值的波形数时，脉冲宽度必须满足以下条件：

$$\tau \geqslant 1.5\frac{Q}{f_0} + \frac{2}{f} \tag{3-41}$$

为了便于读数，一般在测量过程中，稳态部分宽度应该大一些，但是脉冲宽度过宽的话，边界反射信号会与直达声重叠，这部分信号就没有意义了，太长时间的稳态信号也就没有必要了。因此，一般只要采集到几周的稳态信号就已经可以代表声信号的特征了。对于稳态信号宽度的最小值，理论上没有严格的规定。

但是，当被测换能器在声传播方向有效工作面的长度大于波长时，还应保证脉冲对换能器有足够长的作用时间，能使它各部分之间充分相互作用。针对大型换能器或者声呐基阵而言，则是保证各个部分到达水听器位置的声信号都必须达到稳态，使得换能器空间达到稳态对 τ 的要求。为此，τ 应满足以下条件：

$$\tau \geqslant t_0 + \frac{2D}{c} \tag{3-42}$$

式中，D 是换能器沿声波传播方向上的最大尺寸；c 是水中自由场声速。

另外，为保证脉冲通过测量系统（由放大器、滤波器等组成）时不变形，即通过系统前后的脉冲信号有同样的频谱图，则脉冲宽度 τ 必须与测量系统的带宽 Δf 满足如下关系：

$$\tau \geqslant \frac{6}{\Delta f} \tag{3-43}$$

如果允许脉冲通过时有微小的畸变，仅要求脉冲主带宽内的信号全部通过，则应满足以下关系：

$$\tau \geqslant \frac{2}{\Delta f} \tag{3-44}$$

（2）脉冲宽度 τ 不能过大，受水域限制，应保证脉冲宽度小于直达声与最近反射物的反射声之间的声程差，以免来自边界或障碍物的反射对直达声产生干扰。即

$$\tau \leqslant \frac{1}{c}(R-r) \tag{3-45}$$

式中，R 是最近反射物的反射声之间的声程差；r 是直达声程。

在如图 3.31 所示的矩形水池中，假设水域的长度为 L，宽度为 B，高度为 H。其中，1 号线表示的是直达声程，2、3 号线分别表示水面、池底的一次反射声程，4～7 号线分别表示四个侧壁的一次反射声程。只考察一次反射声时，为了避免边界的影响，可以用式（3-46）来计算脉冲宽度：

$$\begin{cases} \tau \leqslant \frac{1}{c}\left(\sqrt{d^2+H^2}-d\right) \\ \tau \leqslant \frac{1}{c}\left(\sqrt{d^2+B^2}-d\right) \\ \tau \leqslant \frac{1}{c}(L-d) \end{cases} \tag{3-46}$$

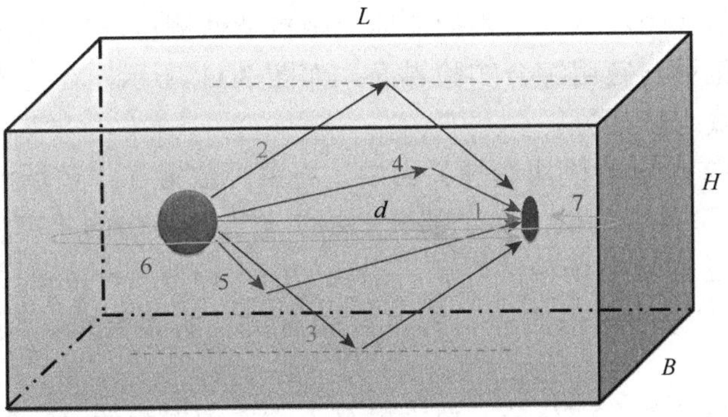

图 3.31　矩形水池中边界反射声示意图

此外，当换能器尺寸大于声波长时，即在发射和接收换能器之间的声反射不可忽略，为了避免换能器之间的反射影响：

$$\tau \leqslant \frac{2d}{c} \tag{3-47}$$

式中，d 是两个换能器之间的间距。

2）脉冲重复周期 T 的选择

在水声测量中对 T 有两种相反的要求：一方面，为了使脉冲采样、读数和记录保持稳定，要求 T 小些，即重复频率高些，以便易于采集、读取或记录；另一方面，为使边界反射声或混响声在下一脉冲到来之前能完全消失或衰减至允许值，要求 T 大些，即重复频率低一些，在实际测量中，应根据所用仪器设备、水域大小、消声与否和换能器的布置等情况，综合考虑确定 T 值。国家标准推荐 T 应满足以下条件：

$$T \geqslant \frac{2}{3}T_{60} \tag{3-48}$$

式中，T_{60} 为混响时间，单位为 s，即声源停止发声后，声压级减少 60dB 所需要的时间。

当满足以上条件时，水听器在接收下一个直达脉冲声之前，前一脉冲的所有反射声都已衰减至比直达声小 40dB 以上，这时反射声对直达声测量结果精度的影响小于 0.1dB。对于非消声水池，尤其是水池尺寸不大时，T_{60} 比较大，即混响时间比较长。

3.3.3　虚拟操作实验

在 3.3.2 节学习了脉冲声技术的实现方法的基础上，本节进行三个虚拟实验，分别是脉冲声技术的虚拟操作训练、声场中的声压和矢量声场分布特性的虚拟测量。目的是熟悉脉冲声技术实施中脉冲宽度和重复周期的选择，掌握实际测量中将直达波与反射波在时域上分开的方法，并安排两个声场特性测试实验内容进行训练。

1. 脉冲声技术虚拟仿真实验

1）操作过程

下面介绍脉冲声技术虚拟仿真实验的操作过程，该实验使用的软件同样是声学工程与应用综合实验，前 3 个步骤与水声换能器电阻抗特性测量虚拟实验相同。

（1）打开声学工程与应用综合实验界面，如图 3.11 所示，在主界面中单击“开始实验”按钮，进入模块选择部分。

（2）在如图 3.12 所示的模块选择界面中，将鼠标放置在“声场测量”模块上，会出现“声场测试”“矢量声场测试”两个部分，本实验选择其中的“声场测试”部分。

（3）单击图 3.12 的“声场测试”后，出现如图 3.13 所示的界面。阅读实验前须知，了解相关声场测试部分的虚拟实验目的、实验意义及实验要求，阅读后单击“确定”按钮。

（4）完成“实验准备”部分后，单击屏幕上方选项卡中的“3、声场测量”，出现如图 3.32 所示的界面，左侧出现四个选项，分别有“脉冲声技术的测量”“声场分布测量”

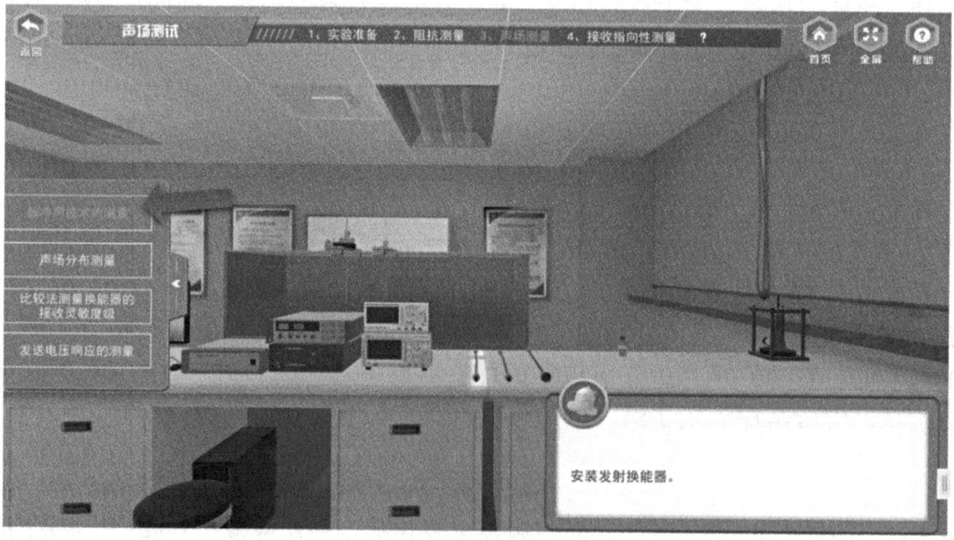

图 3.32　脉冲声技术的测量模块

“比较法测量换能器的接收灵敏度级”“发送电压响应的测量”。单击“脉冲声技术的测量”之后，按照右下角提示安装发射换能器（寻找高亮点时，可以利用键盘的 W、A、S、D 键观看不同视角）。

（5）安装发射换能器后，根据图 3.33 和图 3.34 提示阅读均匀圆形活塞换能器的临近区判据，以及脉冲宽度的选取原则，在仿真软件中为两页展示，通过箭头选择不同页面。

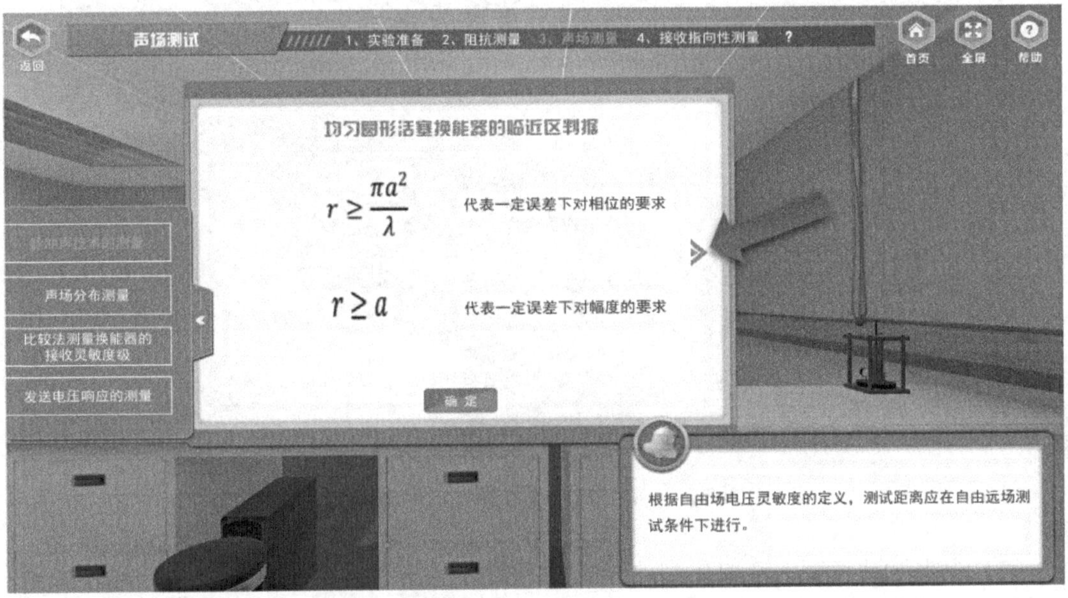

图 3.33　均匀圆形活塞换能器的临近区判据

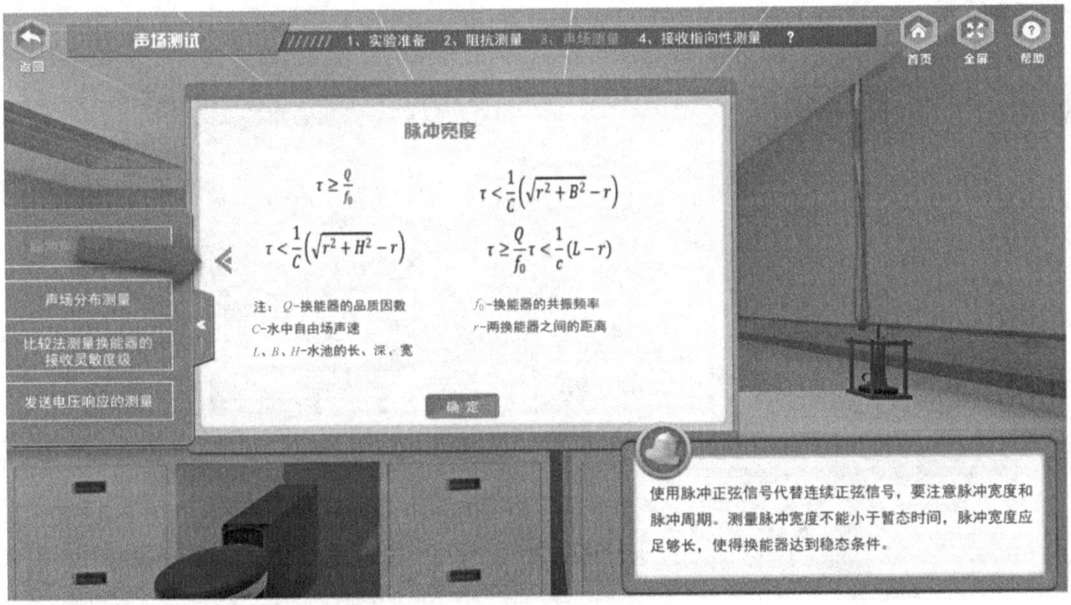

图 3.34　脉冲宽度的选取原则

（6）阅读完毕单击“确定”按钮，右下角出现安装标准水听器的提示，如图 3.35 所示。按照提示，将水听器置放于发射换能器声轴上、距离发射换能器等效声中心 d 处，本实验主要关注脉冲声参数的合理设置方法，因此，将两个换能器距离固定设置为 10cm。

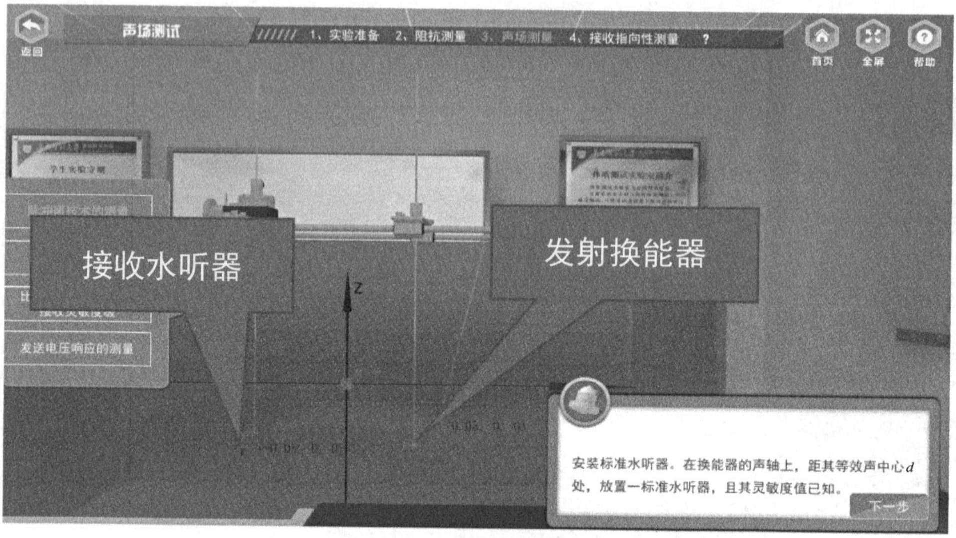

图 3.35　发射换能器与接收水听器布放

（7）根据脉冲宽度的选取原则计算脉冲声参数，按照图 3.36 中右下角的操作提示，选择信号源进行参数设置，参数设置方式如图 3.37 所示。单击“确定”按钮后，选择示波器，观察不同脉冲参数情况下的发射换能器监测电压信号以及水听器接收信号，如图 3.38 所示。

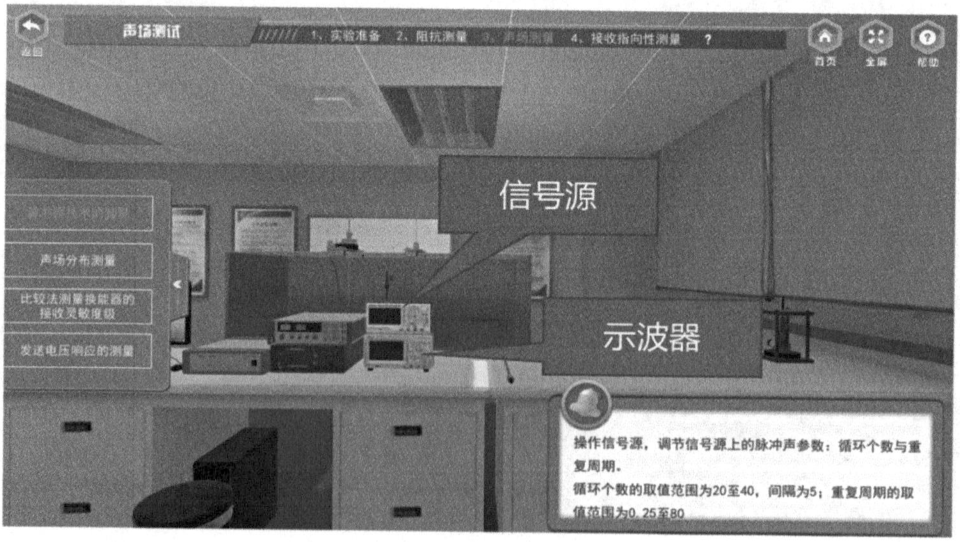

图 3.36　信号源与示波器

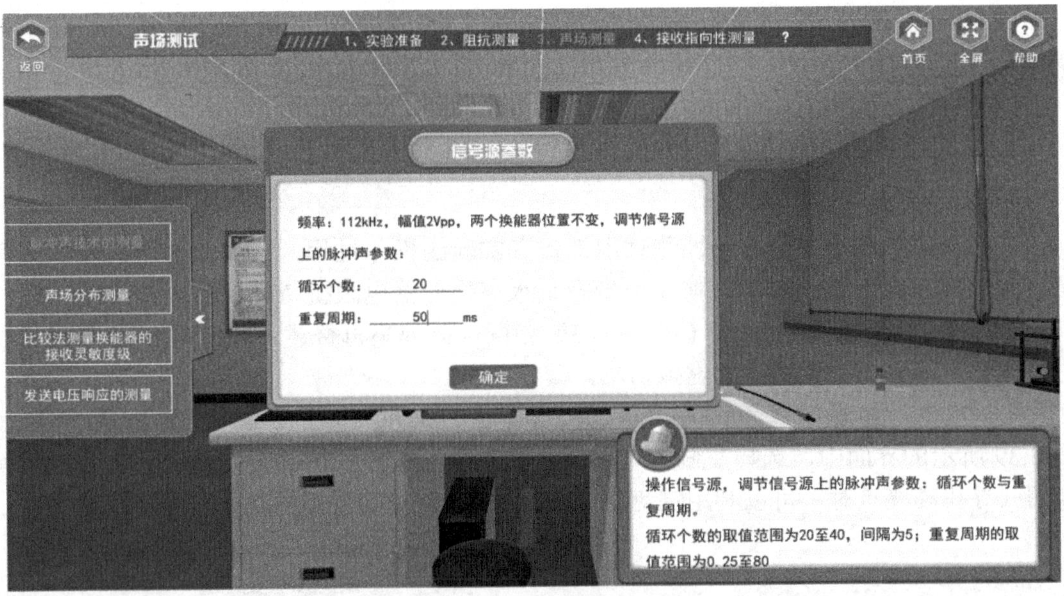

图 3.37　信号源参数设置

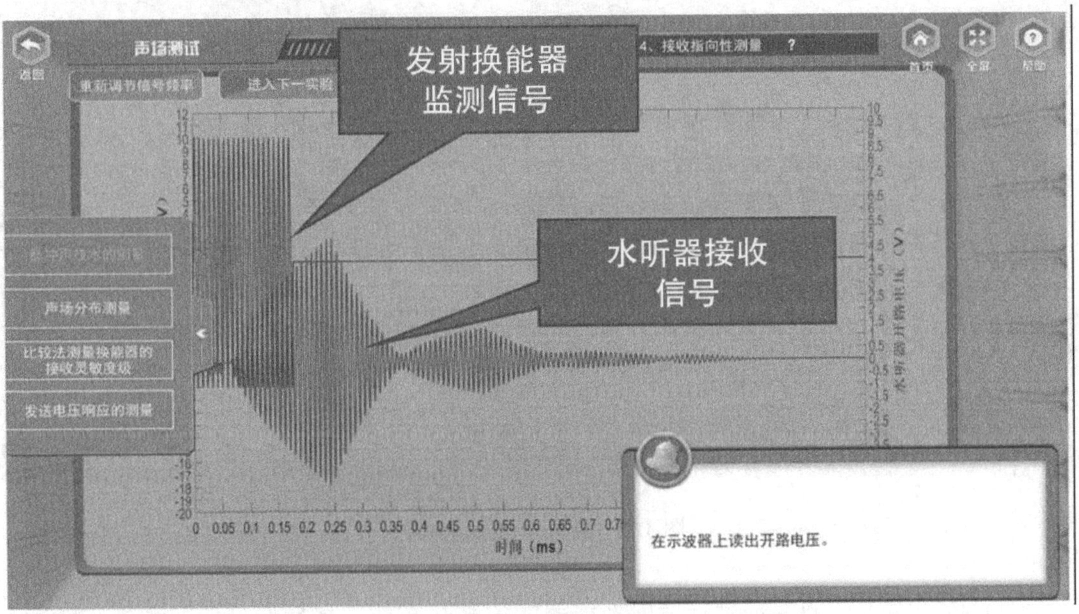

图 3.38　发射换能器监测信号与水听器接收信号

（8）更改脉冲参数，重复进行测试，观察不同参数情况下直达波与反射声信号的混叠现象，找到正确的脉冲参数，读取直达声信号。

2）实验要求

（1）合理选择激励脉冲信号的参数，实现直达波与反射波的时域分离。

（2）给出相应的发射信号与接收信号波形，且计算此时水听器接收到的声压信号幅值。

2. 声场声压分布特性测试虚拟仿真实验

1）操作过程

下面介绍声场声压分布特性测试虚拟仿真实验的操作过程，该实验使用的软件同样是声学工程与应用综合实验，前 3 个步骤与水声换能器电阻抗特性测量虚拟实验、脉冲声技术虚拟仿真实验中的步骤（1）～（3）相同，此处不再赘述。完成前 3 个步骤后，进行声场声压分布特性测试的虚拟仿真。

（1）完成“实验准备”部分后，选择屏幕上方选项卡中的“3、声场测量”，在如图 3.39 所示的界面中，选择左侧的“声场分布测量”模块，按照右下角提示安装发射换能器（寻找高亮点时，可以利用键盘的 W、A、S、D 键观看不同视角）。

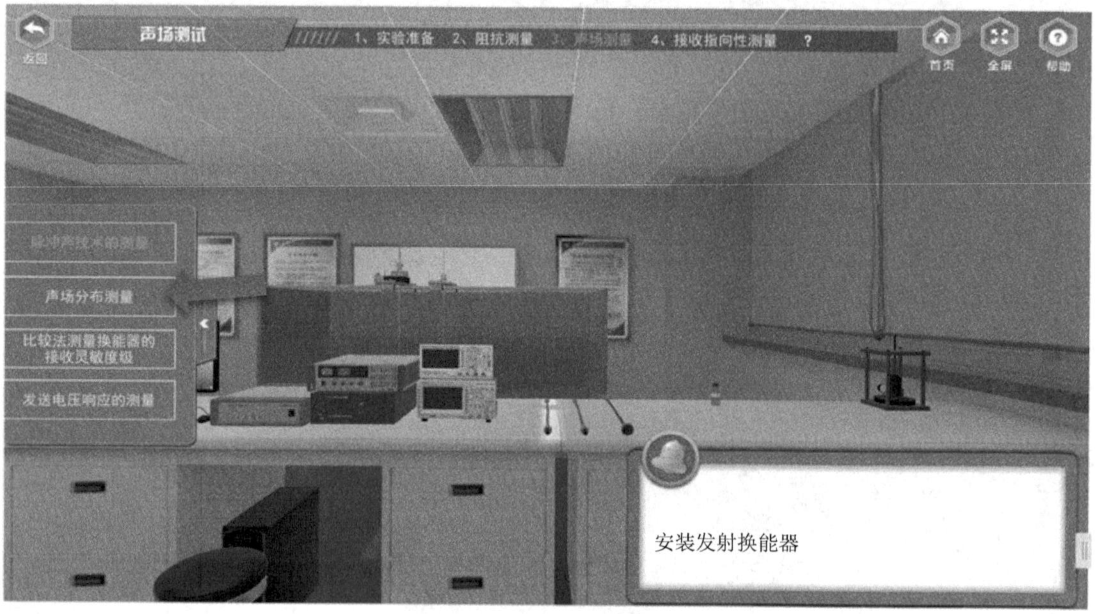

图 3.39　声场分布测量模块

（2）按照右下角的提示进行发射换能器的安装与布放，之后选择信号源进行脉冲参数确定，由于本实验主要关注发射换能器的声场分布特性，因此此处给出的是一个确定的发射声参数，如图 3.40 所示。

（3）按照右下角的提示进行标准水听器的布放，可以在水平与竖直两个方向调节位置参数，如图 3.41 所示。

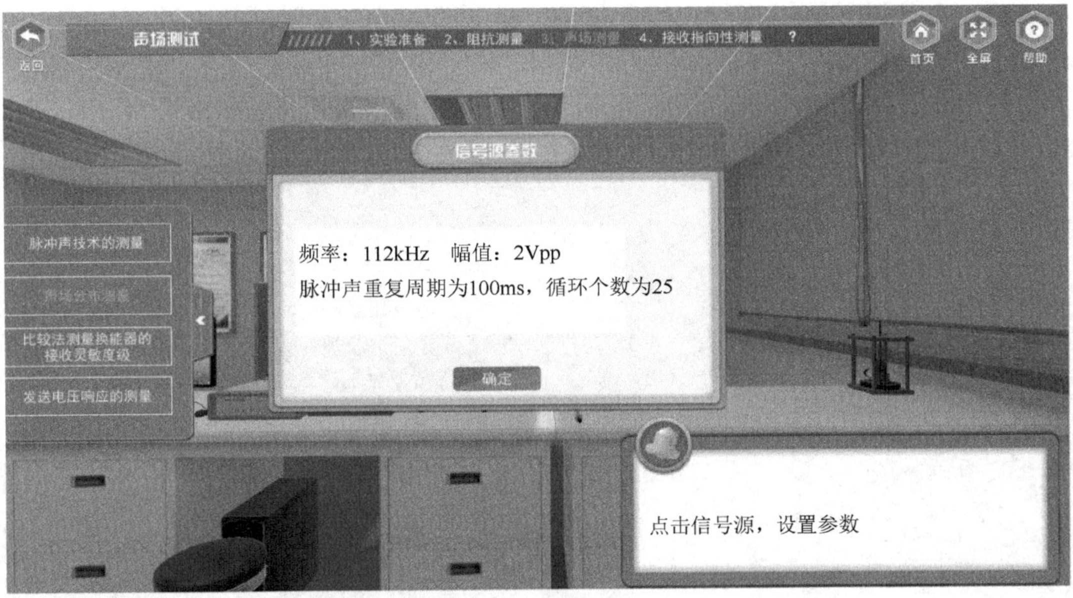

图 3.40　发射脉冲信号参数

Vpp：峰峰值

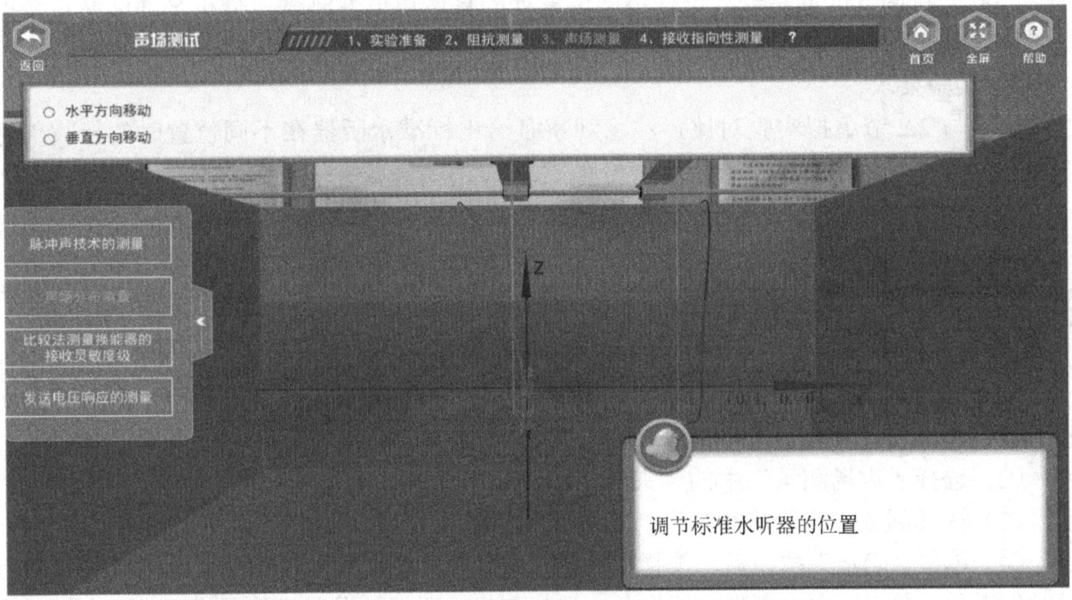

图 3.41　标准水听器位置参数选择

（4）以水听器位于水平坐标−0.08m、竖直坐标 0m 的情况为例，示波器上的开路电压显示如图 3.42 所示，根据发射换能器 Q 值以及具体位置，确定直达声信号区域，读取直达声信号幅值。

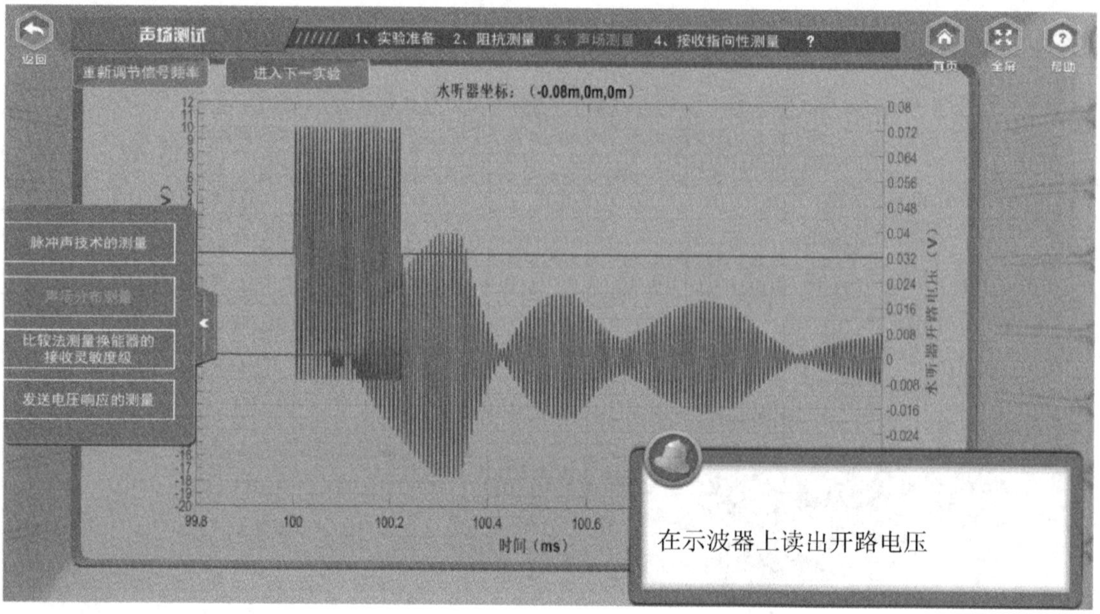

图 3.42　示波器开路电压显示

（5）重新调节位置参数，进行不同位置处的直达声信号测试，分析平面活塞声源的辐射声场分布特性。

2）实验要求

（1）与 2.2 节虚拟实验对比，注意观察且给出标准水听器在不同位置时的接收信号波形，并计算此时水听器接收声压信号幅值。

（2）根据测量结果，绘制声场中不同位置处声压分布曲线。

3. 矢量声场分布特性测试虚拟操作实验

1）操作过程

（1）打开声学工程与应用综合实验界面，如图 3.11 所示，在主界面中单击“开始实验”按钮，然后进入模块选择部分。

（2）选择“声场测量”中的“矢量声场测试”模块（见图 3.12）。

（3）认真阅读“实验前须知”，了解实验目的、意义及要求（见图 3.13）。

（4）单击“确定”按钮后，选择上方的“模块 2、接收指向性测量”。注意右下角实验操作提示，单击画面中高亮仪器设备，选择矢量水听器与发射换能器进行水下布放（见图 3.43）。

（5）根据右下角操作提示，建立三维坐标系（见图 3.44）。

图 3.43　矢量水听器与发射换能器的布放

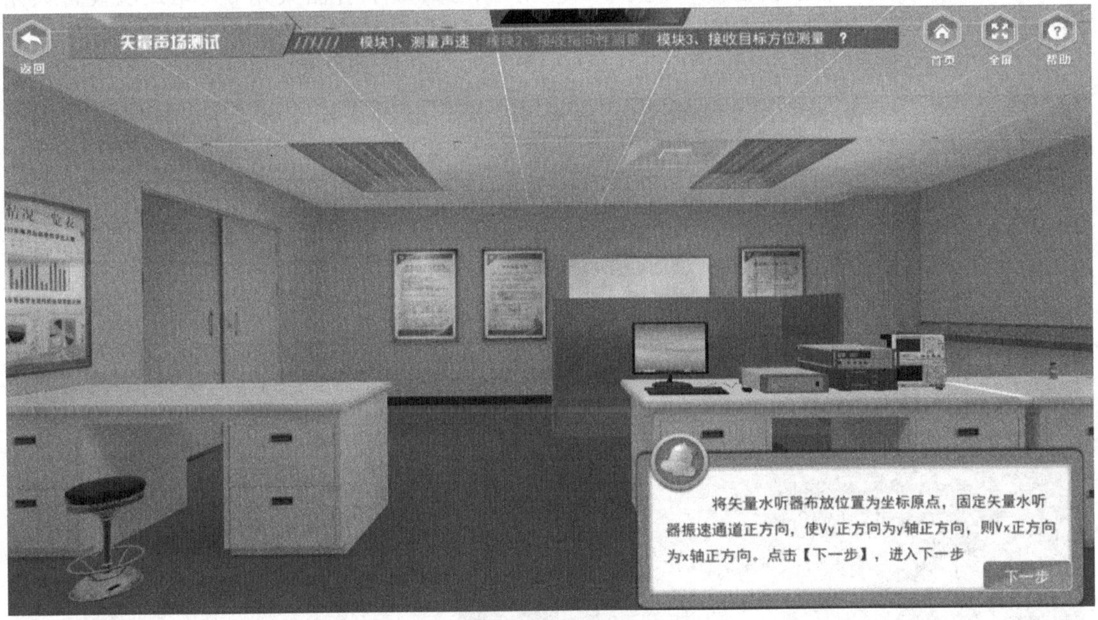

图 3.44　建立三维坐标系

（6）单击信号发生器，设置信号源及功率放大器（见图 3.45）。

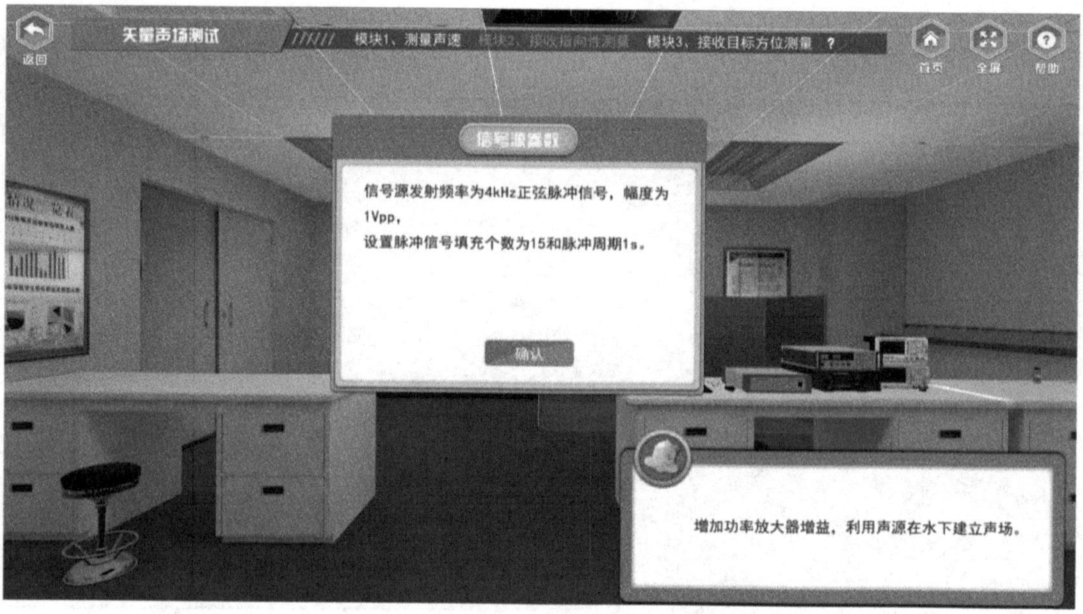

图 3.45　设置信号源及功率放大器

（7）选择水池，根据实验操作提示，设置声源与矢量水听器夹角 θ（此处以设置夹角 90°为例，进行后续操作）（见图 3.46）。

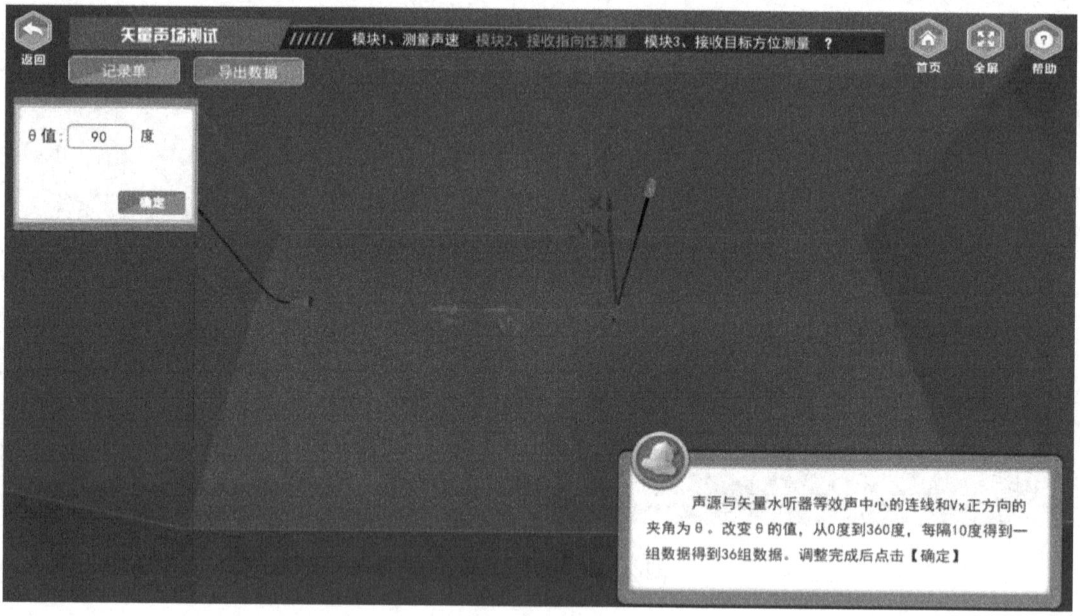

图 3.46　设置声源与矢量水听器夹角

（8）选择示波器，观测矢量水听器 V_x 与 V_y 通道中接收信号的直达波脉冲信号，并单击“记录单”按钮进行记录（见图 3.47）。

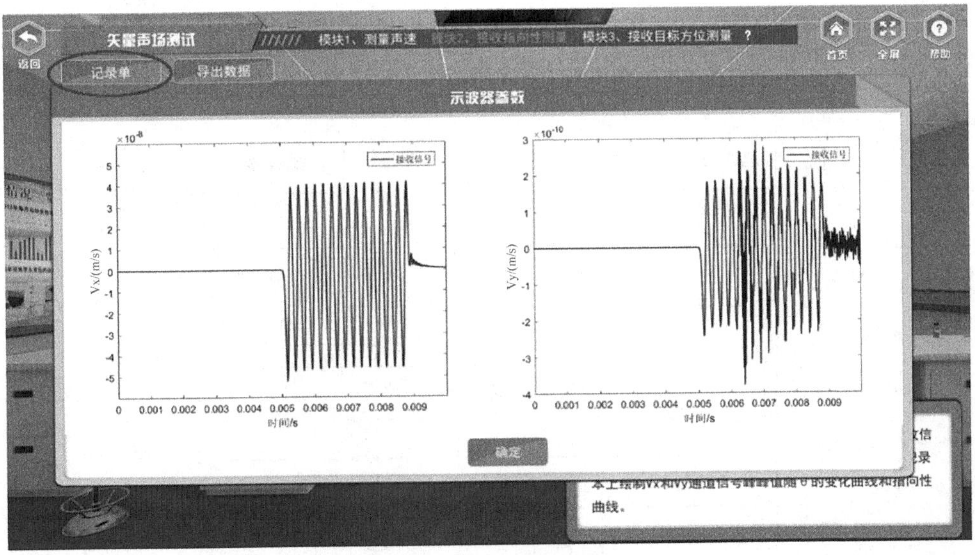

图 3.47　示波器显示矢量水听器 V_x 与 V_y 通道参数

（9）记录完数据后，重复上述步骤，将声源与矢量水听器夹角 θ 从 0°更改至 360°，观测示波器参数并记录。

2）实验要求

（1）根据存储数据，绘制矢量水听器 V_x 与 V_y 通道信号峰峰值随角度 θ 的变化曲线。

（2）根据存储数据，绘制矢量水听器接收指向性曲线。

3.3.4　声场分布特性测试实物实验

本实物实验内容主要分两部分：一是采用脉冲声技术，利用标准声压水听器测试自由场、球面波场中声压的空间分布特性；二是采用脉冲声技术、利用矢量水听器测试低频矢量声场中加速度物理量的空间分布特性。通过两个实物实验进一步训练学生对脉冲声技术在实际测量中的操作能力；同时，将实物实验结果与 2.2.2 节中的平面活塞声源辐射声场特性认知的虚拟仿真实验结果进行对比，验证自由场中平面活塞声源声压分布特性，并通过实验进一步认知水下声场中声压与矢量两类信号的不同特征。

实物实验所用仪器主要有发射换能器、标准声压水听器、矢量水听器，以及信号源、功率放大器、示波器、采集器、回转装置等。

在 3.3.2 节的基础上，开始脉冲声技术的操作训练吧！

1. 脉冲声技术实验

1）操作过程

（1）声场布放。

首先，测量实验用空间水域的几何尺寸及换能器尺寸；然后，根据远场判据确定收发换能器之间的距离；最后，完成声场布放并连接实验仪器（见图 3.48）。

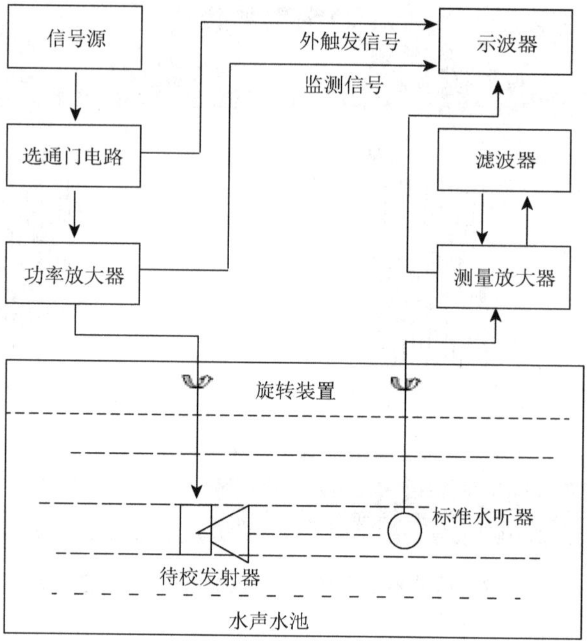

图 3.48　实验设备连接框图

（2）建立声场。

发射正弦填充脉冲信号，并观察接收信号波形。

（3）合理选择正弦填充脉冲信号的宽度和重复周期。

通过计算直达波和第一反射波到达时间确定直达波信号长度，并学习读取直达波稳态信号幅度数据的方法。

（4）关闭仪器设备，将换能器提出水面，整理仪器及连接线，打扫实验台。

2）实验要求

（1）根据实验室提供的发射换能器、接收水听器工作频带和几何尺寸以及测试水域空间尺寸，计算收发换能器间的远场测量距离。

（2）掌握利用脉冲声技术来获得自由场的方法。

3）实验总结

（1）什么是自由场、远场、近场？

（2）如何在有限空间中，进行有利于使用脉冲声技术的声场布放设计？

（3）以本实验内容以及能力训练水平为基础，请思考自己可以继续开展的研究内容，或自拟思考题并进行解答。

2. 声场中声压的空间分布特性测量

1）测试过程

实验所用发射换能器谐振峰在 100kHz 左右，接收水听器灵敏度在−205dB 左右，测试系统框图与脉冲声技术的测试实验相同，如图 3.48 所示。

水声换能器辐射声场的声压分布特性主要包括轴向声压与指向性测量两部分，测量之前应做好以下几项准备工作：

（1）用酒精擦拭并充分浸泡被测发射换能器与标准声压水听器；

（2）将被测发射换能器安装在旋转装置上，把标准水听器置于其自由场远场中且保持深度一致；

（3）连接实验设备，接通电源，预热 5min，调节信号源输出频率，使之与发射器工作频率一致；

（4）调节功率放大器增益在 20～40dB（以不过载为宜）；

（5）调节测量放大器放大量为 20～50dB，滤波器频率调为 1/3 倍频程挡，与信号源输出频率一致；

（6）调节脉冲信号宽度与重复周期，使水听器输出信号的直达波稳态部分与反射波分离且足够宽，以便测量时观察；

（7）转动旋转装置，改变发射器的辐射方向，在示波器上观察水听器接收的声脉冲信号的变化情况，且从示波器读数，完成指向性测量；

（8）在平面活塞辐射器轴向上，改变水听器与平面活塞辐射器之间的距离测试声压，完成轴向声压分布测量。

2）实验要求

（1）根据平面活塞辐射器的指向性测试数据，绘制平面活塞辐射器的指向性图。

（2）根据平面活塞辐射器的轴向声压测试数据，绘制其远场轴向声压分布曲线图。

（3）通过实验测试，对比 2.2.2 节平面活塞辐射器虚拟实验内容，给出对比分析结果。

思考题：

（1）声压水听器的指向性图如何测试？

（2）如果将实验中的平面活塞辐射器作接收器使用，则其指向性图会发生变化吗？

3）实验总结

（1）在球面波远场中，声波的传播规律是什么？

（2）什么是发射换能器的指向性？描述发射换能器指向性特性的参量有哪些？

（3）平面活塞辐射器的发射指向性与工作频率有关系吗？

（4）以本实验内容以及能力训练水平为基础，掌握了脉冲声技术操作方法后，思考自己可以继续开展的研究内容，或自拟思考题并进行解答。

3. 声场中质点振动加速度矢量的空间分布特性测量

1）测试过程

实验所用发射换能器可以在 3000～5000Hz 频率范围内工作，矢量接收水听器的声压灵敏度在 1000Hz 时约为−195dB（0dB re 1V/μPa），测试系统框图如图 3.48 所示。

由于测试频率较低，在水箱中难以将脉冲直达声与反射声区分开，无法获得自由场条件下声传播特性，因此水声换能器辐射声场的矢量（质点振动加速度）分布特性主要为轴向质点振动加速度测量，测量之前应做好以下几项准备工作：

（1）用酒精擦拭并充分浸泡被测发射换能器与矢量水听器；

（2）将发射换能器安装在固定位置，把被测矢量水听器置于其自由场远场中的旋转装置上，且保持深度一致；

（3）按如图 3.48 所示连接实验设备；

（4）接通电源，预热 5min，调节信号源输出频率，使之与发射器工作频率一致；

（5）调节功率放大器增益旋钮，使放大器前面板指针为满量程的一半左右；

（6）调节脉冲信号宽度与重复周期，观察使水听器输出信号的直达波与反射波分离的可行性，以及直达波是否有稳态部分存在；

（7）在示波器上观察矢量水听器接收的声脉冲信号的变化情况，且从示波器读取接收脉冲信号的峰峰值；

（8）在平面活塞辐射器轴向上，改变矢量水听器与平面活塞辐射器之间的距离测试矢量加速度，完成轴向加速度分布测量；

（9）利用矢量水听器灵敏度和水听器电信号测量数据，计算接收声信号大小。

2）实验要求

根据轴向加速度测试数据，绘制辐射器远场轴向加速度分布曲线图。

思考题：

（1）为什么在水箱中无法准确测量得到 3000～5000Hz 频率范围声场直达波信号？

（2）什么是水下质点振动加速度，与质点振速速度和质点振动位移有什么关系？

3）实验总结

（1）可以通过声压测量获得水下声学信息，为什么还要测量矢量信息？

（2）矢量水听器的各通道接收信号具有一定的指向性，请问这种接收的指向性特性可能应用在什么方面，可解决哪些实际问题？

3.4 声学测量基本技能训练 4：水中声速测量

在经过 3.2 节和 3.3 节有关水介质中声压测量的基本技能训练后，本节将开始一个专业的水声学测量内容，即水中声速的测量实验。如 3.1.1 节所述，声速是描述声波的三要素之一，是声场中的重要参数，空气中声速的典型值是 340m/s，水中声速的典型值是 1500m/s。

海水介质中的声速不仅与温度、盐度、深度（静压力）有关，其在深度方向上的空间分布还会影响声传播规律，从而影响声呐的作用距离。因此，水中声速是水声测试与计量领域十分关注的基本参数。

3.4.1 测量方法

声波在水中传播存在一定的速度，声波的传播速度即为单位时间内声波传播的距离。声速与介质受声扰动时的可压缩性有关：可压缩性越强，一个体积元状态的变化需要较长的时间才能传到周围相邻体积元，声传播速度越慢，如气体；可压缩性越弱，一个体积元状态的变化很快传递给相邻体积元，声传播速度越快，如液体。

声学中测量声速的方法主要有两种：脉冲时延法和相位法。

1. 脉冲时延法

由信号源以一定时间间隔发射一个正弦填充脉冲信号，经过功率放大器放大后，激励水下声源向水中发射声波，该声波在水中传播一段距离 L 后到达水听器，将功率放大器的监测信号和水听器接收信号在示波器上进行对比，测出两个信号脉冲前沿的时间差 Δt，用以下公式即可求出声波在水中的传播速度 c：

$$c=\frac{L}{\Delta t} \tag{3-49}$$

由式（3-49）可以看出，声速的测量取决于收发换能器之间的距离和发射信号与接收信号之间的时间差（脉冲时延）。因此，收发距离、等效声中心和脉冲时延等参数直接影响声速的测量结果。

2. 相位法

如前所述，声波有三个基本要素——波长、周期和声速，三者之间有如下关系：

$$c=\frac{\lambda}{T} \quad 或 \quad c=\lambda f \tag{3-50}$$

由式（3-50）可知，通过测量声波波长和频率就可以间接计算得到声速。

因此，相位法就是利用发射信号与接收信号存在的相位差来测量波长的。当收发距离为半波长奇数倍时，发射与接收信号相位相反；当收发距离为波长整数倍时，发射与接收信号相位相同；将发射信号和接收信号在示波器 X 轴、Y 轴直角坐标系下分别显示出来，可形成如图3.49所示的李萨如图形，其形状与两个信号的相位差有关。李萨如图形为斜率为正的直线，相位与声源相位相同。

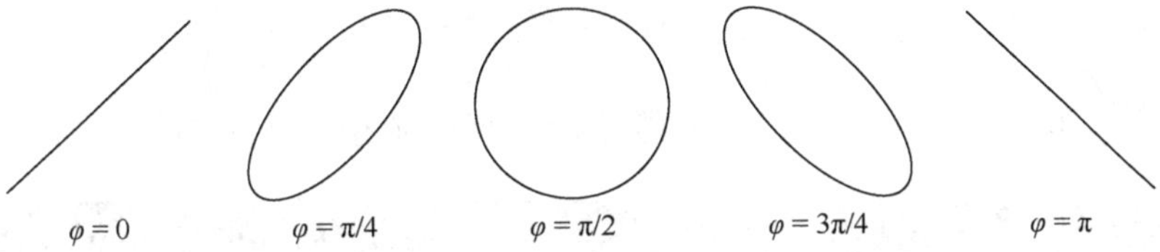

图3.49　李萨如图形示意图（频率比为1∶1时）

通过连续改变收发距离，观察示波器李萨如图形的变化，相邻的相同李萨如图形对应收发距离变化即为波长测量值。

实验过程中要注意收发距离、发射信号、整数倍波长位置等参数的确定。

1）收发距离的确定

接收器应该放到发射器的远场，收发距离应满足远场条件（$L>d^2/\lambda$）。

2）发射信号的确定

发射信号为连续正弦信号。

3）整数倍波长位置的确定

应读取示波器上斜率为正的直线的位置，多次测量后用相邻多个斜率为正直线的位置，并两两相减，得到波长测量值。

3.4.2　虚拟操作实验

1. 实验流程

（1）在声学工程与应用综合实验主界面中，单击“开始实验”按钮，进入模块选择部分，选择“声场测量”中的“矢量声场测试”模块（见图 3.12）。

（2）认真阅读“实验前须知”，了解实验目的、意义及要求（见图 3.13）。

（3）单击“确定”按钮后，选择上方的“模块 1、测量声速”，注意右下角实验操作提示，单击画面中高亮仪器设备，选择水池，建立三维直角坐标系（见图 3.50）。

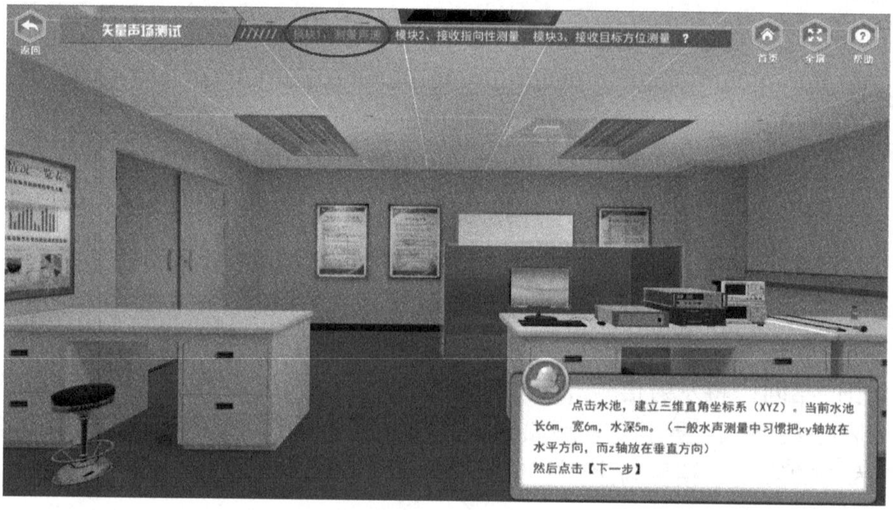

图 3.50　建立三维直角坐标系

（4）单击“下一步”，选择发射换能器，进行声源布置（见图 3.51）。

图 3.51　声源布置

（5）选择水听器，进行水听器布置（见图 3.52）。

图 3.52　水听器布置

（6）选择信号发生器，进行信号源设置（见图 3.53）。

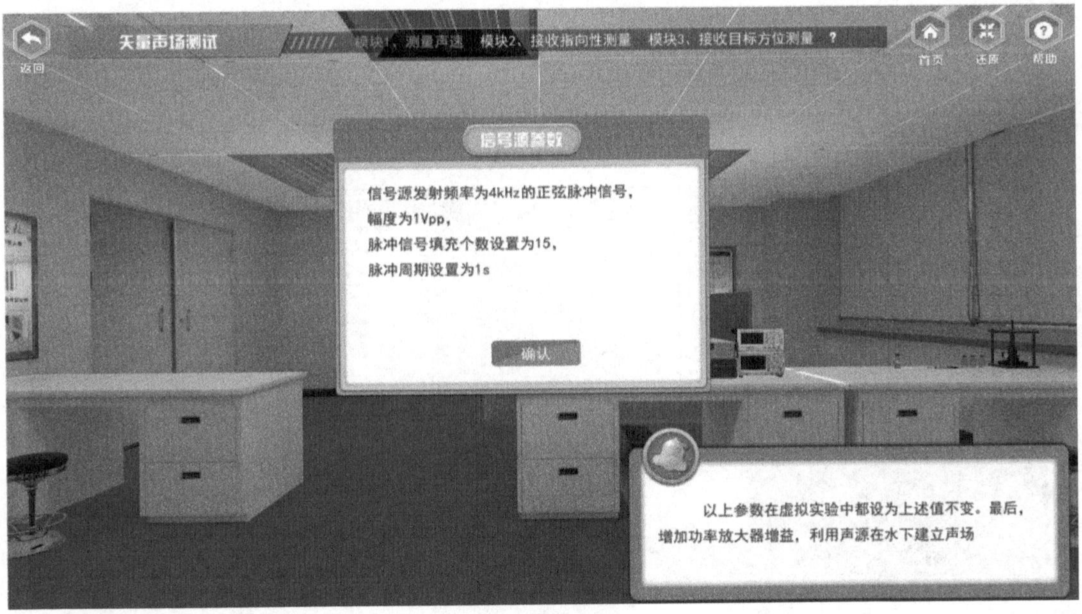

图 3.53　信号源设置

（7）选择水池，进行水听器、发射换能器水下位置设置，根据提示，选择声源和矢量水听器布放深度以及收发距离（以深度为 2m、收发距离为 1m 为例进行后续操作）（见图 3.54）。

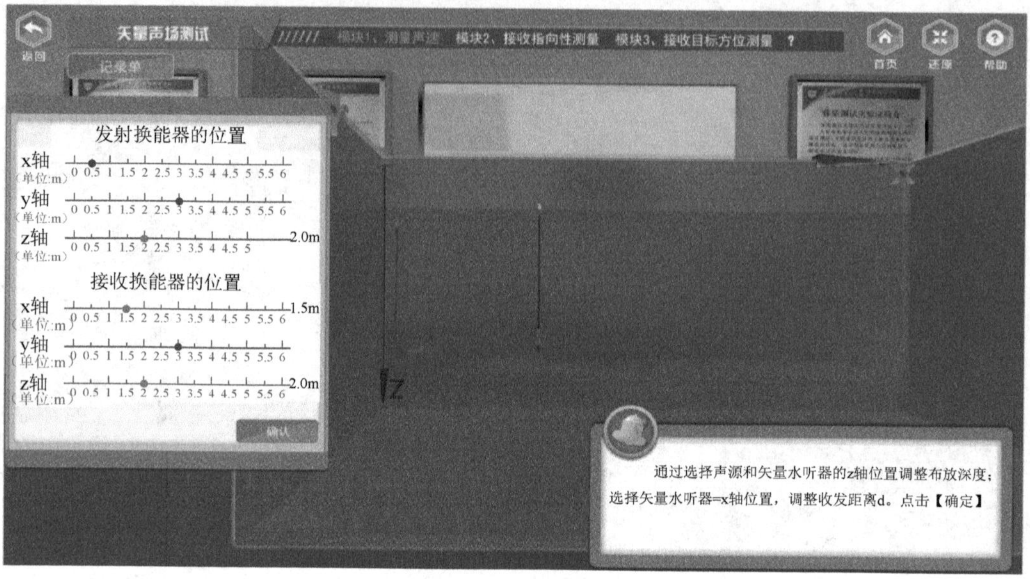

图 3.54 水听器、发射换能器水下位置设置

（8）选择示波器，根据操作提示，读取发射信号脉冲与接收信号直达波脉冲的时间差 τ，并单击“记录单”按钮记录（见图 3.55）。

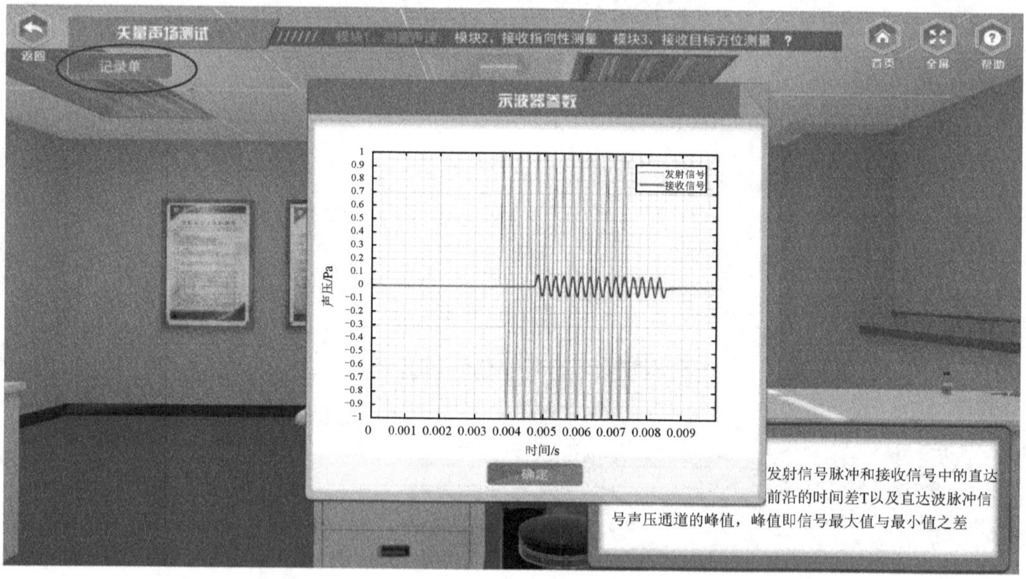

图 3.55 读取示波器参数

（9）记录完数据后，可重复上述操作，重新调整换能器位置，读取示波器参数。

2. 实验要求

根据记录的发射信号与接收信号之间时间的延迟 τ、收发距离 d 计算得到水下声速，并写出计算过程。

3.4.3　水中声速测量实物测量实验

1. 测试系统

本实验所采用的仪器设备包括发射换能器、接收水听器、信号源、功率放大器、示波器等，实验在水箱中进行，仪器设备连接框图与信号示意图如图 3.56 所示。

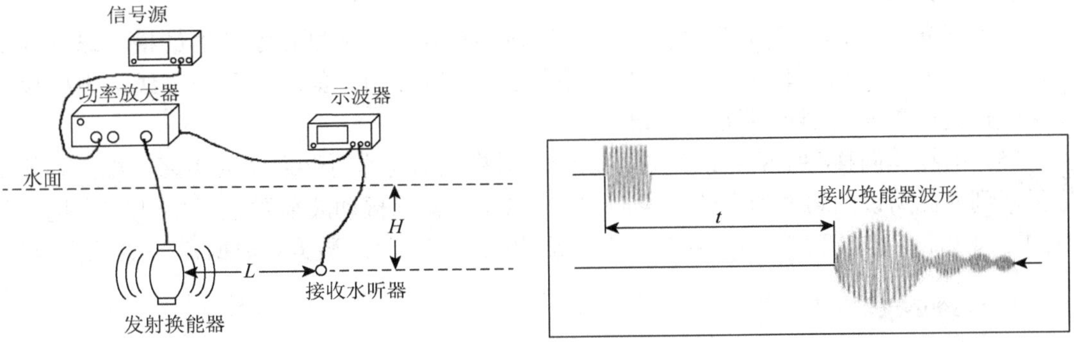

(a) 仪器设备连接框图　　(b) 信号示意图

图 3.56　仪器设备连接框图与信号示意图

注意：如果示波器接收信号为直达波信号和反射声信号的叠加，则需要调整发射信号的脉冲宽度，将直达波与反射声区分开，测量直达波与发射声信号脉冲前沿之间的时间延时，计算声速。

2. 实验步骤

1）时差法测量声速

（1）用酒精擦拭并充分浸泡发射换能器与接收水听器。

（2）根据远场判据计算收发换能器之间距离，将发射换能器和接收水听器之间的距离调到相应数值，接收器放置位置应远离壁面，收发距离应测量发射器和接收器等效声中心之间的距离。

（3）按如图 3.56 所示连接实验设备。

（4）接通电源，按照顺序依次打开信号源、示波器、功率放大器，让功率放大器预热 5min。

（5）调节信号源输出正弦脉冲信号，且使之与发射器工作频率一致。

（6）调节功率放大器信号增益旋钮，在示波器上调节显示参数，获得稳定的发射和接收脉冲信号。

（7）调节脉冲信号宽度与重复周期，使水听器输出信号的直达波与反射波分离。

（8）记录此时的测量距离 L_i 和接收信号的时间值 t_i。

（9）移动接收水听器，同时调节接收增益使接收波信号幅度与发射波信号保持一致。记录下这时的距离值 L_{i+1} 和接收信号的时间值 t_{i+1}，则声速 $c_i=(L_{i+1}-L_i)/(t_{i+1}-t_i)$，多次测量取平均值。

2）相位法（李萨如图形）测量波长

（1）重复时差法测量声速的前四个步骤。

（2）调节信号源输出正弦连续波信号，且使之与发射器工作频率一致。

（3）调节功率放大器信号增益旋钮，在示波器上调节显示参数，获得稳定的发射和接收正弦波连续信号。

（4）设置示波器于 *X-Y* 工作方式，让发射和接收信号分别在示波器的横、纵坐标上显示，这时移动水听器位置，直至观察到的李萨如图形为一斜率为正的直线，由标尺上直接读出此时的水听器位置 L_i，并记录。

（5）继续单向移动水听器的位置，改变发射换能器与水听器之间的距离，观察到的波形又回到前面所说的斜率为正的直线，这时来自水听器的振动波形发生了 2π 相移，记录此时的距离 L_{i+1}。波长为 $\lambda=\left|L_{i+1}-L_i\right|$，多次测定用逐差法处理数据。根据 $c=\lambda f$ 求出声速。

3. 实验要求

（1）利用相位法进行水中声速测试，改变 6 个不同收发距离，记录多组数据，存储波形图。

（2）利用时差法进行水中声速测试，改变 6 个不同收发距离，记录多组数据，存储波形图。

（3）计算两种方法下所测得的声速结果并进行对比，分析测量误差。

4. 实验总结

（1）声音在不同介质中传播有何区别？声速为什么会不同？

（2）分析相位法与时差法之间的区别。

（3）以本实验内容以及能力训练水平为拓展型，思考海洋中不同深度海水的声速如何变化，这种变化对声的传播方向有什么影响。

3.5 声学测量基本技能训练 5：驻波与混响现象

3.5.1 室内声学基础知识

结合 2.1.2 节和 3.1.2 节内容，在虚拟驻波演示实验和空气介质中声压测量实物实验的基础上，本节将研究室内声场中声波的传播规律，包括驻波和混响问题。

为了研究驻波问题，需要利用扫频信号检测（耳听）房间中驻波的分布情况，实验中由扬声器发射出低频信号（房间共振频率），然后按照规定位置手持声级计测量房间内各点声压级，观察各位置点声压级的变化，研究房间驻波影响以及消除办法；为了研究混响问题，需要掌握混响场的概念和混响时间的测量方法，利用实验室提供的仪器设备测量混响实验箱的混响时间，通过改变混响箱内散射体个数来改善其内部声场的分布情况，测量不同散射体个数下的混响时间，感受散射体存在的影响。

本实验为独立设计实验，先由教师讲解基本原理、设计方法和专有名词等与实验相关的基础知识，再由学生按照实验要求独立设计并完成实验。

1. 基本概念

1）行波和驻波

在均匀介质中以同样的波阵面沿固有方向行进的波称为行波，其幅度沿传播方向按指数规律变化，相位沿传输线按线性规律变化。从相邻时刻 t_1 和 $t_1 + \Delta t$ 进行考察，可以发现波形随时间的增长而向传输线的终端移动。行波的特点是它的波阵面形状和传播方向保持不变。

频率相同、相位相反的两列波相互叠加在空间形成固定分布的周期波称为驻波，例如，入射波与反射波之间相互干扰就容易形成仅有波腹上、下振动而波节不移动的驻波，这种情况多发生在海岸陡壁或直立式水工建筑物前面，紧靠陡壁附近的海水面随时间虽做周期性升降，海水呈往复流动，但并不向前传播，水面基本上是水平的，这就是由于受岸壁的限制使入射波与反射波相互干扰而形成的。其中，波面随时间做周期性的升降，每隔偶数个半波长就有一个波面升降幅度为最大的断面，称为波腹；波面升降的幅度为零时的断面，称为波节。相邻两波节间的水平距离仍为半个波长，因此，驻波的波面由一系列波腹和波节组成，波腹和波节交替出现。在波腹处，波面的高度虽然会周期性地变化，但此断面的水平位置是固定的，波节的位置也是固定的。这与进行波的波峰、波谷沿水平方向移动的现象正好相反，驻波的形状不传播，故称为驻波。当波面处于最高和最低位置时，质点的水平速度为零，波面的升降速度也为零；当波面处于水平位置时，流速的绝对值最大，波面的升降也最快，这是驻波运动独有的特性。

2）声波的反射、折射和透射

声波在介质中传播时，经常遇到各种“障碍物”。所谓“障碍物”，即声速与密度不同于原介质的其他介质。有时虽属于同一介质，但因声速和密度与原来不同，也可称为“障碍物”。当声波从一介质传播到另一介质时，在两介质的分界面上将发生反射、折射和透射现象。

3）自由场、声压场和扩散场

在声学计量测试中，经常使用自由场、压力场和扩散场这类概念。

（1）自由场。

自由场是声源在均匀的、各向同性的无限介质中产生的，没有反射声和散射声的声场。即使存在反射声和散射声，但它们在一定区域或某一时间间隔内对声源的原始辐射声场没有影响，则该声场也属于自由场。边界的声反射或声散射是破坏自由场条件的最主要因素，因为边界的反射声或散射声能够与声源辐射的声波叠加，会完全改变声源本

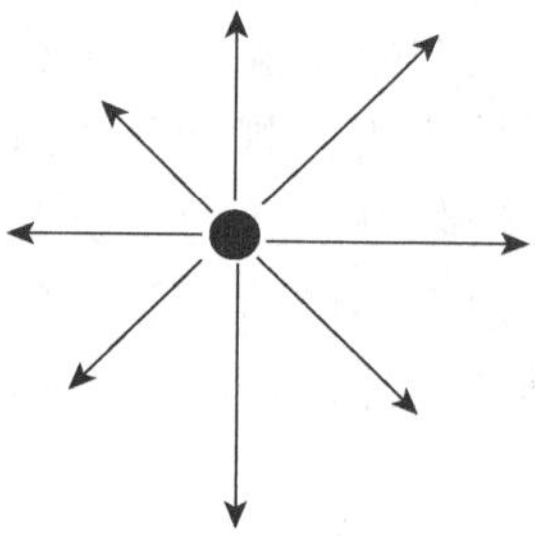

图 3.57　自由场

身的辐射声场。介质的密度和声速等物理特性不均匀也会影响自由场的形成（见图 3.57）。

为了得到比较好的自由场条件，经常利用室内消声水池或消声室，以及采用脉冲声测量技术等。

（2）压力场。

压力场是指在尺寸远小于介质中声波波长的密闭腔中由换能器产生的声场，腔内各点的声压值基本相等，这样的声场主要用于水听器或传声器的低频校准。在这种声场中校准的灵敏度是声压灵敏度 M_p，与在自由场中校准的自由场灵敏度 M_f 有所不同，两者之比 D 定义为水听器或传声器的衍射常数，即

$$D = \frac{M_f}{M_p} \tag{3-51}$$

D 取决于水听器或传声器的尺寸和声波波长，其值范围在 0～2。如果水听器或传声器最大尺寸远小于声波波长并且是刚性的，则 $D \approx 1$，$M_p = M_f$，即声压灵敏度与自由场灵敏度相等。

（3）扩散场。

扩散场又称为漫射场或弥散场。在具有反射边界面的闭合容器（如具有反射界面的大水池、混响水池、混响室等）里，声源发射的声波将在壁面发生多次反射，从声场中某点来看，声波是来自各个方向并向各个方向传出的，容器的壁面既反射声波，也吸收声波，当壁面在单位时间内吸收的能量等于声源在单位时间内发射的能量时，声场达到稳态，这样的声场即为扩散场（见图 3.58）。

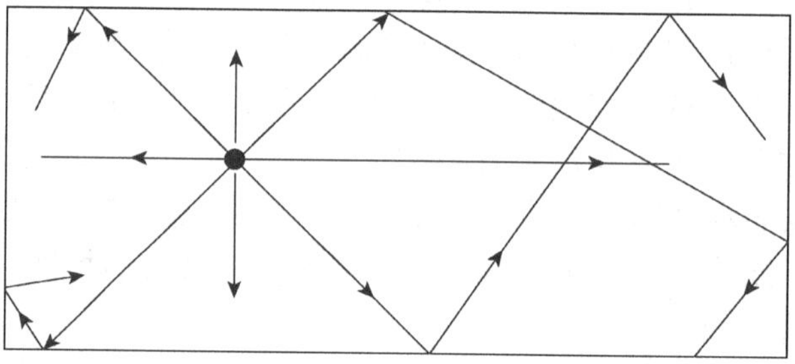

图 3.58　扩散场

扩散场中稳态的平均声能密度处处相等，并且各个方向上的能流呈均匀分布，在较大的不规则闭合容器内，可以近似形成扩散场。在声源附近，因既有直达波又有扩散波，不会出现典型的扩散场，扩散场只出现在相距声源大于一定距离的区域（这时直达声已相对不显著），这一区域一直延伸至距离边界约一个波长处。利用这样的声场可进行水听器或传声器的互易法校准，也可进行比较法校准。但在扩散场中校准的灵敏度 M_{df} 不同于在某一方向上的自由场灵敏度 M_f，两者有如下关系：

$$M_{df} = \frac{M_f}{R_\theta} \tag{3-52}$$

式中，R_θ 是水听器或传声器以自由场灵敏度测量方向为参考方向的指向性因数。

4）噪声频谱分析

现实中的声音通常是由很多频率成分的声波叠加而成的，通过频谱分析可以得到噪声中含有的各频率成分。噪声频谱分析主要分为恒百分比带宽分析和恒带宽窄带分析，前者常用的有倍频程和 1/3 倍频程分析。

国标《电声学　倍频程和分数倍频程滤波器》（GB/T 3241—2010）中给出了 0 级、1 级和 2 级滤波器的性能要求和测试方法，根据规定，截止频率比公式是 $f_{r1}/f_{r2}=2^{1/b}$，中心频率 $f_0=\sqrt{f_{r1}f_{r2}}$。当 $b=1$ 时为倍频程，则 $f_{r1}=\dfrac{f_0}{\sqrt{2}}=0.707f_0$，$f_{r2}=\sqrt{2}f_0=1.414f_0$；当 $b=3$ 时为 1/3 倍频程，则 $f_{r1}=\dfrac{f_0}{\sqrt[6]{2}}=0.891f_0$，$f_{r2}=\sqrt[6]{2}f_0=1.122f_0$。噪声按倍频程或 1/3 倍频程的声压/强级分布图能直观地反映噪声的频率特性，分布图中横坐标是中心频率（Hz），纵坐标是声压/强级（dB）。表 3.5 和表 3.6 分别包含常用的倍频程和 1/3 倍频程滤波器的上限频率、中心频率以及下限频率。表中的中心频率是准确中心频率的标称值，即标称中心频率。

表 3.5　倍频程滤波器频率范围

下限频率 f_{r1} /Hz	中心频率 f_0 /Hz	上限频率 f_{r2} /Hz
11.7	16	22.4
22.4	31.5	44.7
44.7	63	89.1
89.1	125	178
178	250	355
355	500	708
708	1000	1413
1413	2000	2820
2820	4000	5650
5650	8000	11200
11200	16000	22400

表 3.6　1/3 倍频程滤波器频率范围

下限频率 f_{r1} /Hz	中心频率 f_0 /Hz	上限频率 f_{r2} /Hz	下限频率 f_{r1} /Hz	中心频率 f_0 /Hz	上限频率 f_{r2} /Hz
14.1	16	17.8	141	160	178
17.8	20	22.4	178	200	224
22.4	25	28.2	224	250	282
28.2	31.5	35.5	282	315	355
35.5	40	44.7	355	400	477
44.7	50	56.2	477	500	562
56.2	63	70.8	562	630	708
70.8	80	89.1	708	800	891
89.1	100	112	891	1000	1120
112	125	141	1120	1250	1410

续表

下限频率 f_{r1} /Hz	中心频率 f_0 /Hz	上限频率 f_{r2} /Hz	下限频率 f_{r1} /Hz	中心频率 f_0 /Hz	上限频率 f_{r2} /Hz
1410	1600	1780	5620	6300	7080
1780	2000	2240	7080	8000	8910
2240	2500	2820	8910	10000	11200
2820	3150	3550	11200	12500	14100
3550	4000	4470	14100	16000	17800
4470	5000	5620	17800	20000	22400

5）平均自由程

设在室内有一声源发射声波，声波以声线方式向各方向传播，一般地，一条声线在 1s 内要经过多次的壁面反射，由于声源是向各个方向发射声线的，各声线与壁面相碰的位置各不相同，在两次壁面反射之间经历的距离也各不相同，因此，我们需要用统计的方法算出声线在壁面上两次反射之间的平均距离，即平均自由程。

6）平均吸声系数

当声波在室内碰到壁面（包括天花板与地板）时，如果壁面并非刚性，它对声波具有一定的吸声能力，那么一部分入射波就要被壁面吸收，被壁面所吸收的能量与入射能量的比值称为壁面的吸声系数 $\bar{\alpha}$ 。因为在扩散场前提下声能向各方向的传递概率相同，所以对每一吸声表面入射声在所有方向都具有相同的概率，因此这一吸声系数 $\bar{\alpha}$ 应是对所有入射角的平均结果。

7）闭室内的声能衰减

闭室内的声能衰减与闭室内总吸声系数紧密相关。通常认为在一个平均自由程时间内声波吸收或反射一次，如果根据能量守恒定律，设一个平均自由程时间内入射到墙壁或室内摆设等物体上的总声能为 E_0，物体吸收的声能为 E_a，反射的声能为 E_r，穿射物体的声能为 E_t，则有

$$E_0 = E_a + E_r + E_t \tag{3-53}$$

虽物体吸收的能量只是 E_a，但考虑入射声波和反射声波所在的空间，把除反射声能以外的声能包含在物体吸声声能以内，则吸声材料的吸声系数 α 为

$$\alpha = 1 - r = 1 - \frac{E_r}{E_0} \tag{3-54}$$

吸声系数 α 的取值范围在 0～1，一般将 $\alpha \geqslant 0.2$ 的材料视为吸声材料，将 $\alpha \geqslant 0.5$ 的材料视为理想吸声材料。吸声系数与入射声波的频率有关，实际应用中常采用倍频程中心频率分别为 125Hz、250Hz、500Hz、1kHz、2kHz、4kHz 的六个吸声系数的平均值作为某一材料的平均吸声系数 $\bar{\alpha}$ 。

根据统计原理，在闭室内均匀扩散场中设 $\bar{r}$ 为材料表面声能的平均反射系数，则平均吸声系数 $\bar{\alpha} = 1 - \bar{r}$ 。用 W 表示声源声功率，用 τ 表示一个平均自由程时间，即声波两次反射间的时间，则声源在入射到吸收材料前的总声能为

$$E_0 = W\tau \tag{3-55}$$

式中

$$\tau = \frac{4V}{cS} \tag{3-56}$$

其中，V 为闭室容积，单位是 m^3；c 为声速，单位是 m/s；S 为闭室内总表面积，单位是 m^2。

总声能经过吸声材料 n 次吸收和发射后声能为

$$E_n = W\tau\overline{r}^n \tag{3-57}$$

可见，室内声波入射到吸声材料的过程中声能按反射次数规律衰减。

2. 驻波与混响相关知识

如何用声学语言解释“余音绕梁，三日不绝”？余音，声源突然停止发声时，室内接收点上仍然存在的声音；绕梁，在声波传播中由于界面存在，多次地被吸收和反射；三日不绝，室内声能量将逐渐减弱，直至完全消失经历的时间，这一现象中涉及的室内声学方面的概念如下所述。

1）混响与混响时间

（1）定义。

室内的声波遇到四周墙面以及地面和顶棚会产生反射，而这种反射过程是往复多次的，如果这些反射声在直达声到达听者 50ms 后仍多次反射而继续存在，直到一段时间后才衰减消失，就会听起来有一种余音不绝的感觉，这种过程与现象称为混响。

著名的声学家赛宾通过研究提出，当声源停止发声后，残余的声能在室内往复反射，经吸收衰减，其声能密度下降为原来值的百万分之一所需要的时间；或者说，当声源停止发声后，从初时的声压级衰减 60dB 所经历的时间，定义为混响时间（T_{60}），主要用于描述室内声场衰减的快慢。

混响时间不仅在音质评价方面，而且在材料声学性能的测试、噪声控制等许多领域都是最基本的参数，一直是被公认的、具有明确概念的、与主观感受良好相关的客观参数。适度的混响，可以明显地改善声音质量，改变音乐的音色和风格。

混响时间不仅与房间尺寸、房间吸声量、房间内散射体有关，还与频率相关，一般所说的混响时间都是指平均混响时间。表 3.7 给出了某些典型室内厅堂的混响时间。

表 3.7　典型室内厅堂的混响时间

名称		体积/m^3	频率/Hz						资料来源
			125	250	500	1000	2000	4000	
人民大会堂		91000	2.5	2.4	2.4	3.1	3.5	3.1	—
麻省理工学院克瑞斯基礼堂		9750	1.65	1.5	1.5	1.45	1.35	1.3	Beranek
汉堡大学大会堂		9800	1.2	1.1	1.1	1.2	1.1	0.95	ITA
ETH 苏黎世大型物理讲堂		2600	1.25	1.2	1.2	1.1	0.9	0.6	Furrer
柏林富兰克林会议厅	空场	13000	1.9	1.85	1.4	1.2	1.2	1.15	ITA
	满场		1.6	1.6	1.25	1.15	1.15	1.1	

续表

名称	体积/m³	频率/Hz						资料来源
		125	250	500	1000	2000	4000	
维也纳国家剧院	11600	1.5	1.5	1.4	1.2	1.2	1.15	Reichardt
慕尼黑国家剧院	11000	2.1	1.7	1.7	1.7	1.6	1.2	Muller
柏林赫艾大道教堂	2500	3	2.4	2.4	2.2	2	1.7	ITA
柏林丽真湖教堂	3200	2.1	2.5	2.6	2.7	2	2.1	ITA

（2）混响时间的计算：

$$T_{60} = \frac{0.161V}{-S\ln(1-\overline{\alpha})} \tag{3-58}$$

式中，T_{60}为混响时间，单位为 s；V为房间容积，单位为 m^3；$\overline{\alpha}$是房间内所有表面材料的平均吸声系数；S是室内总表面积，单位为 m^2；

$$\overline{\alpha} = \frac{\alpha_1 S_1 + \alpha_2 S_2 + \cdots + \alpha_n S_n}{S_1 + S_2 + \cdots + S_n} \tag{3-59}$$

其中，$S_1, S_2, \cdots, S_n$为室内界面不同材料的表面积；$\alpha_1, \alpha_2, \cdots, \alpha_n$为不同材料的吸声系数。

从上面公式可见，当一座厅堂容积 V 已经确定时，通过选取不同吸声系数的内表面材料，可以控制房间的总吸声量，进而控制房间的混响时间。混响时间还与房间内散射体个数有关，散射体个数越多，声波散射次数越多，声能量衰减越快，混响时间越短。

（3）最佳混响时间。

在室内建立稳定声场后，突然使声源停止发声，室内某一接收点的声压级随之衰减，此时声压级与时间之间的曲线称为声压级衰减曲线，因混响时间是室内声能密度衰减60dB 所需要的时间，所以也可通过声压级衰减曲线来求取混响时间（往往用声压级衰减5～35dB 的时间来推算衰减 60dB 的时间）。从声压级衰减曲线还可得到早期衰减时间（early delay time，EDT）、早期混响时间（early reverberation time，ERT）等，EDT 为信号从稳定值 0dB 衰减到–10dB 的时间，ERT 则为从 0dB 衰减到–15dB 的时间。通过对闭室音质和混响时间的大量测试与统计分析，并考虑主观听音评价，声学专家提出了最佳混响时间的概念，根据各闭室的大小不同、用途不同，其最佳混响时间也不相同，各闭室最佳混响时间范围推荐如表 3.8 所示。

表 3.8 各类闭室的最佳混响时间范围推荐表

（a）语言类厅堂 500～1000Hz 满场最佳混响时间范围推荐表

大厅容积/m³	混响时间/s
＜200	0.3～0.5
200～500	0.5～0.6
500～1000	0.6～0.8

（b）电影院 500～1000Hz 满场最佳混响时间范围推荐表

大厅容积/m^3	混响时间/s	
	单声道	立体声
500～2000	0.5～0.8	0.4～0.6
＞2000	0.8～1.2	0.6～1.0

（c）娱乐场所最佳混响时间范围推荐表

大厅容积/m^3	混响时间/s	
	舞厅、歌舞厅	音乐茶座、歌厅
500	0.9	0.9
1000	1.0	1.0
2000	1.1	

（d）综合体育馆比赛大厅 300～1000Hz 满场最佳混响时间范围推荐表

大厅容积/m^3	混响时间/s
＜40000	1.2～1.4
40000～80000	1.3～1.6
＞80000	1.5～1.9

为了使演讲、演出等达到应有的艺术效果，往往根据最佳混响时间要求的不同来设计闭室。但在实际工程中，同一闭室对不同节目或不同演出规模的最佳混响时间要求是不尽相同的，所以一些闭室设计为混响可调，可在快速测得混响时间后对闭室内混响时间进行实时调控，使闭室在不同时间段都达到最佳混响时间。

2）驻波的形成

设有两列相干波 y_1 和 y_2，如图 3.59 所示，振幅为 A，频率为 f，波长为 λ，初始相位为 φ_1 和 φ_2，分别沿相反的方向传播，表达式分别为

$$\begin{cases} y_1 = A\cos\left(\omega t - \dfrac{2\pi}{\lambda}x + \varphi_1\right) \\ y_2 = A\cos\left(\omega t + \dfrac{2\pi}{\lambda}x + \varphi_2\right) \end{cases} \tag{3-60}$$

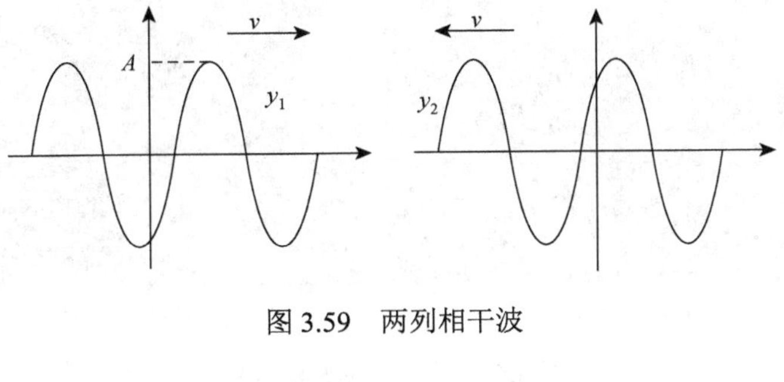

图 3.59　两列相干波

两列波叠加后得

$$y = y_1 + y_2 = 2A\cos\left(\frac{2\pi}{\lambda}x + \frac{\varphi_2 - \varphi_1}{2}\right)\cos\left(\omega t + \frac{\varphi_2 + \varphi_1}{2}\right)$$
$$= A_z\cos(\omega t + \varphi') \tag{3-61}$$

式中，$A_z = \left|2A\cos\left(\frac{2\pi}{\lambda}x + \frac{\varphi_2 - \varphi_1}{2}\right)\right|$；$\varphi' = \frac{\varphi_2 + \varphi_1}{2}$。

从式（3-61）可以看出，前半部分与时间 t 无关，这就是驻波方程。观察 A_z，它是关于横坐标的周期函数，决定了该处质点的振幅；观察 $\cos(\omega t + \varphi')$，它决定了该处质点的振动状态。各点做频率相同、振幅不同的简谐运动，驻波方程本质上就是振动方程。

另外，图 3.60 中振幅为 0 的点为波节，振幅最大的点为波腹。具体而言，波节是驻波场中的振幅为零的点、线或曲面。在一维驻波中表现为振幅最小（一般为 0）的位置。通常波节数随能量或角动量的升高而增加。波腹是指在驻波场中描述声场特性的某些物理量的幅值为最大的点、线或面。这些物理量可以是声压、质点位移、质点速度和质点加速度等。因此，描述波腹时应说明波腹的类型。

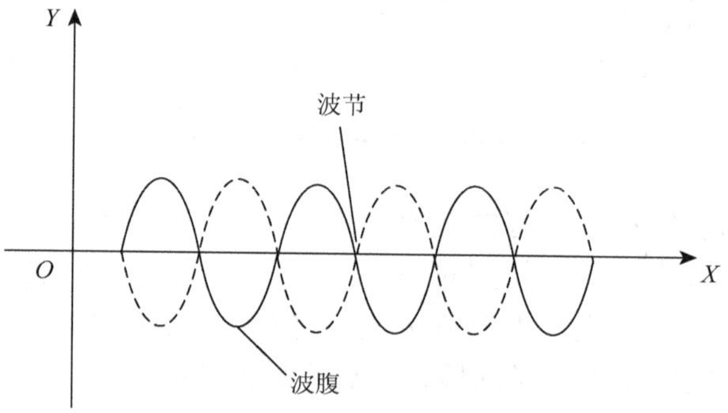

图 3.60　波节和波腹

生活中的驻波现象有很多。如鱼洗［见图 3.61（a）］，它是一个由青铜铸造的、具有一对提把的盆。在盆内注半盆水，用双手轻搓两个把手，把手的振动在盆体形成横驻波，当振动频率接近盆的固有频率时，发生共振，水花从水面溅射出来。另外，关于驻波的危害，有轮胎驻波现象［见图 3.61（b）］。驻波的特点是能量在受压点聚集，因此当轮胎

(a) 鱼洗的共振　　(b) 轮胎的共振

图 3.61　生活中的驻波现象

速度过高出现轮胎驻波现象时受压点温度急剧增加，从而造成轮胎帘线层与橡胶层剥离，进而出现爆胎。

3）房间共振

室内声学的波动理论基于以下波动方程：

$$\nabla^2\phi = \frac{1}{c_0^2}\frac{\partial^2\phi}{\partial t^2} \tag{3-62}$$

式中，$\phi(x,y,z,t)$ 是速度势，在自由空间 ϕ 是上述方程的解，在房间内必须满足边界条件。

对于刚性墙，墙面法向质点振速为零，若矩形房间内声场用频率为 f 的正弦信号激发，室内任一点的速度势为

$$\phi = \phi_N \cos\frac{N_x\pi x}{L_x}\cos\frac{N_y\pi y}{L_y}\cos\frac{N_z\pi z}{L_z} \tag{3-63}$$

式中，N_x、N_y、N_z 是任意正整数；L_x、L_y、L_z 是房间各边的长度。

如果用声压或质点振速表征室内声场，则有如下。

声压：

$$p = \rho\frac{\partial\phi}{\partial t} \tag{3-64}$$

质点振速：

$$u = -\mathrm{grad}\phi \tag{3-65}$$

在房间内声波可以在任何两个相对墙之间传播，声波经过多次反射就可以形成驻波，每一个驻波就称为房间的一个简正波或简正振动，简正波的频率称为简正频率，对于边长为 L_x、L_y、L_z 的刚性墙组成的矩形房间，第 N 次简正振动的频率为

$$f_N = \frac{c_0}{2}\sqrt{\left(\frac{N_x}{L_x}\right)^2 + \left(\frac{N_y}{L_y}\right)^2 + \left(\frac{N_z}{L_z}\right)^2} \tag{3-66}$$

式中，f_N 为第 N 个简正频率，单位为 Hz；N_x、N_y、N_z 是可以分别选择的正整数；c_0 是声速，单位为 m/s。

简正频率的性质像具有分量 $N_x\, c_0/(2L_x)$、$N_y\, c_0/(2L_y)$、$N_z\, c_0/(2L_z)$ 的矢量，当声源激发的频率 f 与第 N 个简正频率相等时，即产生共振现象，驻波达到最强，此房间的边长应是共振频率对应半波长的整数倍。因此，当声源发声时，常会激发出房间内的某些固有频率（或称简正频率）的声音，就出现房间共振现象。当发生共振现象时，声源中某些频率特别地加强了，激发频率越接近房间的某一共振频率，共振响应就越大。在一个房间中，空气振动的共振频率主要由房间的大小来决定。

3.5.2　驻波场与混响时间虚拟测量实验

1. 驻波场测量虚拟操作实验

1）操作过程

首先打开声波产生机理虚拟装置仿真实验界面，单击“测量实验”按钮，然后进入如下测量主界面（见图 3.62），在测量主界面单击“混响场”进入室内声场虚拟实验界面。

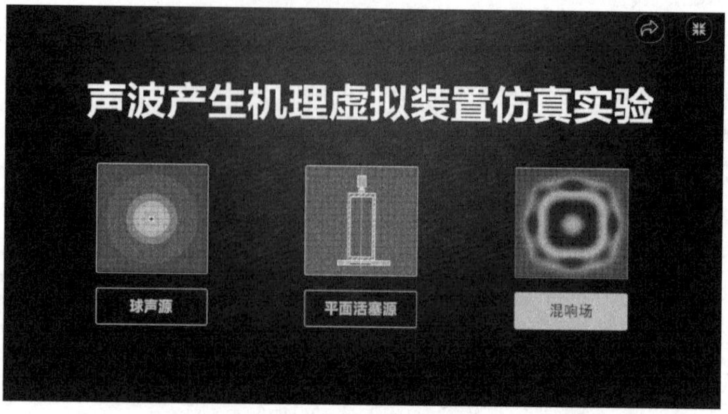

图 3.62　声波产生机理虚拟装置仿真实验主界面

在主界面下，选择“空气介质驻波场”进入驻波场测量界面。通过房间中的声源建立驻波声场，利用传声器测量驻波声场的特性（见图 3.63）。

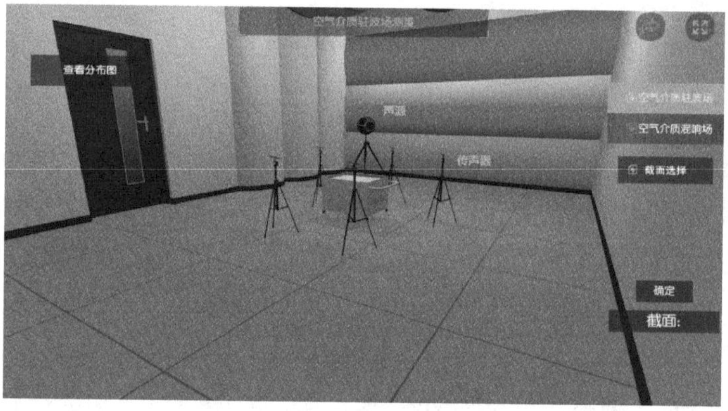

图 3.63　主界面视图

选择“查看分布图”，在弹出的对话框中选择“三维图”，可以看到声源建立声场的过程（见图 3.64）。

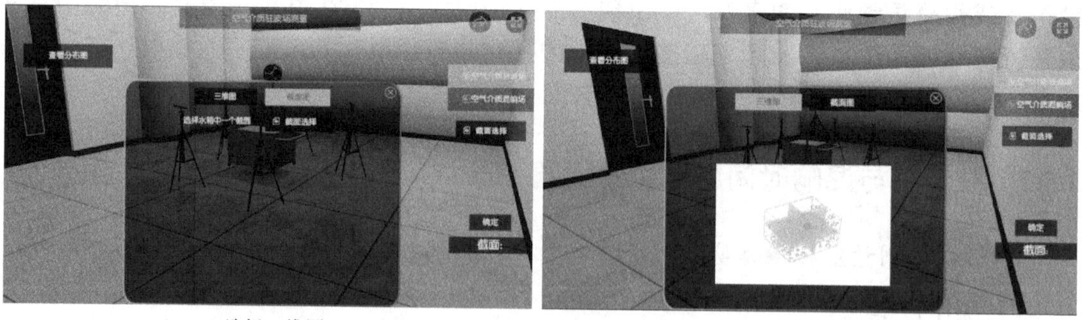

(a) 选择三维图　　(b) 声源建立声场的过程

图 3.64　选择三维图以及声源建立声场的过程

选择“截面图”→“截面选择”选项，一共可以测量三个截面上离散点的声压：*YOZ* 截面、*XOY* 截面、*XOZ* 截面（见图 3.65）。

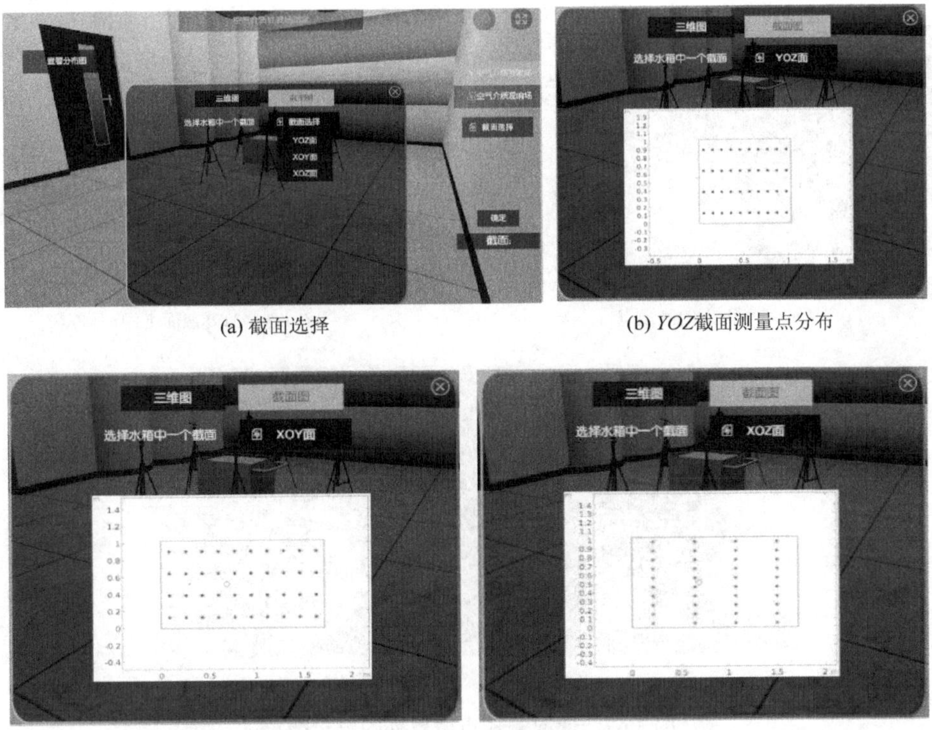

(a) 截面选择　　(b) *YOZ*截面测量点分布

(c) *XOY*截面测量点分布　　(d) *XOZ*截面测量点分布

图 3.65　选择测量截面

选择右侧“截面选择”，弹出三个选项：分别对应 *YOZ* 截面、*XOY* 截面、*XOZ* 截面的位置坐标。选择其中一个截面之后，单击“确定”按钮，即可显示测量点的分布（见图 3.66）。

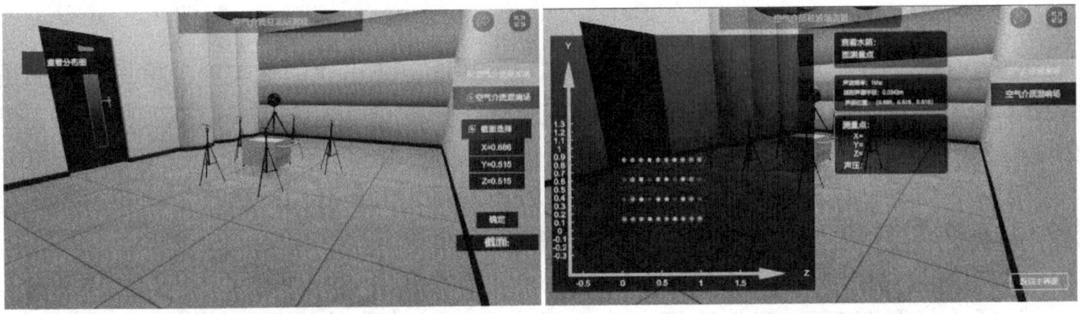

(a) 选择测量截面坐标　　(b) 选择测量点位置

图 3.66　选择测量截面上的测量点

选择其中某一直线上的测量点，不同颜色代表声压绝对值的大小，记录右侧显示所选择点的坐标和声压的绝对值，得到某一直线上驻波声场的空间分布规律（见图3.67）。

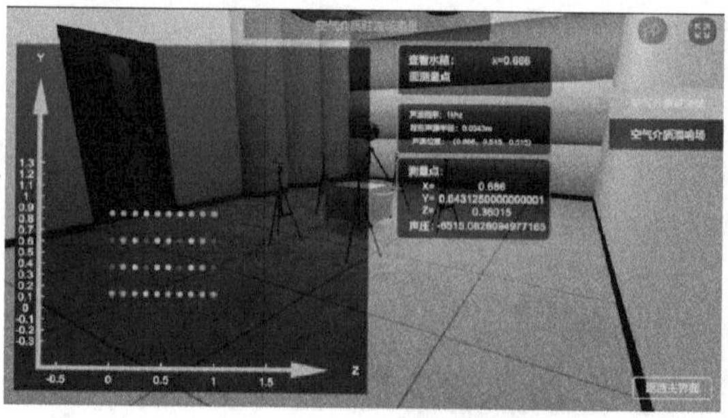

(a) 选择*YOZ*截面上的测量点

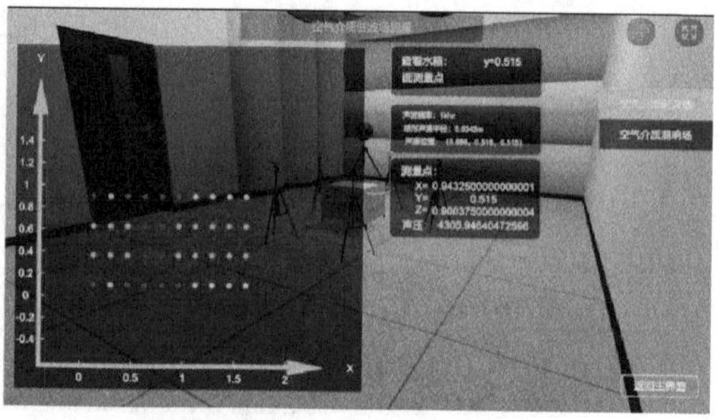

(b) 选择*XOY*截面上的测量点

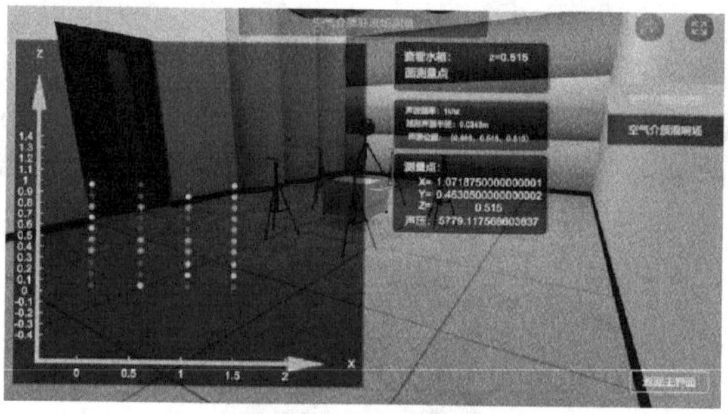

(c) 选择*XOZ*截面上的测量点

图3.67　读取测量点位置处的测量数据

记录完数据后，重复上述步骤，改变不同截面，观测声压绝对值并记录。

2）实验要求

（1）需要选择与 *X* 轴、*Y* 轴、*Z* 轴分别平行的某一直线上的声压数据进行记录。

（2）根据记录数据，绘制不同维度的驻波场声压绝对值的分布曲线。

2. 混响时间测量虚拟操作实验

1）操作过程

首先打开声波产生机理虚拟装置仿真实验主界面，单击“测量实验”按钮，然后进入如下测量主界面，在测量主界面选择“混响场”单击进入室内声场虚拟实验界面（见图3.62）。

在主界面下，选择“空气介质混响场”进入混响场测量界面。通过混响箱中的声源建立混响声场，利用传声器测量混响箱的混响时间（见图3.68）。

首先选择测量频率，选择三个频点中的1个，如“1K”，单击“确定”按钮（见图3.69）。

选择“打开声源”，在混响箱中建立混响场，可以看到声场建立的三维过程（见图3.70）。

图 3.68　混响场测量界面

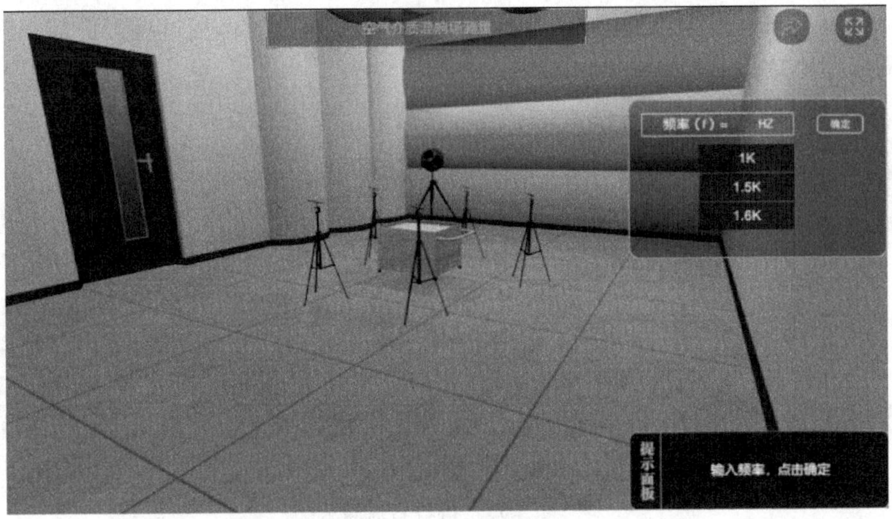

图 3.69　选择测量频率

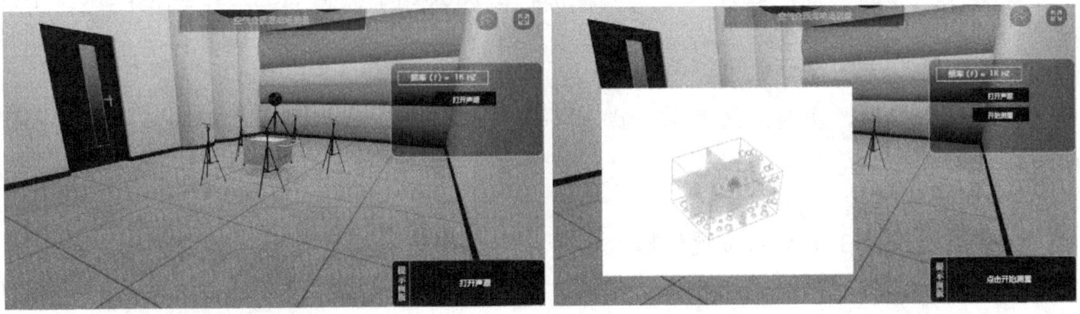

(a) 打开声源　(b) 建立混响声场

图 3.70　打开声源建立混响场

选择“开始测量”→“关闭声音”选项，测量混响声场能量下降直至完全消失的过程。此时弹出“截面选择”，选择某一个截面作为测量面（见图 3.71）。

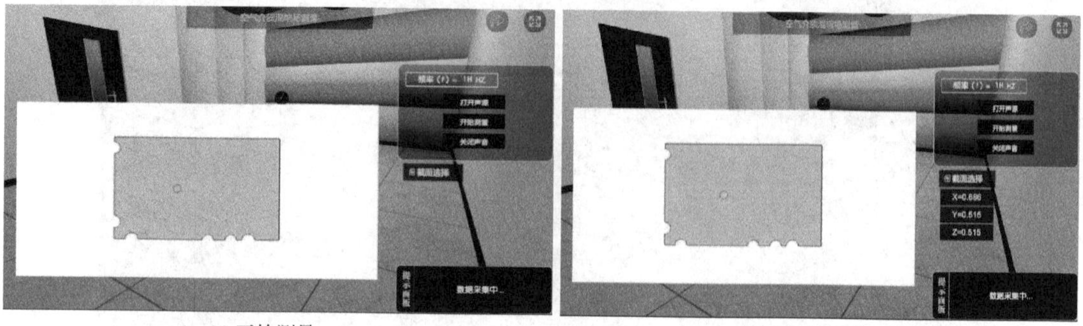

(a) 开始测量　　(b) 关闭声音并选择截面

图 3.71　选择测量截面

此时可以显示声源停止发声后，此截面上的混响声场的传播过程。此时显示一个传声器的图标和测量面上的测量点（见图 3.72）。

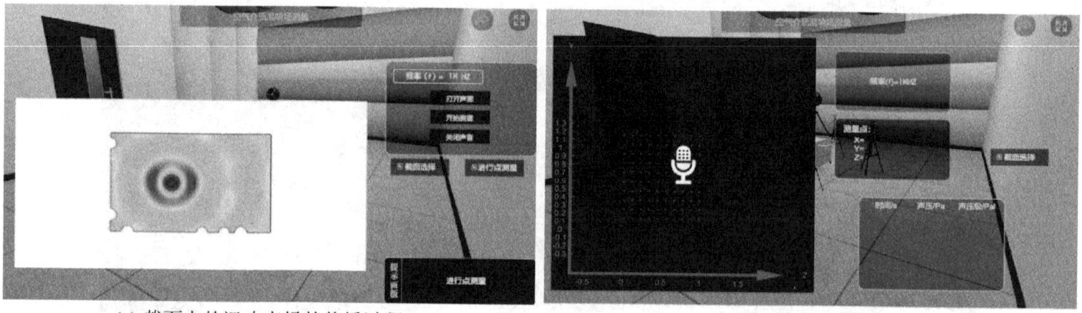

(a) 截面上的混响声场的传播过程　　(b) 测量面上的测量点

图 3.72　进行点测量

移动传声器的图标，选择某一个测量点，右侧会显示测量点的三维坐标，以及不同时间得到的声压和声压级。记录上述数据，并输入 MATLAB 软件，编程得到声压级随时间的衰减曲线（见图 3.73）。

记录完数据后，重复上述步骤，改变不同声源频率，观测声压和声压级随时间变化的数据并记录。

2）实验要求

（1）需要选择 3 个不同位置处接收信号，得到声压衰减数据后对数据进行记录。

（2）根据记录数据，绘制不同测量点上的声压衰减曲线，并在曲线上读出声压级衰减 60dB 所需要的时间即混响时间。

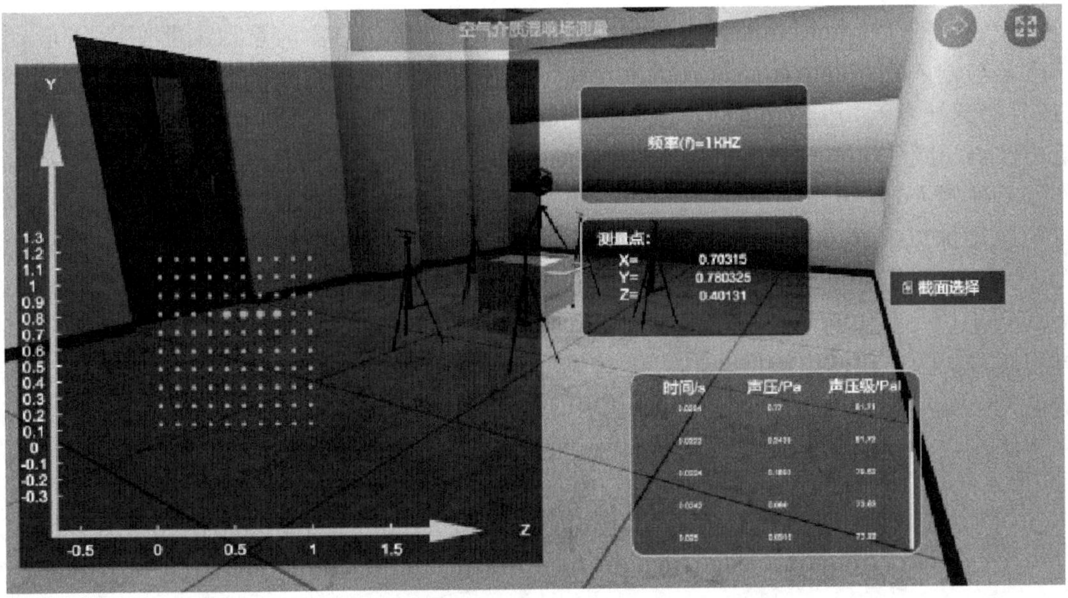

图 3.73　选择测量点

3.5.3　驻波场与混响时间实物测量实验

1. 声级计

室内声学实验中通常所使用的测量系统可以参照 1.3 节和 3.1.2 节等相关空气介质中电声测量的内容。但有一点不同，就是由于室内声学关注更多的是人耳的主观感受，因此在接收系统中传声器之后加入了能够模拟人耳听觉特性的其他电路，如计权网络，这样就可以在仪器上直接读出反映人耳对声音感觉的量化数值，从而实现了人耳对声音主观感受的客观评价，这种通过加入计权网络的传声器读出的声压级称为计权声级，单位是 dB。为了测试用方便，厂家将传声器、计权网络以及前置放大器、衰减器和表头等集成为新的声学测试仪器称为声级计，图 3.74 为一种声级计产品。声级计，通常分为精密声级计（Ⅰ型），工作频率范围为 20～12500Hz，准确度±0.5dB；普通声级计（Ⅱ型），工作频率范围为 31.5～8000Hz，准确度±1dB；积分声级计，允许测量等效连续声级。声级计的主要构成如图 3.75 所示。

图 3.74　声级计产品图

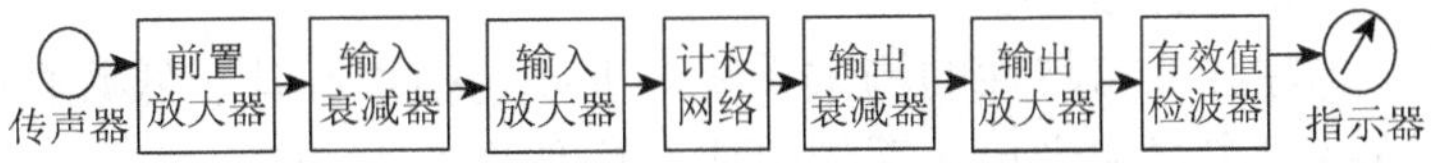

图 3.75　声级计主要构成图

声级计的工作原理是由传声器将声音转换成电信号，再由前置放大器变换阻抗，使传声器与输入衰减器匹配；输入放大器将输出信号加到计权网络，对信号进行频率计权（或外接滤波器），然后经输出衰减器及输出放大器将信号放大到一定的幅值，送到有效值检波器（或外接电平记录仪），在指示表头上给出噪声声级的数值。其中，计权网络的作用是模拟人耳，因此它能够使接收的声音在人耳敏感的频域加以增强，而在人耳不敏感的频域加以衰减。计权网络有 A、B、C、D 四种，是根据人耳不同的等响曲线（见图 3.76）设计的：A 计权网络模拟 40phon 等响曲线，它对低频声（500Hz 以下）衰减较大，而对 1～5kHz 的声音不衰减，甚至稍有放大；B 计权网络模拟 70phon 等响曲线，低频有衰减；C 计权网络模拟 100phon 等响曲线，有近似平直的效应；D 计权网络是为了测量飞机噪声而设计的。实践证明，A 计权网络比较接近人耳对声音的感觉特性，所以在声级计中普遍采用 A 计权，所测得的声级就称为 A 声级，单位记为 dB(A)。

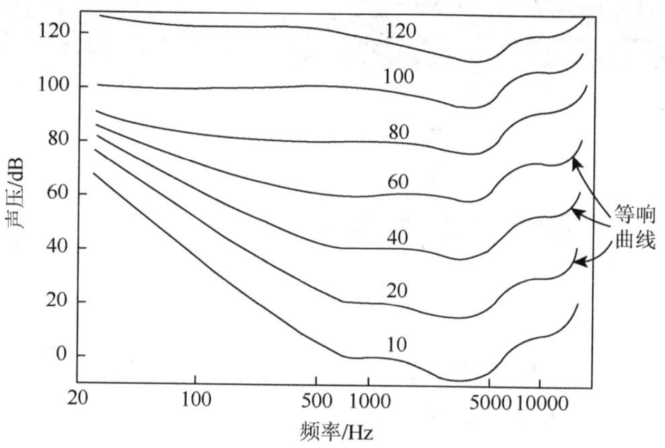

图 3.76　人耳的等响曲线

声级计在使用时要注意：①检查电容传声器和前置放大器是否安装好；②检查电池是否已装好；③必要时，应使用声校准器进行校准；④当在有风的场合进行测量应该使用风罩降低风噪声的影响；⑤当仪器长时间未使用时，应该外接电源充电。

声级计的操作步骤为：①按下“ON/RESET”键开机，此时显示数值为 A 计权声压级 L_p，为 1s 内最大声级，若数值变化较大，可以按下“F/S”键设置时间计权；②按下“$L_p/L_{\max}$”开关，使得显示器左边显示出“HOLD”，为当前最大值；③当被测声级超过最大测量范围上限时，显示器上方“过载”处灯点亮，此时测量结果不准确，但仪器不会受损；④当仪器 90s 没按过按键，仪器自动关机。

2. 驻波分布特性的测试

1）测试系统

驻波分布特性的测试系统，主要包括声级计、低频扬声器以及信号源、功率放大器、数据采集器和米尺，系统组成框图如图 3.77 所示。

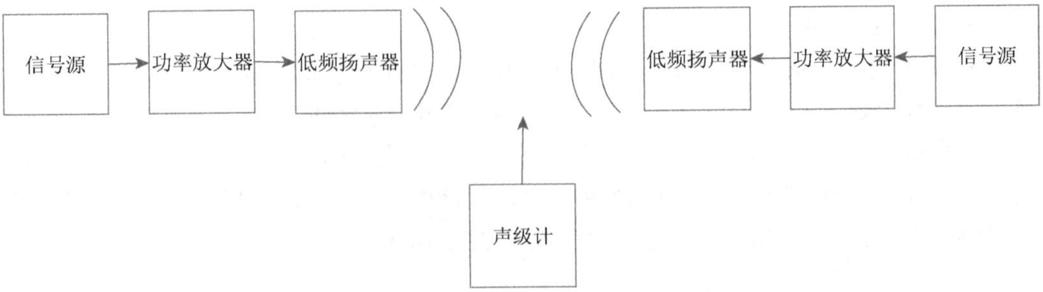

图 3.77　驻波分布特性的测试实验原理框图

2）测试过程

测试时，利用扫频信号检测房间驻波分布情况。发射低频信号（房间共振频率），每个学生按照规定位置手持声级计测量房间内各点声压级，研究房间驻波影响以及消除办法。

具体实验步骤如下：

（1）调整两个扬声器之间的距离为 7m；

（2）依次打开信号源、功率放大器的开关，将功率放大器预热几分钟，调节信号源发射 340Hz 正弦信号，调节功率放大器增益旋钮，调节峰峰值为 2V，使扬声器发出声音；

（3）在两个扬声器之间设置多个测点，保证每半个波长距离内至少测量 6～8 个点，用声级计测量各点声压级，并绘制声压级随距离的变化曲线；

（4）关闭其中一个扬声器，将信号设为 680Hz 正弦信号，调节功率放大器增益旋钮，调节峰峰值至 2V；

（5）在扬声器和墙体之间设置多个测点，保证每半个波长距离内至少测量 6～8 个点，用声级计测量各点声压级，并绘制声压级随距离的变化曲线。

3）实验操作及注意事项

（1）扬声器应放在规定的测点处，距离反射面至少 1m。

（2）测量点应选取为与两个扬声器中线平行的一条直线，直线与其平行的中线应有一定的距离。

（3）测量点数，每半个波长距离内至少测量 6～8 个点。

（4）在测量实验中，要尽量保持安静，而且测量时不要站在两个扬声器之间。

4）实验总结

（1）两个扬声器之间长度测量存在一定的误差，而且教室环境混响较为严重，如果驻波的变化曲线效果不好，可以多测量几组数据，舍去一些离散较大的测点。

（2）在做扬声器与墙体的驻波实验时，测量点不要离扬声器过远，否则驻波曲线会出现较大差别。

3. 混响时间的测试

1）测量方法

在《室内混响时间测量规范》（GB/T 50076—2013）标准中，测量混响时间被承认的标准测量方法主要有稳态噪声切断法和脉冲反向积分法。

（1）稳态噪声切断法。

稳态噪声切断法最常见，使用起来也最方便，它先在房间内用声源建立一个稳定的声场，然后使声源突然停止发声，用传声器监视室内声压级的衰变，同时记录衰变曲线，最后从衰变曲线计算声压级下降 60dB 的时间而测得混响时间。这种方法有一个缺点就是声衰变严重地受到无规过程中不可避免的瞬时起伏的影响，所以对相同的声源和传声器点必须测量多次进行平均，其测量原理图如图 3.78 所示。

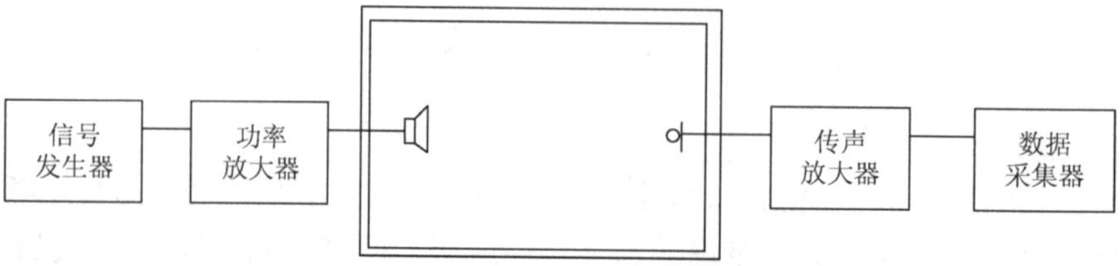

图 3.78　稳态噪声切断法测量混响时间原理图

稳态噪声切断法测量混响时间测得的声压衰减时域波形和声压级衰减曲线如图 3.79 和图 3.80 所示。

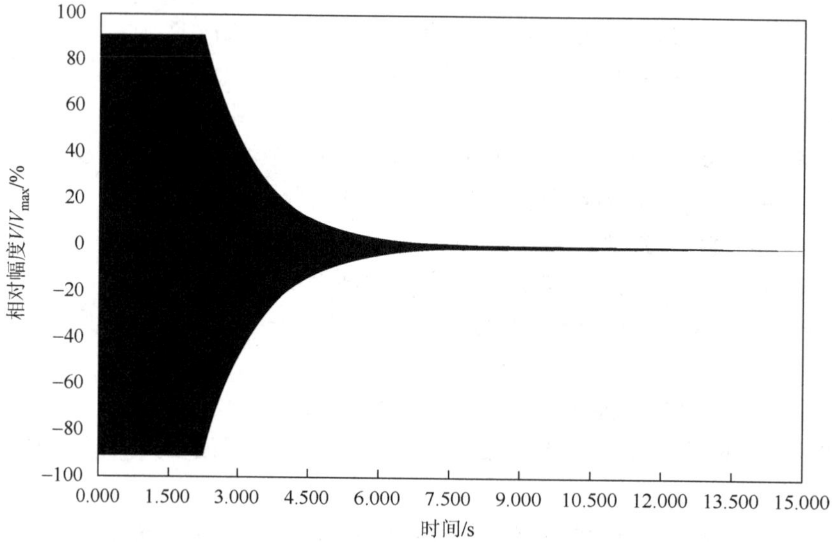

图 3.79　声压衰减时域波形（一）

混响时间噪声信号的选择：声源的噪声信号应采用粉红宽带噪声或窄带噪声。噪声信号带宽应大于被测带宽：采用倍频程进行测量时，噪声信号的带宽应大于被测倍频带；采用 1/3 倍频程时，噪声信号带宽应大于被测 1/3 倍频带。本实验也可用单频信号代替窄带噪声，混响时间的频率不应少于如下 1/3 倍频程中心频率：1kHz、1.25kHz、1.6kHz、2kHz、2.5kHz、3.15kHz、4kHz、5kHz、6.3Hz、8kHz、10kHz。

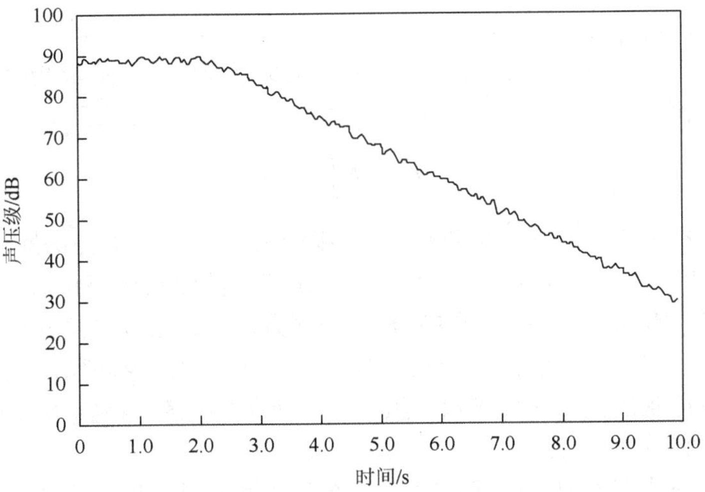

图 3.80　声压级衰减曲线（一）

测量步骤：信号源发射 1/3 倍频程频率的单频连续信号；调节功率放大器增益旋钮，采集声信号，建立稳态声场后切断声场信号发射，继续采集混响声场，直至混响过程结束。将采集到的数据文件输出至计算机硬盘中，提取接收信号每个周期的峰峰值，对峰峰值进行归一化并取 20lg 得到分贝值的衰变曲线，截取–5～–35dB 两个电平之间的曲线做线性拟合，根据拟合的斜率推算出混响时间（见图 3.81）。

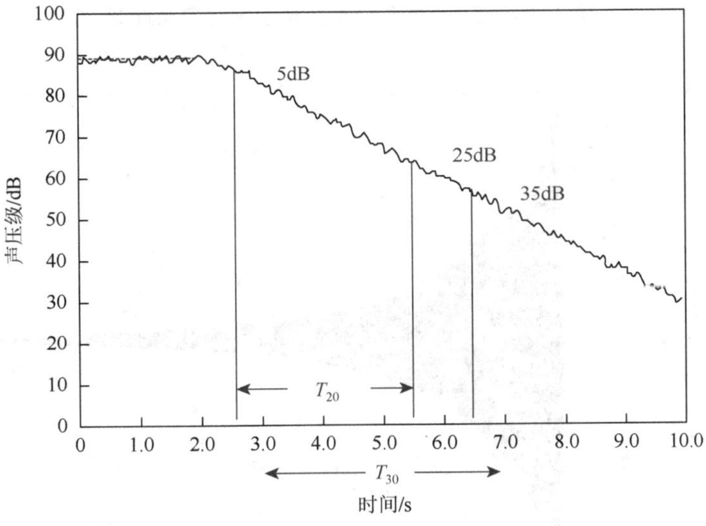

图 3.81　混响时间的数据处理

实验数据处理：具体步骤为读取信号、提取幅值、计算声压级、绘制衰变曲线、线性拟合、计算 T_{20} 或 T_{30}、外推 T_{60}。

（2）脉冲反向积分法。

德国哥廷根大学的声学专家 Schroeder 在 1965 年提出了测量混响时间的脉冲反向积分法，脉冲反向积分法是对常规测量方法的巨大改进。这一方法基于下面的公式：

$$\left\langle S^2(t)\right\rangle = N\int_t^{\infty} r^2(x)\mathrm{d}x \tag{3-67}$$

式中，$S(t)$ 为稳态噪声的声压衰减函数；N 为谱密度；$r(x)$ 为被测房间的脉冲响应。

式（3-67）表明，在同样的声场条件下，连续稳态的白噪声停止后，声场的声能密度衰减的群体平均 $\langle S^2(t)\rangle$ 和一次脉冲响应 $r(x)$ 的平方从 t 到无穷的积分相等。群体平均要求对噪声衰减测量多次；而脉冲响应只要测一次，这是脉冲反向积分法的一大优点。用它测量混响时间得到的曲线比较平滑、波动小，不但能很精确地得出混响时间，还能算出早期衰减时间等声学参数。

脉冲反向积分法测量混响时间原理图及测得的声压衰减时域波形图、声压级衰减曲线如图 3.82～图 3.84 所示。

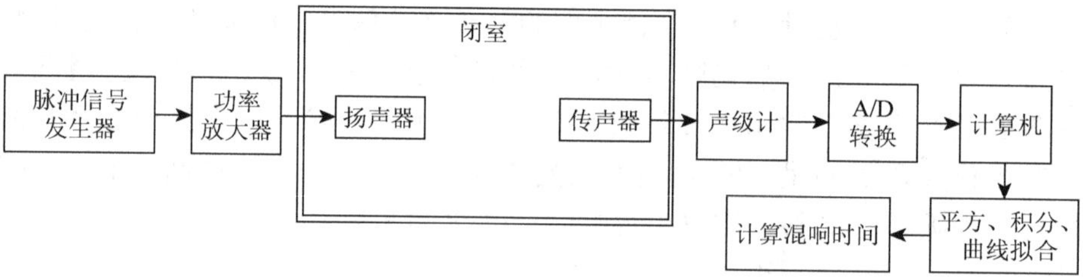

图 3.82　脉冲反向积分法测量混响时间原理图

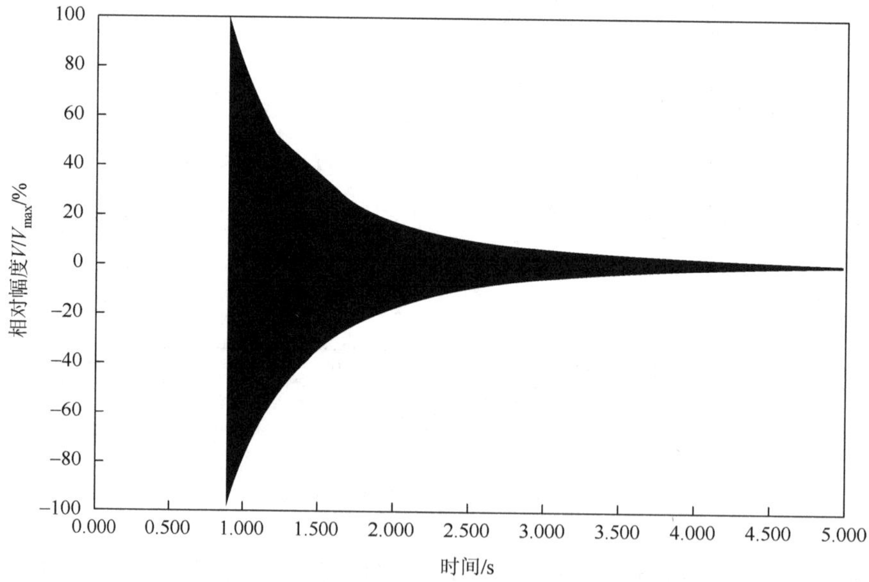

图 3.83　声压衰减时域波形（二）

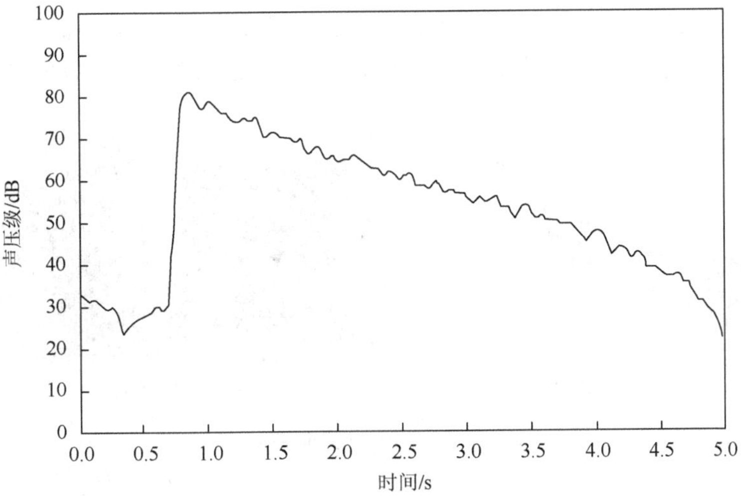

图 3.84　声压级衰减曲线（二）

2）测量系统

混响时间的测量系统包括：①发射系统，主要由信号源、功率放大器、示波器、声源组成（见图 3.85）；②测试空间，混响实验箱（见图 3.86）；③接收采集系统，主要由

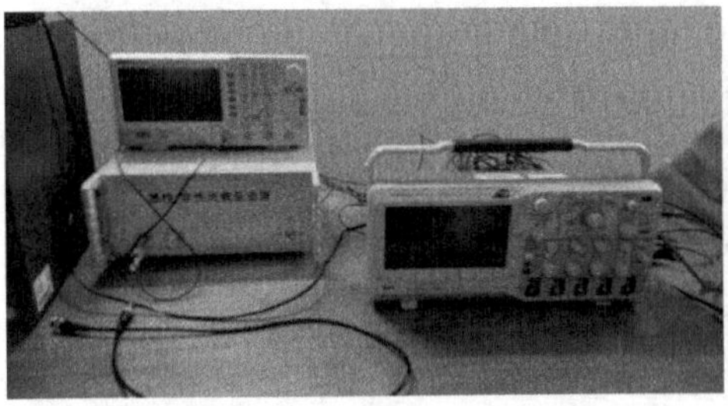

(a) 信号源、功率放大器、示波器

(b) 声源

图 3.85　发射系统

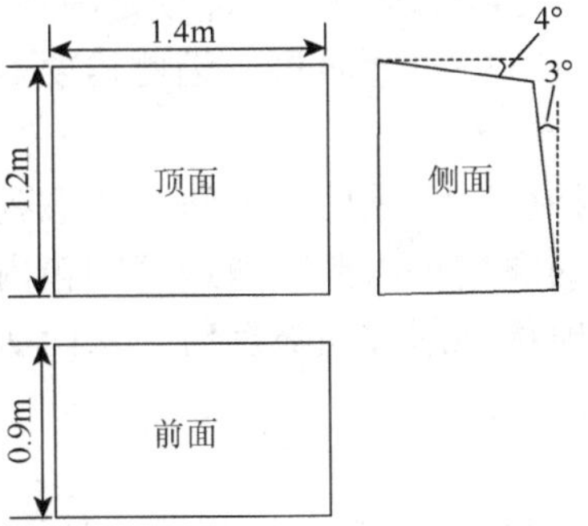

(a) 混响实验箱尺寸

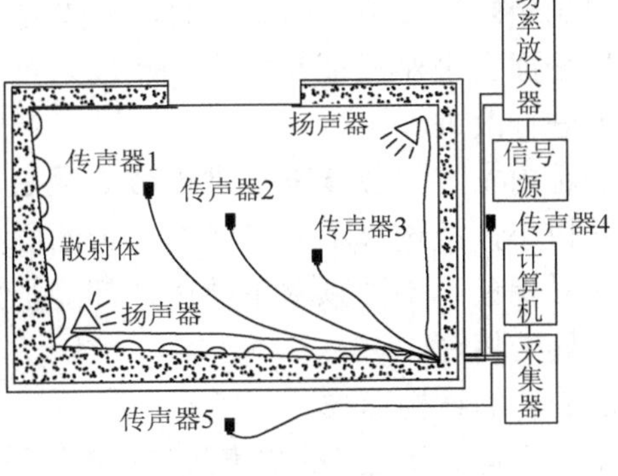

(b) 混响实验装置连接图

图 3.86　混响实验箱

传声器、传声放大器、数据采集器、计算机组成（见图 3.87），其中数据采集器将传声器接收的电信号数据进行采集并传输至计算机端进行后续处理，承担数据采集、传输作用。

(a) 传声器

(b) 数据采集系统

图 3.87　接收采集系统

这里，混响实验箱是在空气声学中常见的测量空间，常用于材料的隔声、吸声实验，对于实验的可靠性有着重要影响。

（1）混响实验箱的形状和体积。

混响实验箱的形状选择不当会出现“简并化”现象，这将使简正频率分布极不均匀，影响声场分布和扩散程度，所以必须合理地选择混响实验箱的形状。为了避免出现简正频率分布不均匀的情况，选择混响箱的长、宽、高比例为 $l_x : l_y : l_z = 0.9 : 1.2 : 1.4$。

混响箱的尺寸决定了其体积。混响箱的体积和其下限频率的关系为

$$f = 125(200/V)^{1/3} \tag{3-68}$$

式中，f 为混响箱的下限频率；V 为混响箱的体积。

此外，混响箱内的最大尺度 $L_{\max}$ 和体积 V 有如下关系：

$$L_{\max} = 1.9V^{1/3} \tag{3-69}$$

结合式（3-68），确定混响箱为 1.4m×1.2m×0.9m 的六面体。

混响箱采用不规则形状能更好地实现混响效果，因为相互不平行的面能使声波从不同方向入射到混响箱壁面，声波的入射更随机，从而实现更好的混响效果。

（2）扩散体的选择。

由于混响箱内的每个面都是平面，声波被反射的角度较单一，即使是吸声系数很小、理想的刚性平面也很难保证在每个频率段内都有良好的扩散效果，因此需要对混响箱内的扩散效果进行改进。

在混响箱内安装扩散体来改进扩散效果是一种被广泛采用的方法，考虑到本混响实验箱的尺寸较小，故选择不同半径的球顶面固定到混响箱内壁来改进混响箱内的声场扩散效果，这样保证了不同频率下的声波都能很好地从不同方向被反射，从而实现混响箱内声能密度处处相等。

（3）混响箱的结构形式。

为了保证混响箱有良好的隔声效果，箱体采取如图 3.88 所示的结构形式。混响箱内层和外层均为钢板，在两层钢板之间填充纤维玻璃棉作为吸声材料；纤维玻璃棉和外层钢板之间保留一定厚度的空气层。

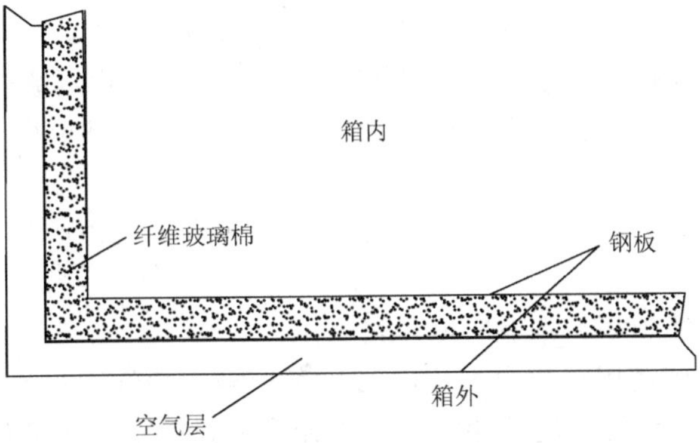

图 3.88　混响箱箱体结构组成

实验中，声源容易激起钢板振动而产生辐射噪声，同时要保证混响箱内表面具有较强的反射能力和较小的吸声系数，还要保证有较高的隔声量，所以混响箱内表面采用刚度较大的厚钢板，多孔吸声材料（纤维玻璃棉）和空气层能有效衰减一部分空气声。因此，采用上述结构形式，一方面保证了箱内表面对声波的多次反射，另一方面也实现了较强的隔声能力。

3）测量步骤

（1）打开系统电源，依次打开信号源、示波器、功率放大器。

（2）调节传声器的位置并记录，打开传声放大器、采集器、计算机、采集软件。

（3）信号源发射单频连续信号，调节信号发射参数：频率、幅度（不大于 2V）。

（4）调节功率放大器增益旋钮（不超过 50%），发射声信号。

（5）设置采集软件参数：采样频率、采样点数（采集时间）、量程，尝试采集声信号。

（6）信号源发射 1/3 倍频程频率的单频连续信号。

（7）调节功率放大器增益旋钮，建立稳态声场。

（8）采集声信号，2s 后切断声场信号发射（关闭信号源输出 Output），继续采集混响声场，直至混响过程结束 2s 后停止采集。

（9）数据命名、输出至计算机硬盘中。记录本次采集对应的信号发射参数和采集软件参数。

（10）改变传声器位置和信号发射频率，重复上述测量。数据整理处理后得出实验结论。

4）实验操作及注意事项

（1）室内背景噪声需满足测量要求。在测量频率范围内，传声器位置上的背景噪声声压级应比声源产生的声压级至少低 35dB。

（2）测点应均匀分布在混响箱内，一般不得少于 3 点。要求测点均匀分布在对称的一侧。

（3）声衰变过程受到瞬时起伏的影响，为了保证测量数据的可靠性，每个测量位置至少测量三次，取混响时间的算术平均值。

（4）对于测试用声源，通常要求无指向性，它由多个扬声器安装在多面体箱内组成。

（5）为了避免过分强烈的直达声，传声器不宜离声源太近。

（6）噪声信号需要持续到室内声场达到稳态才能切断。声压衰变曲线必须是完整的，衰减前部和结束部分（即衰减到背景噪声的部分）都应多记录至少 2s 的时间。

5）实验总结

（1）房间内部材料对不同频率声波的反射系数不同，使混响场的空间分布不同，导致混响时间不同。

（2）房间内散射体越多，混响时间越短。

（3）中断声源法应使用扬声器发出窄带噪声信号或粉红宽带噪声信号，待声场稳定后突然中断信号，应使用具有记录功能的声级计或声记录设备直接获得声压级衰变曲线。

第4章 声 学 计 量

4.1 概 述

在国家计量技术规范《通用计量术语及定义》（JJF 1001—2011）中，计量的定义是实现单位统一和量值准确可靠的活动。这种类似活动的内容，在我国古代就是指“度量衡”，秦始皇统一度量衡标志着我国开始了计量的法制管理。

计量具有准确性、溯源性、一致性和法制性四个特点：准确性是指在一定的测量不确定度范围内测量结果与被测量真值的一致程度；溯源性是指任何一个测量结果都必须能够通过“规定了不确定度的不间断的比较链”，与测量基准（国家标准或国际基准）联系起来的特性；一致性是指测量结果应该是可重复、可再现（复现）、可比较的，即在统一计量单位的基础上，无论何时何地采用何种方法，使用何种计量器具，以及由何人测量，只要符合有关的要求，测量结果应在给定的区间内一致；法制性是指计量具有法制保障方面的特性。

声学计量技术是研究声学基本物理量和声学工程评价参量的测量及保证单位统一和量值准确的科学技术，对这些参量的测量精准与否，直接关系到声学理论研究和工程应用的质量和水平，它涉及基准和标准的建立、保存、量值传递、测量方法和技术的研究等。

根据声波传播媒质和频率的不同，声学计量分为空气声计量、水声计量、超声计量和听力计量等。

4.1.1 计量基本知识

1. 基本概念

（1）量：现象、物体或物质的可以定性区别和定量确定的一种属性，计量学中的量都是指可以测量的量。

（2）量制：指各量之间存在明确关系的一组广义的量，分为基本量和导出量。前者约定地被认为是相互独立的量，如长度、质量、时间、温度、电流等；后者是由该量制基本量的函数所定义的量，如速度，是由长度除以时间求得的。

（3）量纲：以给定量制中基本量的幂的乘积表示该量制中某量的表达式，其数字系数为 1，如速度的量纲是 $m \times s^{-1}$。

（4）测量：以确定量值为目的的一组操作。

（5）计量单位：为定量表示同种量的大小而约定的定义和采用的特定量。

（6）单位制：为给定量制按给定规则确定的一组基本单位和导出单位，国际单位制是 1960 年第 11 届国际计量大会通过的，用符号“SI”表示。

（7）测试：具有试验性质的测量。

（8）校准：在规定条件下，为确定测量仪器、测量系统所指示的量值或实物量具、标准物质所代表的量值与对应的测量标准所复现的量值之间关系的一组操作。

（9）检定：由法定计量技术机构确定并证实测量器具是否完全满足规定要求而做的全部工作，包括检查、加标记和出具检定证书。检定结果应对测量器具做出合格或不合格的结论。

2. 量值传递

量值传递是通过对测量器具的校准（检定），将国家测量标准所复现的单位量值通过各等级测量标准传递到工作测量器具的活动，以保证被测对象的量值准确和一致。原则上实施量值传递须同时具备三个条件，即检定系统或测量器具等级图、各级测量标准和相应技术规范。目前，在声学计量中同时具备这三个条件的量值只有水声声压、低频段超声声压和超声功率及空气声声压，下面介绍水声声压量值传递系统。

1）水声声压计量器具检定系统

水声声压计量器具检定系统详见计量检定规程《水声声压计量器具检定系统表》(JJG 2017—2005)，其规定了 1Hz～5MHz 频率范围内水声声压国家基准建立的要求及水声声压计量器具检定的程序和基本测量方法。整个检定系统分为三层，第一层是水声声压国家基准，第二层是水声声压计量标准器具，第三层是工作计量器具，图 4.1 为水声声压计量器具检定系统框图，此系统主要适合于常压条件下水声声压的传递。

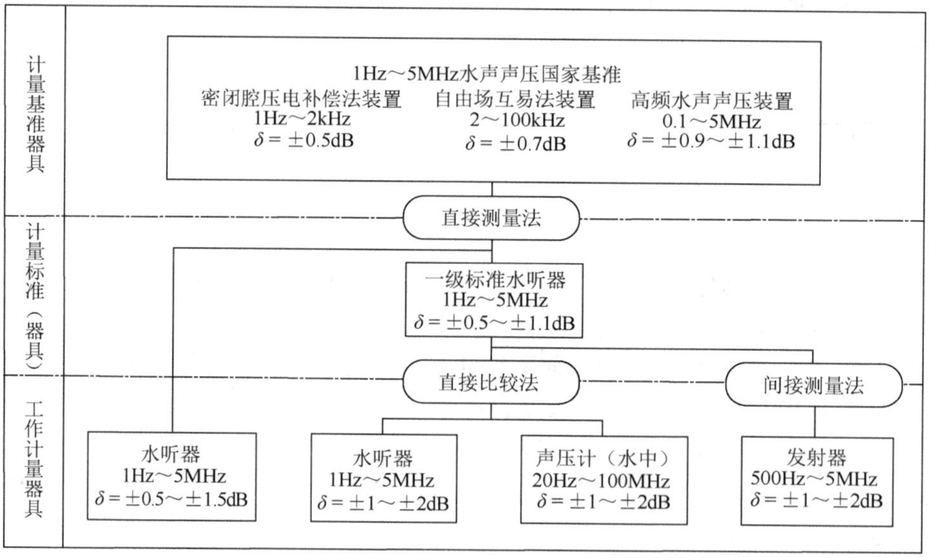

图 4.1　水声声压计量器具检定系统框图

水声声压国家基准是水声声压计量检定系统中的最高计量器具，用于复现水声声压单位并传递至水声声压计量标准器具，以确保国内水声声压量值的准确和一致。我国的水声声压国家基准分别由工作在三个频段的三套基准装置组成：低频段为密闭腔压电补偿法装置，工作频率范围为1Hz～2kHz，不确定度为0.5dB；中频段为自由场互易法装置，工作频率范围为2～100kHz，不确定度为0.7dB；高频段为高频水声声压装置，频率范围为0.1～5MHz，不确定度为0.9～1.1dB。

水声声压计量标准（器具）用于把基准装置复现的水声声压单位向水声声压计量器具传递，它一般由数个不同工作频段的总覆盖频率范围为1Hz～5MHz的标准水听器（也称一级标准水听器）组成，它们的开路电压灵敏度分别由三套水声声压国家基准装置校准，校准不确定度与国家基准的不确定度相对应，即在0.5～1.1dB范围内。

工作计量器具是直接用于测量水声声压或产生所需水声声压的计量器具，它们可以是各类测量水听器、水声声压测量仪，也可以是水声发射器。它们一般是通过与一级标准水听器在一定声场条件下进行比较测量而校准的，不确定度为1～2dB。在一些声压测量准确度要求比较高的场合，也可直接用一级标准水听器做工作计量器具。

2）常压下水声声压的传递

为了满足水声计量行业的需要，国家标准计量机构建立了常压下的水声声压传递关系，并建立了1Hz～5MHz水声声压最高标准装置。常压下水声声压传递关系图与如图4.1所示的国家检定系统图相同，频率范围和不确定度也基本一致，只是在“1Hz～5MHz水声声压国家基准”中另外加入了“1Hz～5MHz水声声压最高标准”，最高标准装置用于通过直接测量法校准一级标准水听器。因常压下最高标准装置建立所用的方法也是绝对校准方法，与国家基准装置有同等的不确定度，所以水声声压最高标准装置可以通过比对与水声声压国家基准建立起量值溯源关系。

3）高静水压下水声声压测量器具等级图

《国防测量器具等级图 高静水压下水声声压》（GJB/J 3081—99）计量检定规程规定了在20Hz～1MHz频率范围内和0.1～10MPa静水压下，水声声压最高标准建立的要求及水声声压量值传递的程序和方法。整个等级图分三级，如图4.2所示。第一级是高静水压下水声声压最高测量标准；第二级是高静水压下水声声压参照标准和工作标准；第三级是高静水压下水声声压工作测量器具。

高静水压下水声声压最高测量标准用于在0.1～10MPa的静水压环境下复现水声声压单位，并在同样静水压范围内传递至参照标准和工作标准。最高测量标准由三个装置组成：耦合腔标准装置，频率范围为20Hz～3kHz，不确定度不大于0.5dB；行波管标准装置，频率范围为500Hz～2kHz，不确定度不大于0.7dB；高压消声水罐标准装置，频率范围为3kHz～1MHz。耦合腔标准装置的工作频率虽覆盖了行波管标准装置的工作频率，但行波管标准装置对它所传递的参照标准的尺寸限制远小于耦合腔标准装置。

水声声压参照标准是在0.1～10MPa静水压范围内工作的一级标准水听器，主要用于在高静水压下把水声声压单位从最高测量标准传递至工作测量器具。一级标准水听器在高静水压下的开路电压灵敏度由最高测量标准装置用绝对校准方法校准，校准频率范围是20Hz～1MHz，不确定度不大于0.7dB。

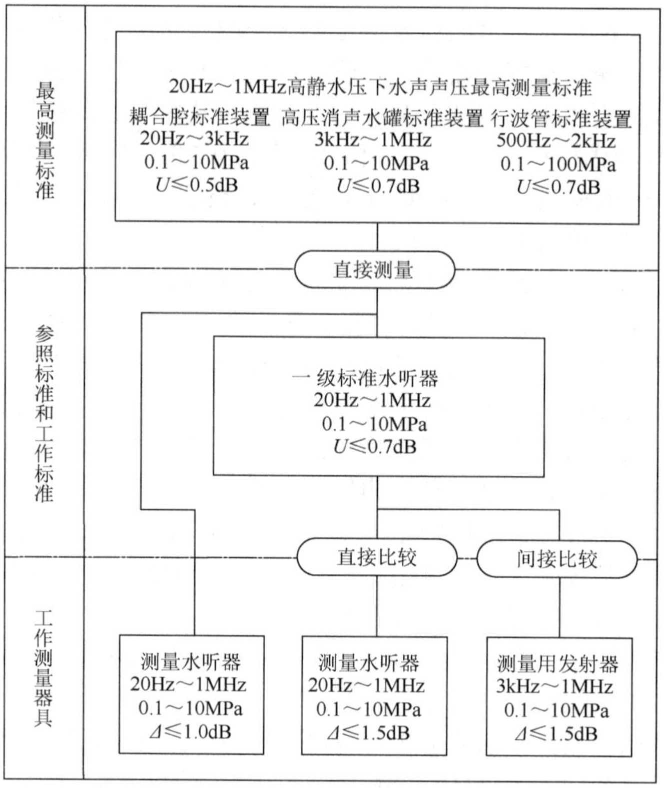

图 4.2　高静水压下水声声压测量器具等级图

工作测量器具用于在 0.1～10MPa 静水压环境下测量水声声压值或产生所需量值的水声声压，它们可以是在高静水压下性能稳定的测量水听器，也可以是水声发射器。它们一般是在高静水压声场条件下通过与一级标准水听器相比较而得到校准的，不确定度在 1.0～1.5dB 范围内。

4）水声声压梯度（质点振速）测量器具等级图

《国防测量器具等级图 水声声压梯度》（GJB/J 3802—99）规定了水声声压梯度最高标准建立的要求及水声声压梯度量值传递的程序和方法。等级图共分三个等级，如图 4.3 所示。第一级是水声声压梯度最高测量标准；第二级是水声声压梯度参照标准和工作标准；第三级是水声声压梯度的工作测量器具。

水声声压梯度最高测量标准用于复现水声声压梯度（或质点振速）单位，并用直接测量法把它传递至水声声压梯度参照标准。水声声压梯度最高测量标准由分别适用于三个频段的三套装置组成：驻波管（罐）标准装置，频率范围为 20Hz～2.5kHz；行波管标准装置，频率范围为 1～3.15kHz；自由场标准装置，频率范围为 2～20kHz。这些装置的测量不确定度都不大于 1.0dB。

水声声压梯度的参照标准是标准声压梯度水听器，用于把水声声压梯度单位从最高测量标准传递至工作测量器具，频率范围为 20Hz～20kHz，用最高测量标准装置校准的不确定度不大于 1.0dB。

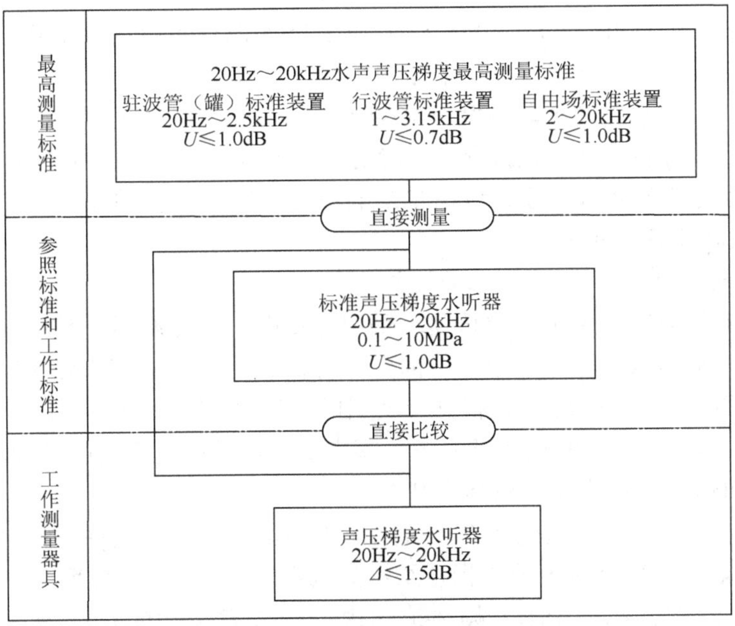

图 4.3 水声声压梯度测量器具等级图

工作测量器具是用于直接测量水声声压梯度值的声压梯度水听器，频率范围为20Hz～20kHz。它是通过与标准声压梯度水听器直接比较来校准的。当要求测量准确度较高时，声压梯度测量水听器也可以直接由最高测量标准装置校准。

3. 水声计量国家基准与行业最高计量标准

1）国家基准

目前为止，我国在水声量值国家基准方面只建立了 1Hz～5MHz 的水声声压国家基准装置，它是在 20 世纪 70 年代中期到 80 年代初建成的，由位于成都的中国测试技术研究院研制和保存。这套国家基准由三个独立的基准装置即密闭腔压电补偿法装置、自由场互易法装置和高频水声声压装置组成。

（1）密闭腔压电补偿法装置。

校准方法为压电补偿法。该装置包括带有压电补偿法换能器的密闭测量水腔、常数测定装置和全套测量仪器，工作频率范围是 1Hz～2kHz，总不确定度 $\delta=\pm0.5$dB（包含因子 $k=3$）。

（2）自由场互易法装置。

校准方法为球面波自由场互易法。该装置包括消声水池及其坐标测量装置、一组互易换能器和全套测量仪器，工作频率范围是 2～100kHz，总不确定度 $\delta=\pm0.7$dB（包含因子 $k=3$）。

（3）高频水声声压装置。

校准方法为球面波自由场互易法。该装置包括高频消声水池及其坐标测量装置、一组高频互易换能器和全套测量仪器，工作频率范围是 0.1～5MHz。在 0.1～2.5MHz 频段

内总不确定度 $\delta = \pm 0.9$dB（包含因子 $k=2$），在 2.5～5MHz 频段内总不确定度 $\delta = \pm 1.1$dB（包含因子 $k=2$）。

必须指出，上述装置的不确定度 δ 的概念和计算方法与现行规定有差异。现行的扩展不确定度概念和计算方法是由《测量不确定度评定与表示》（JJF 1059.1—2012）和有关标准《测量不确定度评定和表示》（GB/T 27418—2017）所规定的。

2）行业最高计量标准

（1）0.01～1Hz 水声声压计量标准装置。

用于常压下甚低频水声声压的传递。采用交变静水压激励器法校准，该装置包括带连通管的刚性充水容器、与连通管相接的开口容器、可程控的甚低频振动机构和全套测量仪器，整个装置由计算机程控操作，适用频率范围是 0.01～1Hz，扩展不确定度 $U=0.5$dB（$k=2$），该装置的适用频率低于国家水声声压检定系统中的频率下限。

（2）1～2000Hz 水声声压计量标准装置。

用于常压下低频水声声压的传递。采用压电补偿法和振动液柱法校准，压电补偿法用于在 1Hz～2kHz 频率范围内校准指定结构的水听器，扩展不确定度 $U=0.5$dB（$k=2$）；振动液柱法用于在 20Hz～1kHz 频率范围内校准任意结构的水听器，扩展不确定度 $U=0.6$dB（$k=2$）。整个装置包括带补偿换能器的密闭刚性水腔、开口的振动容器、振动台和全套测量仪器，由计算机控制，完全自动操作。

（3）1～200kHz 水声声压标准装置。

用于常压下中频水声声压的传递。采用球面波自由场互易法校准，装置包括全消声水池、互易校准支架、一套发射换能器、互易换能器和全套测量仪，由计算机程控操作实施测量，适用频率范围是 1～200kHz。在 1～100kHz 频段内扩展不确定度 $U=0.7$dB（$k=2$）；在 100～200kHz 频段内扩展不确定度 $U=0.9$dB（$k=2$）。

（4）100kHz～5MHz 水声声压标准装置。

用于常压下高频水声声压的传递。在 100kHz～1MHz 频段内采用通常的三换能器互易法校准，扩展不确定度 $U=0.9$dB（$k=2$）；在 0.5～5MHz 频段内采用二换能器互易法，扩展不确定度 $U=0.9$dB（$k=2$）。整个装置包括高频消声水池及精密坐标装置、一套发射换能器、互易换能器、辅助换能器及全套测量仪器，由计算机控制测量。

（5）高静水压下水声声压耦合腔标准装置。

用于高静水压环境下低频水声声压的传递。采用耦合腔互易法校准尺度较小的指定结构的水听器。适用频率范围为 20Hz～3kHz，静水压范围为 0.1～10MPa，扩展不确定度 $U=0.5$dB（$k=2$）。整个装置由刚性密闭水腔、一对发射与互易换能器、加静水压系统和全套测量仪器组成，由计算机程控实施全自动测量。

（6）高静水压水声声压行波管标准装置。

用于高静水压环境下低频水声声压的传递。采用行波管互易法或比较方法校准尺寸较大的无特定结构要求的水听器。应用互易法时，校准频率范围为 500Hz～2kHz，扩展不确定度 $U=0.7$dB（$k=2$）；应用比较方法时，校准频率范围为 20Hz～2kHz，扩展不确定度 $U=1.5$dB（$k=2$）。静水压变化范围为 0.1～10MPa，水温变化范围为 4～40℃。整个装置由密闭的行波声管、端换能器与检测水听器组、互易换能器、静水压和温度控制设备及全套测量仪器组成。

（7）质点振速（水声声压梯度）标准装置。

用于对声压梯度（质点振速）水听器校准和在低频段传递水声声压梯度和质点振速的量值。采用平面驻波场校准法，频率范围为 20Hz～2.5kHz，扩展不确定度 $U=1\text{dB}$（$k=2$）。该装置由不锈钢柱形水箱、两个低频电动激励器、两只接收灵敏度相等的声压水听器及全套测量仪器组成。

4. 水声计量技术规范

为了准确、可靠地做好水声量值的溯源和传递工作，国家有关部门专门制定了一系列水声标准器和测量器具的检定规程与校准方法标准，还制定了一些把基本量值传递至水声产品特性参数的测量方法标准。它们分别以国家计量检定规程、国家标准和国家军用标准的形式发布。这些文件是水声计量测试的法定依据，每个水声计量工作者都应熟悉和准确运用。现将部分（包括已废止）水声量传递技术文件的名称、编号和用途列于表 4.1 中，表内还列出了有关水声计量测试的国际标准和美国国家标准，可供大家了解或参考运用。

表 4.1　水声计量检定和校准技术规定

序号	文件编号	文件名称	主要用途
1	JJG 340—1999	1Hz～1000Hz 测量水听器	1Hz～1kHz 测量水听器检定
2	JJG 185—1997	500Hz～1MHz 测量水听器	500Hz～1MHz 测量水听器检定
3	GB/T 4130—2017	声学　水听器低频校准方法	在 0.01Hz～3.15kHz 频段内校准水听器
4	GB/T 3223—94	声学　水声换能器自由场校准方法	几百赫兹到几兆赫兹水声换能器接收灵敏度和发送响应校准
5	GB/T 15611—1995	声学　高频水听器校准	0.5～10MHz 水听器校准
6	GB/T 17251—1998	声学　水听器加速度灵敏度校准方法	水听器低频加速度灵敏度校准
7	GB 7965—87	声学　水声换能器测量	水声换能器电声参数测量
8	GB/T 7967—1987	声学　水声发射器的大功率特性和测量	水声发射器大功率电声参数测量
9	GB/T 16165—1996	水听器相位一致性测量方法	多个水听器相位一致性测量
10	GB 5266—85	水声材料纵波声速和衰减的测量脉冲管法	在脉冲管内测量水声材料纵波声速和衰减系数
11	GB/T 14369—93	声学　水声材料样品插入损失和回声降低的测量方法	水声材料样品插入损失和回声降低测量
12	GB/T 16406—1996	声学　声学材料阻尼性能的弯曲共振测试方法	均匀或分层声学材料的弯曲模量和损耗因数测量
13	IEC 60565（1977）和 60565A（1980）	水听器的校准及其第一次补充	在 1Hz～1MHz 工作频率范围内测量水听器的灵敏度校准
14	美国国家标准学会 ANSI S1.20—1988	水下电声换能器校准的程序	水声换能器水下电声参数测量

4.1.2 测量不确定度的评定方法

测量不确定度是指利用可获得的信息，表征赋予被测量量值分散性的非负参数。或者说，测量不确定度是与测量结果相关联的参数，表征测量值的分散性、准确性和可靠程度。

一个完整的测量结果不仅要给出该测量值的大小，同时还应给出它的不确定度，用不确定度来表征测量结果的可信赖程度，测量结果应写成下列标准形式：

$$X = x \pm U \text{（单位）} \tag{4-1}$$

式中，X 是测量结果；x 是测量值，对等精度多次测量而言，x 是多次测量的算术平均值 $\bar{x}$；U 是测量不确定度。

测量不确定度分为 A 类标准不确定度和 B 类标准不确定度。

1. 基本概念

1）测量值及其单位

一个被测对象的测量值包含数值和单位两部分，确定被测对象测量值时，首先选定单位，然后用这个单位与被测对象进行比较，求出它对该单位的比值，就是数值。

目前，物理学各物理量单位都采用中华人民共和国法定计量单位，它是以国际单位制（SI）为基础的单位，以 m（长度）、kg（质量）、s（时间）、A（电流强度）、K（热力学温度）、mol（物质的量）和 cd（发光强度）作为基本单位，称为国家单位制的基本单位；其他量（如力、能量、电压、磁感应强度等）的单位均可由这些基本单位导出，称为国际单位制的导出单位。国家标准《声学的量和单位》（GB/T 3102.7—1993）规定了 68 个常用声学量及其单位的名称和符号。

2）直接测量、间接测量和等精度测量

直接测量是指把待测物理量直接与作为标准的物理量相比较；间接测量是指按一定的函数关系，由一个或多个直接测量量计算出另一个物理量；同一个人，用同样的方法，使用同样的仪器，并在相同的条件下对同一物理量进行的多次测量，称为等精度测量。

3）测量误差

测量误差是指测量值 x 与真值 x_r 之间的差值，简称误差，记为 Δx。

$$\Delta x = x - x_r \tag{4-2}$$

测量误差根据表示形式的不同，一般分为绝对误差与相对误差或百分比误差；根据误差来源的不同，一般分为系统误差、随机误差、粗大误差。

（1）系统误差。

在相同的测量条件下、多次测量同一物理量时，误差的绝对值和符号保持恒定，当测量条件改变时，它也按某一确定的规律而变化，这样的误差称为系统误差。

系统误差的来源可归结为以下几个方面：仪器误差、调整误差、环境误差、方法（或原理）误差、人员误差。

（2）随机误差。

在相同的测量条件下、多次测量同一物理量时，产生的时大时小、时正时负、以不可预知的方式变化的误差，称为随机误差。

产生随机误差的原因主要是各种不确定的因素所造成的测量值的无规则的涨落。服从正态分布的随机误差具有下面的一些特性：单峰性，绝对值小的误差出现的概率比绝对值大的误差出现的概率大；对称性，绝对值相等的正负误差出现的概率相同；有界性，有一定测量条件下误差的绝对值不超过一定的限度；抵偿性，随机误差的算术平均值随着测定次数的增加而越来越趋向于零。

（3）粗大误差。

在现场测量条件下，不能给出科学合理解释的误差称为粗大误差。其产生的主要原因是实验者在操作、读数、记录、计算等方面的粗心。含有粗大误差的测量值会明显歪曲客观事实，因而必须用适当的方法将其剔除。

由于系统误差和随机误差有时难以分辨，并在一定的条件下可以相互转化，因此，现代误差理论已使用不确定度来评价测量结果。

4）测量结果的最佳值与随机误差的估算

（1）测量结果的最佳值——算术平均值。

设对某一物理量 x 进行了 n 次等精度重复测量，所得的一系列测量值分别为 $x_1, x_2, \cdots, x_i, \cdots, x_n$，则其测量结果的算术平均值为

$$\overline{x} = \frac{1}{n}\sum_{i=1}^{n} x_i \tag{4-3}$$

式中，x_i 是随机变量；$\overline{x}$ 也是一个随机变量，随着测量次数 n 的增减而变化，当测量次数 n 无限增多时，算术平均值 $\overline{x}$ 就是接近真值的最佳值。

（2）随机误差的估算方法。

由于真值 x_r 无法知道，因而误差 Δx 也无法计算。但在有限次测量中，当 $n \to \infty$ 时，$\overline{x} \to x_r$，所以实际测量中用残差 υ_i 或标准偏差 σ_x 来估算随机误差。

$$\upsilon_i = x_i - \overline{x} \quad 或 \quad \sigma_x = \sqrt{\frac{\sum \upsilon_i^2}{n-1}} \tag{4-4}$$

还可以用平均值的标准偏差表示，其计算式为

$$\sigma_{\overline{x}} = \frac{\sigma_x}{\sqrt{n}} = \sqrt{\frac{\sum \upsilon_i^2}{n(n-1)}} \tag{4-5}$$

5）有效数字及其运算

测量结果的数字中，只保留一个欠准数，即数字的最后一位是欠准数，其余都是可

靠数。测量结果中所有可靠数和一个欠准数统称为有效数字。

（1）直接测量的读数原则。

直接测量读数应反映出有效数字，所以在直接测量读数时：一是应该估读到仪器最小刻度以下的一位欠准数，二是有效数字的位数与使用仪器精度和被测量本身大小有关。

（2）多次测量的取舍。

一般只取小数点后1～2位数字，因此$\overline{x}$的末位数应取在σ_x所取的一位上，即$\overline{x}$末位与σ_x的一位对齐。

关于$\overline{x}$和σ_x尾数的取舍，常采用下列法则：遇尾数为4或4以下的数，则“舍”；遇尾数为6或6以上的数，则“入”；遇尾数为5的数，要看前一位。前一位为奇数，则“入”，前一位为偶数，则“舍”。

（3）有效数字运算规则。

运算结果的有效数字应由误差计算结果来确定。但是，在作误差计算以前的测量值运算过程中，可由有效数字运算规则进行初次取舍，以简化运算过程。

有效数字取舍的总原则是运算结果只保留一位欠准数。

（4）量具和仪器的有效数字。

对于标刻度的量具和仪器，如果被测量很明确、照明好、仪器的刻度清晰，要估读到最小刻度的几分之一（如 1/10、1/5、1/2）。这最小刻度的几分之一，即为测量值的估计误差，记为Δ估，测量值中能读准的位数加上估读的这一位为有效数字。

2. A 类标准不确定度的评定

A 类标准不确定度是指在一系列重复测量中能够用统计方法计算的分量。A 类标准不确定度评定的信息来源对于一个被测量x进行多次重复独立测量得到的测量列：$x_1, x_2, \cdots, x_i, \cdots, x_n$，其评定方法采用统计方法计算。

1）标准差法（贝塞尔法）

统计学中，有一个定量表示测量分散性的参数，即“标准差”，可直接将其作为测量的不确定度。它的表征值通常用平均值的标准偏差表示，即

$$u_A = \frac{\sigma_x}{\sqrt{n}} = \sqrt{\frac{\sum_{i=1}^{n}(x_i - \overline{x})^2}{n(n-1)}} \tag{4-6}$$

这里，测量次数趋于无穷只是一种理论情况，这时物理量的概率密度服从正态分布。当次数减少时，概率密度曲线变得平坦，成为t分布，也称为学生分布。当测量次数趋于无限时，t分布过渡到正态分布。

考虑到n是有限次测量，且服从t分布，则A类标准不确定度可以表示为

$$u_A = t_p \frac{\sigma_x}{\sqrt{n}} = t_p \sqrt{\frac{\sum_{i=1}^{n}(x_i - \overline{x})^2}{n(n-1)}} \tag{4-7}$$

式中，t_p 与测量次数 n 有关，对于有限次测量的结果，要使测量值落在平均值附近，具有与正态分布相同的置信概率 p，显然要扩大置信区间，扩大置信区间的方法是把 σ_x 乘以一个大于 1 的置信因子 t_p。在 t 分布下，t_p 与测量次数 n 的关系见表 4.2。

表 4.2 t 分布下 t_p 与测量次数 n 的关系

p	n										
	3	4	5	6	7	8	9	10	15	20	∞
0.68	1.32	1.20	1.14	1.11	1.09	1.08	1.07	1.06	1.04	1.03	1
0.90	2.92	2.35	2.13	2.02	1.94	1.86	1.83	1.75	1.73	1.71	1.65
0.95	4.30	3.18	2.78	2.57	2.46	2.37	2.31	2.26	2.15	2.09	1.96
0.99	9.93	5.84	4.60	4.03	3.71	3.50	3.36	3.25	2.98	2.86	2.58

2）极差法

在测量次数较少时，还可以采用极差法评定 A 类标准不确定度。

在重复性条件下，对被测量 x 进行 N 次观测，观测结果中的最大值与最小值之差称为极差 R，在 x_i 可以估计接近正态分布的前提下，有

$$u_{\mathrm{A}} = \frac{R}{C} = \frac{x_{\max} - x_{\min}}{C} \tag{4-8}$$

式中，C 是极差系数，与测量次数 N 有关。在正态分布下极差系数 C 与测量次数 N 的关系见表 4.3。

表 4.3 正态分布下极差系数 C 与测量次数 N 对应表

N	C	N	C
2	1.13	6	2.53
3	1.64	7	2.70
4	2.06	8	2.85
5	2.33	9	2.97

3. B 类标准不确定度的评定

测量中凡是不符合统计规律的不确定度统称为 B 类不确定度，记为 U_{B}。B 类标准不确定度评定的方法，首先是确定不确定度的来源，即误差源；其次是确定这些误差源的信息来源，即误差值；最后根据其统计特性计算各分量，且合成总的 B 类标准不确定度。

1）B 类标准不确定度的来源

（1）对被测量的定义不完整或定义的方法不理想。

（2）取样的代表性不够。

（3）对测量过程受环境影响的认识及测量不完善。

（4）对模拟式仪器的读数存在人为偏差。
（5）仪器计量性能的局限性（稳定性等）。
（6）计量标准的值不准确。
（7）与测量程序有关的近似性和假定性。
（8）被测量重复观测值的变化。
2）B 类标准不确定度的信息来源
（1）以前的测量数据。
（2）对测量仪器特性的了解和经验。
（3）生产部门提供的产品技术说明文件。
（4）标准证书或检定证书提供的有关数据或仪器等级、级别等信息。
（5）技术手册给出的数据及其不确定度。
（6）测量方法中给出的重复性限 r 或复现性限 R。
3）B 类标准不确定度分量的估算
（1）有刻度的量具和仪表。
对一般有刻度的量具和仪表，估计误差是在最小分格的 1/10～1/5，通常小于仪器的最大允许误差 $\varDelta_{仪}$，所以通常以 $\varDelta_{仪}$ 表示一次测量结果的 B 类不确定度，记为 u_{Bi}。
实际上，仪器的误差在$[-\varDelta_{仪}, \varDelta_{仪}]$范围内是按一定概率分布的。因此，一般其测量结果的 B 类不确定度 u_{Bi} 与 $\varDelta_{仪}$ 的关系为

$$u_{Bi} = \frac{\varDelta_{仪}}{C} \tag{4-9}$$

式中，C 为置信系数。根据概率统计理论，在均匀分布函数条件下，$C=\sqrt{3}$；在正态分布函数条件下，$C=3$。
另外，如果考虑到置信概率 p，则置信区间扩大，即乘以一个大于 1 的置信因子 k_p 为

$$u_{Bi} = k_p \frac{\varDelta_{仪}}{C} \tag{4-10}$$

式中，k_p 称为置信因子。正态分布条件下，置信概率 p 与 k_p 的关系见表 4.4。

表 4.4　置信概率 p 与 k_p 的关系

p	k_p	p	k_p
0.5	0.675	0.955	2
0.683	1	0.99	2.58
0.9	1.65	0.997	3
0.95	1.96		

（2）校准证书、检定证书或其他文件提供的数据。
例如，校准证书上指出，标称值为 1kg 的砝码质量为 $m=1000.00032$g，扩展不确定度为 $U=0.24$mg，包含因子 $k=3$，则该砝码的 B 类标准不确定度为

$$u_{\mathrm{B}j}=\frac{U}{k}=\frac{0.24}{3}=80(\mu\mathrm{g}) \tag{4-11}$$

有时，不给出 k，而是给出置信概率 p。若无特殊说明，一般按正态分布考虑评定其标准不确定度，置信概率 p 与包含因子 k 的对应关系见表 4.4。

（3）对测量仪器特性的了解和经验。

如果已知信息表明某个被测量 X_i 的值 x_i 落于 $[x_i-a, x_i+a]$ 区间内的概率 p 为 100%，则通过对其分布的估计可以得出标准不确定度为

$$u_{\mathrm{B}k}=\frac{a}{k} \tag{4-12}$$

式中，k 取决于分布状态，正态分布下 $k=3$，均匀分布下 $k=\sqrt{3}$。

4）B 类标准不确定度分量的合成

如上所述，B 类标准不确定度分量通常有很多，其传递与合成的总和在估算时，如果各项之间为相互独立的，则有

$$u_{\mathrm{B}}=\sqrt{\sum_{i=1}^{n}|c_i|^2 u_{\mathrm{B}i}^2} \tag{4-13}$$

式中，u_{B} 是总的 B 类标准不确定度；$u_{\mathrm{B}i}$ 是第 i 项误差源引起的 B 类标准不确定度分量；c_i 是系数，也称为灵敏度。通常，被测量是间接测量量时，其与各直接测量量之间存在一定的函数关系，即

$$y=f(x_1,x_2,\cdots,x_i,\cdots,x_n) \tag{4-14}$$

式中，如果 $x_1,x_2,\cdots,x_i,\cdots,x_n$ 各项之间为相互独立的，则 c_i 为

$$c_i=\frac{\partial y}{\partial x_i} \tag{4-15}$$

4. 合成不确定度和扩展不确定度的评定

测量值的合成不确定度定义为

$$U_C=\sqrt{u_{\mathrm{A}}^2+u_{\mathrm{B}}^2} \tag{4-16}$$

将合成不确定度乘以一个与一定置信概率 p 相联系的包含因子（或称覆盖因子）k，得到增大置信概率的不确定度，称为扩展不确定度。

例如，若置信概率为 $p=0.95$，则 $k=2$，即扩展不确定度为

$$U(k=2)=2U_C=2\sqrt{u_{\mathrm{A}}^2+u_{\mathrm{B}}^2} \tag{4-17}$$

4.2 声学计量基本技能训练 1：水声换能器电声参数校准方法

声学计量的内容可概括为三个字：“传”“检（校）”“测”，即基本声学量的溯源与传递、声学测量仪器设备的检定或校准、实用工程参数的测量。

水声计量的基本任务是通过溯源、传递和测试确保水声量值和水下电声参数的准确、可靠和一致，其基本内容具体包括如下。

（1）水声基本量值的溯源和传递，水声基本量值主要包括声压、质点振速、声强和声功率。由于声强和声功率在一定条件下可由声压导出，因此基本量实际上主要是声压和质点振速。量值传递的主要内容是对水声声压标准器（标准水听器、标准发射器、互易换能器、质点振速测量水听器等）及一些单一声压测量设备的校准和检定。

（2）水声计量标准装置、校准装置和电声参数测量装置的研究、建立和保持。

（3）水声计量与测试新方法和新技术的研究，水声标准器的研制、生产和修理。

（4）专用水声测量设备的校准，专用水声测量设备是单一声压测量设备以外的所有其他水声测量或试验专用设备，例如，水下噪声信号测量与分析仪、水下声强测量仪、鱼雷跟踪试验用模拟声靶、声呐声性能实船测量设备等。为了确保测量或试验的准确可靠，这些设备在制造（或组建）完成后，或在使用之前，必须由相应的水声计量技术机构进行校准或标定。

（5）水声技术工程参数的测量或校准，水声技术工程参数主要指水下电声参数，它们的测量或校准所包含的内容非常丰富：一是对各类水声用换能器（水听器）的校准与测试，其中包括主动定位声呐、主动跟踪声呐、水声通信声呐、鱼雷自导声呐等所用发射换能器或收发两用换能器电声参数的校准与测试，被动定向声呐、被动测距声呐换能器及噪声测量水听器等接收换能器的校准与测量，以及测量与试验用辅助换能器的性能测量；二是对基阵和导流罩电声性能的测量，其中包括声基阵的总电声性能和与基阵总性能有关的基元间相互关系的测量，以及声呐导流罩一系列声学性能的测量；三是对无源水声材料声性能的测量，包括透声窗、反射器、声障板、消声覆盖层、体积吸声材料等水声材料和构件的声学性能参数的测量；四是对声呐整机、部件的某些水下声性能（如发射声源级、波束图等）的测定；五是对声场特性的测量，包括自由场特性测量、驻波场和混响场特性测量以及水下噪声信号的测量与分析。此外，还包括与国内外同行开展技术交流，参加国内、国际有关水声量值的比对校准活动等。

本节以水声换能器电声参数的校准为例，带领同学们学习和掌握水声计量知识及培养开展相关水声计量工作的能力，建立从事水声工程研究工作需要的工程素养。

水声换能器电声参数的校准，通常按照使用目的和校准不确定度大小分为一级校准和二级校准两个级别，也称为绝对校准和相对校准，相对校准有时也称比较校准或替代校准。在水声计量中，对这两级校准的区分是这样规定的：在一级校准中，可以使用已校准的振荡器、放大器、电压表和阻抗电桥等仪表，但不得使用已校准的换能器；而在二级校准中，可以使用已校准的换能器作为参考标准。一级校准法中典型的代表是互易校准方法，此法用于校准标准水听器（也称一级标准水听器），它是用来做计量标准器具或作精确的声学测量的。一级校准法校准精度高，但所用仪器较多、较昂贵，且方法烦琐；二级校准法的典型代表是比较校准方法，此法所用测量仪表少、测量步骤少、测量程序简单，多用于校准测量水听器（也称二级标准水听器），它是用来做工作计量器具的。比较校准方法由于具有方法简单易操作、产生误差来源少等优点，使得它在水声测量中应用十分广泛，例如，对新研制的换能器的性能鉴定测量，对工厂生产的大量换能器的性能指标的测量等。当此法只采用一个标准水听器进行比较时，其校准精度要低于参考的标准水听器的原精度，但是若采用两个或三个标准水听器进行比较并将测量结果加以平均，则其校准精度和可靠性都会得到提高，并且还能检测测量是否有误等。

4.2.1 二级校准法的典型代表：比较校准方法

水声换能器的电声参数主要包括水声发射换能器的发送响应（级）、水声接收换能器的灵敏度（级）以及水声换能器的指向特性等。

1. 水听器自由场电压灵敏度（级）的比较校准方法

1）方法原理

水听器的比较方法校准是将一个未知灵敏度的水听器（即待校水听器）和一个已校好的参考水听器（即标准水听器）先后放入某一平面波场远场中的同一位置，让它们接收同样的自由场声压，然后比较这两个水听器的开路输出电压，根据自由场电压灵敏度的定义（见 1.2.1 节）：替换前后两个水听器的等效声中心应重合在声场的同一点上且该点声压保持稳定，其他测量条件前后不作任何改变。这样，在该点处自由场声压 p_f 前后是相同的，则有

$$p_f = \frac{e_{\mathrm{ox}}}{M_x} = \frac{e_{\mathrm{or}}}{M_r} \tag{4-18}$$

式中，e_{ox} 和 e_{or} 分别表示待校水听器和标准水听器的开路输出电压；M_x 和 M_r 分别表示待校水听器和标准水听器的自由场电压灵敏度。

根据式（4-18）可推得待校水听器自由场电压灵敏度为

$$M_x = \frac{e_{\mathrm{ox}}}{e_{\mathrm{or}}} M_r \tag{4-19}$$

对式（4-19）取对数，则得待校水听器自由场电压灵敏度级为

$$20\lg M_x = 20\lg e_{\mathrm{ox}} - 20\lg e_{\mathrm{or}} + 20\lg M_r \tag{4-20}$$

或表示为

$$M_x = 20\lg e_{\mathrm{ox}} - 20\lg e_{\mathrm{or}} + M_r \tag{4-21}$$

2）操作方法

在实施测量时，有如下一些准备工作和步骤。

（1）选择自由场测量空间。

由于被测参数是水听器自由场灵敏度，因此根据相关定义，本方法是建立在自由场平面波条件基础上的，所以要建立一处很好的接近于自由场的测量条件，通常选择在开阔水域或消声水池中进行；若在非消声水池中实验，需要使用脉冲声技术，使之在脉冲持续时间内建立一个等效的自由场。

根据相关定义可知，所谓自由场是指一个声源在均匀的、各向同性的、无反射边界

的水域中所建立的声场，实际上这种理想的自由场是不存在的，所以在自由场校准中也有一些不可避免的误差。

（2）选择声源。

在测量时为了建立声场需要选择一个发射换能器（即声源），要求其能产生所需校准频率的声波，且有足够的声源级满足测量所需信噪比，还要求它在校准时间内、在每个频率点上发射的信号是稳定的，且不失真。

（3）换能器的处理。

在实施测量前，要求对所用的三个换能器——发射换能器、待校水听器、标准水听器的表面（包括其电缆的下水部分）进行清洗，并在换能器的工作面上涂上浸润剂，以保证换能器放入水中后表面不产生气泡且与水介质间有良好的声耦合。另外，测量前还要将三个换能器放入水中适当深度上保持一段时间，使其与周围的水介质温度和静压力达到平衡，以去除换能器表面和边缘的气泡，这对水听器灵敏度校准结果的稳定性评定有重要意义。

（4）确定测量距离。

在实施测量时，水听器必须放置在发射换能器声场的远场区，以获得近似的平面波声场，其间距离可根据所选用的发射换能器的远场判据来决定。此外，还应事先检验三个换能器的水平和垂直指向性图，以便选定校准方向。对于指向性水听器，应选其声轴方向作为它的校准方向。为提高校准精度悬挂换能器时，要注意支架在水下可能产生的散射对水听器的影响。

（5）测量步骤。

以上准备工作完成后，按下列步骤实施校准。

①将发射换能器、标准水听器放入平面波自由场恰当的位置上，并固定好。

②如图 4.4 所示，连接好仪器，接通电源，预热 5min。

③调整信号源输出电压峰峰值不大于 0.5V，功率放大器放大增益适当，测量放大器放大选择 20～40dB。

④调整信号源在各频率点上测量标准水听器的开路输出电压 e_{or}。

注意：测量水听器的开路输出电压时必须要求所用仪表的输入阻抗比水听器的输出阻抗大 200 倍以上。通常选用的电压测量系统的输入阻抗为 1MΩ 以上。另外，水听器开路电压的测量是在水听器电缆的末端测得的。如果水听器所带电缆很长（20m 以上），则还应考虑电缆的分布阻抗引起的输出电压的损失。

⑤用待校水听器替换水中的标准水听器，再重复一遍测出其开路输出电压 e_{ox}，然后根据两次所测数据和相关公式求出待校水听器在各频率点上的灵敏度值。

3）实验内容与要求

（1）内容。

根据实验条件给定一只发射换能器、一只标准水听器和一只待校水听器以及相应测量仪器，然后采用比较校准方法测得该待校水听器的自由场电压灵敏度（级）。

（2）要求。

①认真做好校准前的准备工作。

②根据校准水听器和待校水听器的工作频率范围要求分别测出在不同频率点上的待校水听器和标准水听器的开路输出电压 e_{ox}、e_{or}（可由示波器读取）。

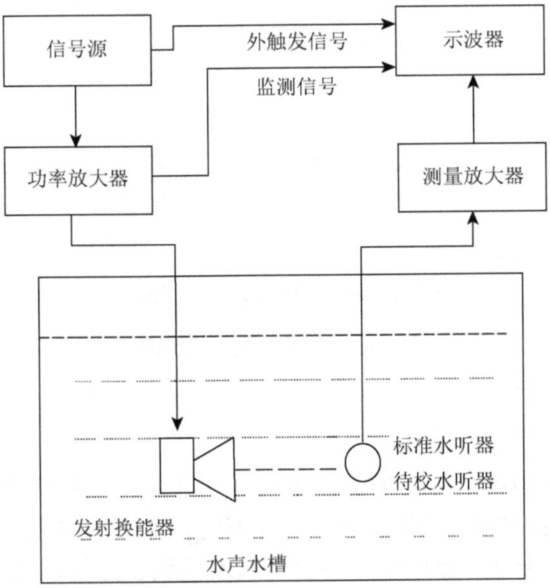

图 4.4 水听器灵敏度比较校准方法实验仪器连接框图

③根据测得的数值求各频率点上待校水听器自由场电压灵敏度（级），并画出其灵敏度频响曲线。

4）思考题

（1）总结水听器灵敏度校准的方法有哪些？

（2）水听器灵敏度比较校准方法产生误差的原因有哪些？

（3）计算相应的 A 类测量不确定度。

2. 发射器发送电压响应的比较校准方法

1）方法原理

根据 1.2.2 节的定义，发射器发送（电压或电流）响应都是按辐射到距发射器声中心 1m 处的表观声压值来定义的，但这并不意味着水听器到发射器的测量距离只限于 1m。如果发射器的尺寸较大，离发射器声中心 1m 处的点，可能是处于发射器的近场区甚至还可能就在发射器（或其基阵）本身之内，例如，对于半径为 2m 的圆柱形发射器。因此，实际测量都是在大于 1m 的远场中的某距离上完成的，要求那里的发散声波是球面波，即声波强度或声压平方随距离的平方成反比衰减，所以有效值声压与距离成反比。这样把远场中 d m 处测量的声压值换算为 1m 处的表观声压值时，只要乘以距离 d 即可。

在自由场中，对发射器校准就是测量其发送响应，与水听器灵敏度校准的方法相类似，采用标准水听器来校准发射器。首先，把待校发射器放入自由场中，然后在发射器的声轴上远场距其等效声中心 d m 处放置一个已知自由场灵敏度为 M_r 的标准水听器，并测出其开路输出电压 e_{or}，这样 d m 处声压为 $p_d = e_{\text{or}} / M_r$，再测出发射器两端所加电压 V_i 或电流 I_i，则由相关定义式可得

$$S_V = \frac{p_d \cdot d}{V_i} = \frac{e_{\text{or}}}{V_i} \cdot d \cdot \frac{1}{M_r} \tag{4-22}$$

或

$$S_I = \frac{p_d \cdot d}{I_i} = \frac{e_{\text{or}}}{I_i} \cdot d \cdot \frac{1}{M_r} \tag{4-23}$$

根据发送响应（级）定义，可表示为

$$L_{S_V} = 20\lg e_{\text{or}} - 20\lg V_i + 20\lg d - L_{M_r} \tag{4-24}$$

$$L_{S_I} = 20\lg e_{\text{or}} - 20\lg I_i + 20\lg d - L_{M_r} \tag{4-25}$$

2）操作方法

测量实施之前要做好以下准备工作：

（1）实验水域必须满足自由场条件，若在非消声水池实验则需采用脉冲声技术；

（2）实验前待校发射器与标准水听器必须清洗，并提前放入水池中浸泡；

（3）水听器必须置于发射器声轴方向上且远场区域 d m 处，其远场区根据邻近区判据来确定。

以上工作完成后按下列步骤进行校准：

（1）将待校发射器和标准水听器放入自由场中适当位置上；

（2）按图 4.4 连接实验线路，接通电源后预热 5min；

（3）调整信号源输出电压峰峰值不大于 0.5V，功率放大器放大增益适当，测量放大器放大增益选择 20～40dB；

（4）调整信号源输出电压频率，在各频率点上分别测量发射换能器上所加的输入电压 U_i 和标准水听器的开路输出电压 e_{or}。

发射换能器上所加的输入电压 U_i，即功率放大器的输出电压，可由功率放大器的监测口电压测得（功率放大器的监测口电压为功率放大器的输出电压的 1/10），而功率放大器的监测口电压可由示波器直接测得，水听器的开路输出电压 e_{or} 从示波器上读取。

3）实验内容与要求

（1）内容。

根据实验室条件给定一只待测发射换能器、一只标准水听器以及相应的测量仪器，然后采用比较方法校准发射器，即测出发射换能器的发送电压响应。

（2）要求。

①认真做好实验前准备工作。

②根据发射换能器的工作频率范围要求分别测出在不同频率点上的发射换能器上所加电压和水听器输出的开路电压。

③根据测得的数据计算出发射换能器的发送电压响应（级），并绘制出发送电压响应的频率特性曲线，求出发送响应带宽 Δf 。

注意：发送响应–3dB 带宽的计算方法，首先绘制以分贝形式表示发送响应曲线，找到峰值位置（即换能器谐振频率 f_s 位置），对应响应的分贝值减去 3dB 做一条水平线，在峰值频率两侧各有一个交点 f_1 和 f_2，则发送响应–3dB 带宽 $\Delta f = f_2 - f_1$。

4）思考题

（1）总结发射换能器发送响应的测量过程中产生误差的原因。

（2）计算相应的 A 类测量不确定度。

3. 水声换能器指向性测量

1）方法原理

描述一个水声换能器的自由场远场指向性响应的特性参量有指向性图、指向性因数和指向性指数等。

（1）指向性图。

根据 1.2.1 节和 1.2.2 节，发射换能器或其基阵的发射指向性图是表示它在自由场中辐射声波时，在其远场中声能的空间分布图像。通常用 $D(\varphi,\theta)$ 表示归一化的指向性图函数，定义式如下：

$$D(\varphi,\theta)=\frac{p(\varphi,\theta)}{p(0,0)} \tag{4-26}$$

式中，θ 表示考察方向与极轴（通常为 Z 轴）的夹角；φ 表示考察方向在 XOY 平面上的投影线与 X 轴的夹角；$p(\varphi,\theta)$ 表示各考察方向 (φ,θ) 上自由场声压的有效值；$p(0,0)$ 表示声轴方向（或选定方向）上自由场远场电压的有效值，通常 $p(0,0)$ 方向就选定为有效值声压为最大值的方向；$D(\varphi,\theta)$ 是个不大于 1 的正值，若取分贝表示，则 $20\lg D(\varphi,\theta)$ 恒为负分贝数。换能器的发射指向性图会随发射信号频率的改变而变化，也就是说，同一换能器当发射不同频率的信号时，其辐射声能在空间分布是不同的。

对于一个水听器或基阵，它的接收指向性图是表示自由场远场传来的平面波入射到水听器接收面上的平均声压随入射方向变化的曲线图。或者说，它是水听器在远场平面波作用下，所产生的开路输出电压随入射方向变化的曲线图，其函数表达式可记为

$$D(\varphi,\theta)=\frac{F(\varphi,\theta)/A}{F(0,0)/A}=\frac{M(\varphi,\theta)}{M(0,0)} \tag{4-27}$$

式中，$F(\varphi,\theta)$、$F(0,0)$ 分别表示任意方向和最大值方向入射的平面波在水听器接收面上所产生的作用力；A 表示水听器接收面的有效面积；$M(\varphi,\theta)$、$M(0,0)$ 分别表示任意方向和最大值方向上的自由场电压灵敏度。可见，水听器的接收指向性图也就是它的相对灵敏度的曲线图，所以其 $D(\varphi,\theta)$ 也小于 1，即 $20\lg D(\varphi,\theta)$ 也为负的分贝数。

指向性图函数，有时也利用任意方向上的声强 $I(\varphi,\theta)$ 与最大值方向（或声轴方向）声强 $I(0,0)$ 之比来定义，以符号 $b(\varphi,\theta)$ 表示，即

$$b(\varphi,\theta)=I(\varphi,\theta)/I(0,0)=P^2(\varphi,\theta)/P^2(0,0)=D^2(\varphi,\theta) \tag{4-28}$$

通常，称 $b(\varphi,\theta)$ 为声强指向性图函数，称 $D(\varphi,\theta)$ 为声压指向性图函数，两者用分贝表示时，其分贝值是相同的。

由上述分析可知，一个完整的指向性图应是一个三维空间图案，但使用时，通常都

使用二维极坐标图来表示换能器的指向性。

（2）指向性图的特性参量：波束宽度和最大旁瓣级。

对于声呐换能器或其基阵来讲，它们的指向性图的特性参量有波束宽度和最大旁瓣级两个。所谓波束宽度就是指主瓣或主波束两侧的两个方向之间的夹角，这两个方向上的声压级相对于轴向声压级下降 3dB（或 6dB、10dB）的声级，分别称为下降 3dB（或 6dB、10dB）的波束宽度，通常记为$2\theta_{-3dB}$、$2\theta_{-6dB}$、$2\theta_{-10dB}$。如果指向性图的主瓣在声轴两侧是对称的，则也可用半波束宽度来表示，记为θ_{-3dB}，即半波束宽度是指声轴与指定声压级方向之间的夹角，一般波束宽度取决于辐射器形状和尺寸与波长的比x/λ。

指向性图可以用直角坐标表示，也可用极坐标表示。用极坐标表示的方向特性曲线很直观，表现为比较复杂的“花瓣”形式，具有一些极大值和极小值（在直角坐标下也可看到），称主极大值所在的那个花瓣为“主瓣”，其他极大值所在的花瓣为“旁瓣”，紧挨着主瓣的旁瓣称第一旁瓣，旁瓣的幅值一般小于等于主瓣的幅值。若旁瓣的幅值与主瓣的幅值相同，则此旁瓣称为栅瓣或副瓣，旁瓣中幅值最大的称为最大旁瓣，一般连续声源的指向性图的第一旁瓣就是它们的最大旁瓣，而基阵则不一定。最大旁瓣级是最大旁瓣与主瓣的幅值之比取对数，用 dB 表示。

（3）四种典型换能器的指向性图。

①带障板的均匀平面椭圆形活塞换能器。

其归一化的声压指向性函数为

$$D(\varphi,\theta)=\frac{2\mathrm{J}_1\left(\dfrac{2\pi}{\lambda}\sqrt{a^2\sin^2\varphi+b^2\cos^2\varphi}\cdot\sin\theta\right)}{\dfrac{2\pi}{\lambda}\sqrt{a^2\sin^2\varphi+b^2\cos^2\varphi}\cdot\sin\theta} \tag{4-29}$$

式中，a为椭圆的长半轴长度；b为短半轴长度；$\mathrm{J}_1(x)$为一阶贝塞尔函数；λ为波长；$\frac{2\pi}{\lambda}=k$为波数；θ为观测方向（声线）与X轴的夹角；φ为声线在YOZ坐标面的投影与Z轴的夹角。

②带障板的均匀平面矩形活塞。

$$D(\varphi,\theta)=\frac{\sin\left(\dfrac{\pi L}{\lambda}\sin\theta\sin\varphi\right)}{\dfrac{\pi L}{\lambda}\sin\theta\sin\varphi}\cdot\frac{\sin\left(\dfrac{\pi L_w}{\lambda}\sin\theta\cos\varphi\right)}{\dfrac{\pi L_w}{\lambda}\sin\theta\cos\varphi} \tag{4-30}$$

式中，L为平行于Z轴的矩形边长；L_w为平行于Y轴的矩形边长。

③均匀等间距的N元点声源线阵。

其指向性函数表达式为

$$D(\theta)=\frac{\sin\left(N\cdot\dfrac{kd}{2}\sin\theta\right)}{N\cdot\sin\left(\dfrac{kd}{2}\sin\theta\right)} \tag{4-31}$$

式中，d为相邻点声源间距；k为波数。

④指向性因数和指向性指数。

指向性因数和指向性指数是用来度量指向性图主瓣或主波束的尖锐程度的一个特征参量。

对于发射换能器而言，它的发射指向性因数和指向性指数定义为在参考方向上（通常指声轴方向）远场中，某点的声强 I_o（或声压有效值的平方 p_o^2）与相同距离上各方向的声强平均值 $\overline{I}$（或声压有效值平方的平均值 $\overline{p}$）的比值，称为发射指向性因数，用 DF 表示。此比值的分贝数，即取其以 10 为底的对数乘以 10，则称为发射指向性指数，用 DI 表示。它们也是声呐方程中的一个重要参量，用公式表示为

$$\mathrm{DF}=\frac{I_o}{\overline{I(\theta,\varphi)}}=\frac{p_d^2(0,0)}{\overline{p_d^2(\theta,\varphi)}} \tag{4-32}$$

$$\mathrm{DI}=10\lg\mathrm{DF}=10\lg(I_o/\overline{I(\theta,\varphi)}) \tag{4-33}$$

式中，$p_d(0,0)$ 表示声轴方向上距发射器声中心 d m 距离处的声压有效值；$p_d(\theta,\varphi)$ 表示同一距离 d m 处各方向上的自由场声压有效值；$\overline{p_d^2(\theta,\varphi)}$ 表示从距离 d m 为半径的球面 s 上各点的均方声压的积分 $\iint_s p_d^2(\theta,\varphi)\mathrm{d}s$ 除以球面积 $s=4\pi d^2$。

对于定向接收器或水听器阵而言，其接收指向性因数 DF 的表达式也可用发射指向性因数表示，但它所表示的物理意义不同。在各向同性的噪声场中检测平面波信号时，定向接收器的接收指向性因数 DF 正好代表其输出端的信噪比比无指向性接收器输出端的信噪比提高的倍数。

对于互易换能器及其基阵，可证得它的发射指向性因数与接收指向性因数是相同的，因为它的发射指向性图与接收指向性图也是相同的。

对于一些典型的简单式的换能器，已知指向性函数 $D(\theta,\varphi)$，可将其代入 DF、DI 表达式，求出其具体表示式，例如，一个带有无限大刚性障板的平面圆形活塞，有

$$\mathrm{DF}=\frac{(ka)^2}{1-\dfrac{\mathrm{J}_1(2ka)}{ka}} \tag{4-34}$$

$$\mathrm{DI}=10\lg(ka)^2-10\lg\left(r-\frac{\mathrm{J}_1(2ka)}{ka}\right) \tag{4-35}$$

式中，$\mathrm{J}_1(2ka)$ 为一阶贝塞尔函数；$k=2\pi/\lambda$ 为波数；a 为平面圆活塞半径。

2）操作方法

（1）指向性图的测量。

水声换能器指向性响应的测量必须在自由场远场条件下，并且比接收灵敏度校准和发送响应测量要求更好的自由场条件，因为这里要求有更大的测量距离，并要测出高信号级（在声轴向上）和低信号级（在旁瓣上）之间的“差”。

另外，测量换能器指向性图必须要有一套精密的机构回转装置或伺服系统，将被测换能器装在旋转轴上，使其有效声中心位于旋转轴上，若使用自动记录仪，则换能器的旋转速度不能太快，尤其对高指向性换能器，否则记录器的滞后效应及换能器的抖动会

引起附加误差；如果手动记录，则在波束宽度内或其他起伏急剧的扇面内，测点应密些，在其他方位上测点可稀疏一些。

在测得的指向性图上应标明参考方向、定向平面、测量频率及环境条件（水温、静压）等。

（2）指向性因数和指向性指数的测量。

根据指向性因数和指向性指数的定义，在实际测量中有以下几种方法可测量水声发射换能器的指向性因数和指向性指数。

第一种方法是通过测量换能器辐射面的尺寸（或面积）代入其近似式后计算。

第二种方法是根据实测的波束宽度，通过查表或利用经验公式计算。

例如，对于均匀连续直线（含细长柱）换能器：

$$\mathrm{DF} = 101.5 / \theta_{-3\mathrm{dB}}$$

第三种方法是根据实测的指向性图进行图解积分或数值积分计算。根据这种方法可以设计研制一种全自动的指向性指数的数字测量系统，以上测量指向性指数的方法均以测量其指向性图为基础，因此在实测中一般只测量换能器的指向性图，其他两个参量由它推得即可。

（3）测量步骤。

在进行指向性图测量之前，应做好以下几项准备工作：

①用酒精擦拭并充分浸泡被测发射换能器与标准水听器；

②将被测发射换能器安装在旋转装置上，同时把标准水听器置于其自由场远场中且保持一致深度（即 $d \geqslant 10D$，d 为发射换能器与标准水听器的间距，D 为发射换能器的最大尺寸）；

③如图 4.4 所示连接实验设备；

④接通电源，预热 5min，调节信号源输出频率，使之与发射器工作频率一致，输出电压不大于 0.5V；

⑤调节功率放大器适当放大倍数（以不过载为宜）；

⑥调节测量放大器放大量为 20～50dB；

⑦转动旋转装置，改变发射器的方向，在示波器上观察水听器接收的声脉冲信号的变化情况，并记录。转动时注意不要把发射换能器电缆缠绕在旋转杆上，所以转动时要正转一周后再反转一周。

3）实验内容与要求

（1）内容。

根据实验室条件给定一只发射换能器、一只水听器和相应的设备，然后测量换能器的指向性图。

（2）要求。

①认真做好实验前准备工作。

②根据所测发射换能器工作频率的要求，测绘某频率的发射换能器指向性图。

③根据测得的方向性图，求得主瓣中的波束宽度 $2\theta_{-3\mathrm{dB}}$ 值。

④求得最大旁瓣级。

4）思考题

（1）影响指向性图测绘精度的因素有哪些？

（2）根据指向性图计算指向性因数。

4.2.2 一级校准法的典型代表：互易校准方法

互易校准方法的基本理论基础是互易定理，互易定理的描述包括机电互易定理、声场互易定理和电声互易定理三个层面，其中电声互易定理是把机电互易定理和声场互易定理结合起来得到的，并由其可以得到如下定义：一个满足线性、可逆、无源条件的互易换能器的开路电压灵敏度 M 和其发送电流响应 S 之比等于互易常数 J，即

$$J = \frac{M}{S} \tag{4-36}$$

通常，互易常数是根据具体的声场特性和实际边界条件计算得到的，因此不同的边界条件与声场特性有不同的互易常数。

互易校准方法主要有自由场互易法、耦合腔互易法和行波管互易法，自易法和扩散场互易法使用较少。目前，互易法是检定水声声压标准器常用的校准方法。

自由场互易法是在自由场条件下实施检定的方法，既可用于检定标准水听器，又可用于检定标准发射器，适用的频率范围为0.5kHz～1MHz；耦合腔互易法和行波管互易法都是在密闭小空间内检定低频标准水听器的方法，适合于在高静水压和变温条件下使用，适用频率范围前者为20Hz～3kHz，后者为20Hz～2kHz。

1. 自由场互易校准方法

在声学计量测试技术中，自由场互易法主要有球面波场互易法、柱面波场互易法和平面波场互易法三种，其中球面波场互易法是常用的水声换能器经典校准方法。

1）方法原理

（1）球面波场互易法。

互易法校准时采用三个换能器，一个只作发射声波用的辅助换能器 F，一个只作接收声波用的水听器 J 和一个既作发射又作接收用的并满足线性、无源、可逆条件的互易换能器 H。测量分三步进行，如图4.5所示。

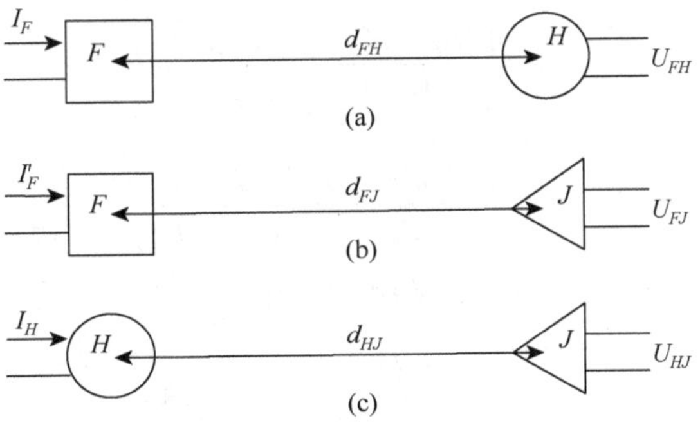

图4.5 球面波场互易法校准原理图

第一步，辅助换能器 F 与互易换能器 H 组合测量，两者声中心之间的距离为 d_{FH}，满足球面波场扩散条件。以电流 I_F 激励辅助换能器 F 发射声波，互易换能器 H 接收声波产生开路电压 U_{FH}，由此得

$$|Z_{FH}| = \frac{U_{FH}}{I_F} = \frac{U_{FH}}{p_{d_{FH}}} \times \frac{p_{d_{FH}} \times d_{FH}}{I_F} \times \frac{1}{d_{FH}} = M_H \times S_{IF} \times \frac{1}{d_{FH}} \tag{4-37}$$

式中，$|Z_{FH}|$ 是换能器 F 与 H 组合下的电转移阻抗模，单位为 Ω；M_H 是互易换能器 H 的自由场电压灵敏度，单位为 V/Pa；S_{IF} 是辅助换能器 F 的以 1m 为参考距离的发送电流响应，单位为 Pa·m/A；d_{FH} 是换能器 F 与 H 的声中心之间的距离，单位为 m。

第二步，辅助换能器 F 与接收水听器 J 组合测量，同样可得

$$|Z_{FJ}| = \frac{U_{FJ}}{I_F} = \frac{U_{FJ}}{p_{d_{FJ}}} \times \frac{p_{d_{FJ}} \times d_{FJ}}{I_F} \times \frac{1}{d_{FJ}} = M_J \times S_{IF} \times \frac{1}{d_{FJ}} \tag{4-38}$$

式中，$|Z_{FJ}|$ 是换能器 F 与水听器 J 组合下的电转移阻抗模，单位为 Ω；M_J 是水听器 J 的自由场电压灵敏度，单位为 V/Pa；d_{FJ} 是辅助换能器 F 与水听器 J 的声中心之间的距离，单位为 m。

第三步，互易换能器 H 与接收水听器 J 组合测量，可得

$$|Z_{HJ}| = \frac{U_{HJ}}{I_H} = \frac{U_{HJ}}{p_{d_{HJ}}} \times \frac{p_{d_{HJ}} \times d_{HJ}}{I_H} \times \frac{1}{d_{HJ}} = M_J \times S_{IH} \times \frac{1}{d_{HJ}} \tag{4-39}$$

式中，$|Z_{HJ}|$ 是换能器 H 与水听器 J 组合下的电转移阻抗模，单位为 Ω；M_J 是水听器 J 的自由场电压灵敏度，单位为 V/Pa；S_{IH} 是互易换能器 H 的以 1m 为参考距离的发送电流响应，单位为 Pa·m/A；d_{HJ} 是互易换能器 H 与水听器 J 的声中心之间的距离，单位为 m。

联立式（4-37）～式（4-39）且利用互易常数定义式（4-36），可得水听器 J 和互易换能器 H 的自由场电压灵敏度为

$$M_J = \left(\frac{|Z_{FJ}| \cdot |Z_{HJ}|}{|Z_{FH}|} \frac{d_{FJ} d_{HJ}}{d_{FH}} J_S \right)^{\frac{1}{2}} \tag{4-40}$$

$$M_H = \left(\frac{|Z_{FH}| \cdot |Z_{HJ}|}{|Z_{FJ}|} \frac{d_{FH} d_{HJ}}{d_{FH}} J_S \right)^{\frac{1}{2}} \tag{4-41}$$

也可求得辅助换能器 F 和互易换能器 H 的发送电流响应为

$$S_F = \left(\frac{|Z_{FJ}| \cdot |Z_{FH}|}{|Z_{FJ}|} \frac{d_{FJ} d_{FH}}{d_{HJ}} \frac{1}{J_S} \right)^{\frac{1}{2}} \tag{4-42}$$

$$S_H = \left(\frac{|Z_{FH}| \cdot |Z_{HJ}|}{|Z_{FJ}|} \frac{d_{FH} d_{FJ}}{d_{FJ}} \frac{1}{J_S} \right)^{\frac{1}{2}} \tag{4-43}$$

式中，J_S 是球面波互易常数，单位为 W/(m·Pa^2)或 m^2/(Pa·s)，它的表达式为

$$J_S = \frac{2}{\rho f} \tag{4-44}$$

其中，ρ 是介质密度，单位为 kg/m^3；f 是频率，单位为 Hz。

（2）柱面波场互易法。

线列形（或长柱形）水声发射器发送声波时，在较近的距离范围内（$\lambda/2\sim L^2/\lambda$，其中，$\lambda$ 为水中波长，L 为换能器的有效长度）存在一个等效柱面波区域，即当一个线列形水听器在这个区域接收声波时，在不同距离上作用于它的接收面上的平均声压符合柱面波扩展规律，即平均声压与距离的平方根成反比。

柱面波场互易法校准原理与球面波场互易法校准原理相同，同样需要用三个换能器进行三次组合测量，只是这三个换能器必须是柱形的，测量须在等效柱面波区域内进行，最后求得的柱形水听器 J 和互易换能器 H 的自由场电压灵敏度为

$$M_J=\left(\frac{|Z_{FJ}|\cdot|Z_{HJ}|}{|Z_{FH}|}\frac{\sqrt{d_{FJ}}\sqrt{d_{HJ}}}{\sqrt{d_{FH}}}J_C\right)^{\frac{1}{2}} \tag{4-45}$$

$$M_H=\left(\frac{|Z_{FH}|\cdot|Z_{HJ}|}{|Z_{FJ}|}\frac{\sqrt{d_{FH}}\sqrt{d_{HJ}}}{\sqrt{d_{FJ}}}J_C\right)^{\frac{1}{2}} \tag{4-46}$$

求得的柱形辅助换能器 F 和互易换能器 H 的柱面波发送电流响应为

$$S_F=\left(\frac{|Z_{FJ}|\cdot|Z_{FH}|}{|Z_{HJ}|}\frac{\sqrt{d_{FJ}}\sqrt{d_{FH}}}{\sqrt{d_{HJ}}}\frac{1}{J_C}\right)^{\frac{1}{2}} \tag{4-47}$$

$$S_H=\left(\frac{|Z_{FH}|\cdot|Z_{HJ}|}{|Z_{FJ}|}\frac{\sqrt{d_{FH}}\sqrt{d_{HJ}}}{\sqrt{d_{FJ}}}\frac{1}{J_C}\right)^{\frac{1}{2}} \tag{4-48}$$

式中，J_C 是柱面波互易常数，单位是 $\mathrm{W/(m^{1/2}\cdot Pa^2)}$，它的表达式为

$$J_C=\frac{2L}{\rho c}\sqrt{\lambda}=\frac{2L}{\rho}\frac{1}{\sqrt{cf}} \tag{4-49}$$

（3）平面波场互易法。

平面波场互易法与柱面波场互易法一样也是在特殊情况下的一种互易测量，即在发射器和水听器之间只有平面波传播的情况下的互易测量。如图 4.6 所示，两个靠近的圆形活塞换能器之间传播的声波就属于这种平面波。

同样，检定也需要三个平面活塞型换能器，其中至少有一个是互易的。通过三次组合测量，并考虑到等效平面波声压与测量间距无关，可求得平面形水听器 J 和互易换能器 H 自由场电压灵敏度为

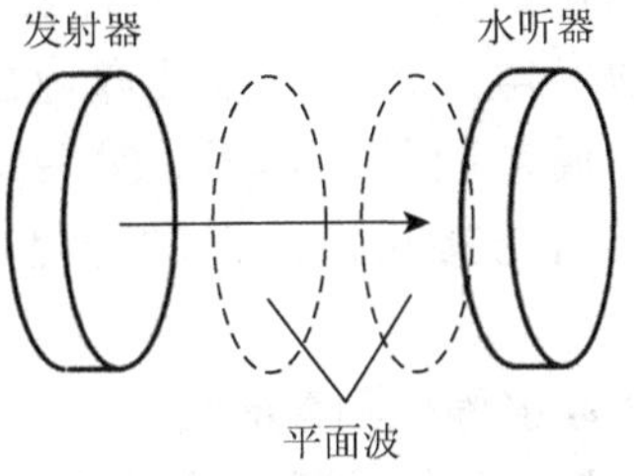

图 4.6　相靠近的发射器与水听器间的平面波

$$M_J=\left(\frac{|Z_{FJ}|\cdot|Z_{HJ}|}{|Z_{FH}|}J_P\right)^{\frac{1}{2}} \tag{4-50}$$

$$M_H = \left(\frac{|Z_{FH}| \cdot |Z_{HJ}|}{|Z_{FJ}|} J_P \right)^{\frac{1}{2}} \tag{4-51}$$

也可求得平面形辅助换能器 F 和互易换能器 H 在近场平面波区中的发送电流响应为

$$S_F = \left(\frac{|Z_{FJ}| \cdot |Z_{FH}|}{|Z_{HJ}|} \frac{1}{J_P} \right)^{\frac{1}{2}} \tag{4-52}$$

$$S_H = \left(\frac{|Z_{FH}| \cdot |Z_{HJ}|}{|Z_{FJ}|} \frac{1}{J_P} \right)^{\frac{1}{2}} \tag{4-53}$$

式中，J_P 是平面波互易常数，单位是 $\mathrm{W/Pa^2}$，它的表达式为

$$J_P = \frac{2A}{\rho c} \tag{4-54}$$

其中，A 是产生和接收平面波的互易换能器的工作平面面积，单位为 $\mathrm{m^2}$；ρ 是介质密度，单位为 $\mathrm{kg/m^3}$；c 是介质中的声速，单位为 m/s。

2）校准装置

在《中频一级标准水听器检定规程》（GJB 1727—93）中规定，标准水听器的自由场互易法检定可以使用两种不同类型的检定装置：模拟测量装置和数字程控测量装置。在满足规定要求的情况下，使用这两种装置的测量不确定度是相同的。因此，这两种装置的使用是等价的。

（1）装置组成。

①模拟测量装置。

水听器互易法检定的模拟测量装置的组成和工作原理如图 4.7 所示，此装置既可使用单频正弦连续信号又可使用正弦脉冲信号进行测量。当使用正弦连续信号时，信号发生器输出的单频连续信号直接通过功率放大器放大后激励发射换能器（发射器 F 和互易换能器 H）；接收换能器（互易换能器 H 和水听器 J）在连续声波作用下产生的开路电压与来自电流取样器的电流取样电压先后经同一放大器和滤波器加到同一交流数字电压表，直接读取电压数据。当使用正弦脉冲信号时，信号发生器输出已知脉宽和周期的脉冲信号，然后经由功率放大器激励发射换能器。电流取样信号经标准衰减器后与接收换能器的开路电压信号先后经同样的放大器、滤波器加到示波器直接显示。

②数字程控测量装置。

水听器互易法检定还可使用如图 4.8 所示的数字程控测量装置。该装置中，程控信号发生器、数字信号采集器、测量放大器、宽带滤波器和电子开关 K_1、K_2 等都是在计算机程控下工作的。程控信号发生器输出的单频连续信号，直接或通过脉冲调制器调制后，经由功率放大器激励发射换能器。电流取样信号和接收换能器开路电压信号，经由程控电子开关 K_1、K_2 后，先后被放大和滤波，并由数字信号采集器采集波形。数字信号采集器可以是波形分析仪，也可以是数字存储示波器或瞬态波形记录器。

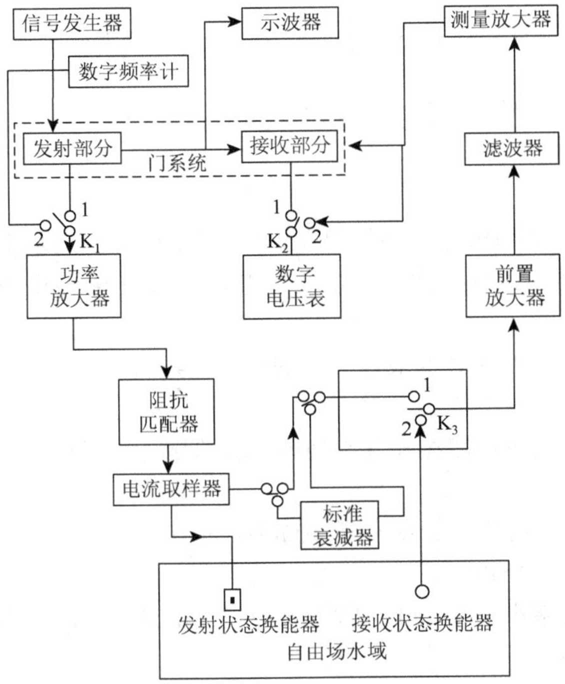

图 4.7　模拟测量装置框图

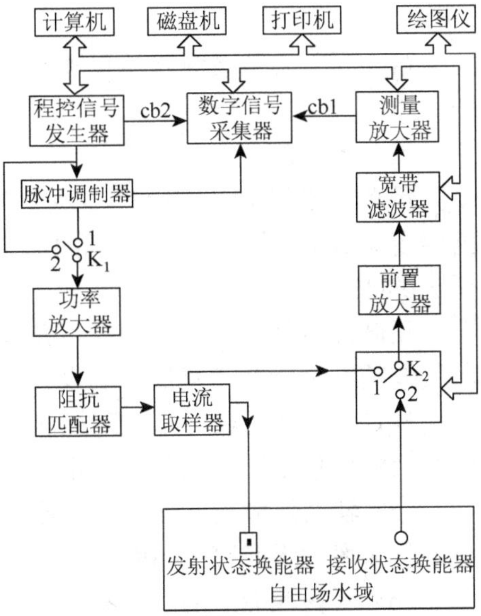

图 4.8　数字程控测量装置框图

cb1、cb2 为通道数

在上述两个装置中，如果功率放大器与换能器已有较好的匹配，或功率放大器直接驱动换能器能够获得足够的信噪比，则阻抗匹配器可以省略；电流取样器可以是电流变换器，也可以是精密无感小电阻。

（2）设备要求。

对整个检定装置中的各种测量仪器、声场设施以及辅助换能器和其他辅助设备的技术要求分别如下所述。

①测量仪器。

（a）信号发生器的频率稳定度应优于±0.02%。

（b）数字频率计的最大允许误差不超过±0.02%。

（c）图 4.7 中的门系统除产生所需的脉冲调制正弦信号外，还应有选通接收门，并能输出正比于选通脉冲幅度的直流电压，其非线性应不超过 1%。

（d）电流取样器灵敏度的最大允许误差应不超过±1%。

（e）前置放大器的输入阻抗应比互易换能器和水听器的阻抗至少高 100 倍，由此引起的最大偏差为 0.1dB。

（f）采用脉冲信号测量时，整个接收通道（包括前置放大器、滤波器、测量放大器）的带宽应满足 $\Delta f > 2/\tau$，τ 是脉冲信号宽度。

（g）标准衰减器指示值的最大允许误差应不超过±0.2dB。

（h）数字电压表的允许极限误差不超过 1%。

（i）电流取样信号与水听器开路电压信号转换开关的两个通道之间的串漏应小于−50dB。

（j）数字信号采集器的采样频率应比信号频率高 4 倍以上，A/D 变换分辨力应不低于 8bit。

②声场设施。

用单频连续信号测量时，为了获得自由场条件，测量应在开阔水域（水库、湖泊、海湾等）或具有良好消声性能的消声水池中进行，实际声场与理想自由场的偏差应不超过±0.5dB。

用脉冲信号测量时，测量可在非消声水池或其他限定空间的水域中进行。

③辅助换能器和其他辅助设备。

检定标准水听器时，辅助换能器包括发射换能器和互易换能器；检定标准发射器时，辅助换能器包括互易换能器和水听器。

（a）辅助发射换能器和水听器的非线性在工作频率小于 100kHz 时应不大于 0.2dB，在工作频率大于或等于 100kHz 时应不大于 0.5dB。

（b）互易换能器的非互易性在工作频率小于 100kHz 时应不超过±0.2dB，在工作频率大于或等于 100kHz 时应不超过±0.5dB。

其他辅助设备包括夹具、固定和对准机构等。它们所用的材料和结构应能避免产生声反射、散射和振动，从而不会对测量发生不利影响，并且在沉入水中时易于排出气泡。

（3）装置的重复性检验和稳定性考核。

检定装置建成后，为确保测量数据的准确可靠，必须对其进行测量的重复性检验和稳定性考核。

重复性检验的具体方法是在短时间内用互易法检定装置对预先选定的一个标准水听器连续测量 n（$n \geqslant 6$）次；在装置有效使用频率范围内的多个频率点上进行（通常为 ISO 和国家标准所推荐的 1/3 倍频程频率点）测量；每次测量都需重新安装发射和接收换能器，但测量的环境条件不变；每个频率点的测量重复性用 n 次测量值的实验标准偏差 S_n 表示。

稳定性考核的具体方法是用互易法检定装置对预先选定的、具有优良的时间和温度稳定性的一个标准水听器每隔两三个月测量一次，每次测量都在装置有效使用频段内的多个相同频率点上进行，共进行 m（$m \geqslant 4$）次。与重复性检验一样，每次连续重复测量 3 次以上，并取其算术平均值。装置的测量稳定性也是用每个测量频率点上 m 次测量值的实验标准偏差 S_m 表示。

3）测量步骤

（1）测量前准备。

①对换能器的准备。

（a）用对橡胶或金属无腐蚀作用的清洁剂将参加测量的全部换能器所有表面擦洗干净，不留油污。为了使换能器上不附气泡，并与水有良好的声耦合，最好给换能器的工作面及其他有关部件涂上湿润剂。如果无此条件，则需把换能器放入水中浸泡至少 1h，以使换能器表面与水充分浸润。

（b）为了使换能器内部的压力、温度与测量环境相平衡，以保证测量数据的稳定，在开始测量之前，应将换能器放置在测量水域的测量深度上至少 30min。

（c）用适当的方式和合理设计的支架把换能器悬挂入水中。三个换能器可以同时悬挂，也可分成三组先后悬挂。当待检件是标准水听器时，它应置于“J”的位置；当待检件是标准发射器时，它应置于“F”位置。

（d）选定测量方向并在悬挂时相互对准这一方向。换能器的测量方向可以任意选择，但为了减小对准误差引起的测量误差，测量方向最好选择在灵敏度（或响应）随方向变化较小的区域中的方向。对准误差不超过±5°时，灵敏度（或响应）变化应不超过±0.2dB。换能器的测量方向一旦确认，必须在换能器上作出指示标记，除非特殊情况不再变更。

（e）由于换能器的检定结果与换能器的输出端有关，因此在检定之前必须确定换能器输出端的位置。换能器输出端一般选在连接换能器的固定电缆的末端，也可以选在换能器连接头处或外加延伸电缆的末端。但一经选定，在整个检定过程中所有电测量都必须在选定端进行并在检定中注明。以后若需要变更输出端，则需用插入电压法或阻抗法对检定值进行修正。

②对干扰和信噪比的检查。

（a）信噪比检查应在实际工作条件下进行，信噪比应不小于 30dB。使用数字程控测量装置时，因信号经多次采样并进行平均处理，信噪比可望有很大提高。

（b）检查静电和电磁干扰对信号准确测量的影响，其影响程度应不大于 0.1dB。

（c）使用脉冲信号测量时，应检查反射声脉冲和电串漏脉冲信号是否影响直达声脉冲信号的有效采样或读数。如果发现有影响，则应调节脉冲宽度，使直达声脉冲信号与其他干扰信号分开。

（d）使用连续信号测量时，应检查并排除电串漏脉冲信号对声脉冲信号的干扰。

③换能器线性检验。

辅助换能器首次使用时，或根据换能器实际情况需要对其检验时，在测量前应对其进行线性检验。

换能器的线性是在输入量变化的一定范围内其输出量与输入量的比值保持不变的特性。对于发射器，输入量是激励电流 I，输出量是在距离 d 处产生的声压；对于水听器，输入量是作用声压，输出量是其开路电压。检验线性的方法是在测量范围内从小到大改变激励电流，测量一对换能器（F-J）组合下的电转移阻抗模值 $|Z_{FJ}|$，检验这一模值的变化量是否在规定值之内；通过改变距离 d 或更换一个换能器可以进一步判断是发射器（F）还是水听器（J）出现非线性，或两换能器均出现非线性。对于互易换能器，应同时检验其发射状态下和接收状态下的线性。

④互易换能器互易性检验。

对于首次作为互易换能器使用的换能器，必须首先进行互易性检验。

互易换能器的互易性检验是检验它在线性范围内是否遵守电声互易定理。检验方法是将被检验的互易换能器 H 和另一个已确认的互易换能器 F 组成测量对子，让它们先后互为发射器和接收器，测量转移阻抗模值 $|Z_{FH}|$ 和 $|Z_{HF}|$。这两值的差即为非互易性。若非互易性在规定的允许范围之内，则两换能器均为满足要求的互易换能器；若非互易性超出了允许范围，则应逐个调换换能器重复以上测量，以判断哪个换能器不互易，或

两者都不互易。用上述方法检验互易性时，一般应避免使用在结构、性能上完全一样的两个换能器，因为这样两个换能器即使是非互易的，也可能测得 $|Z_{FH}| = |Z_{HF}|$ 的结果。

（2）距离 d 的测量和密度 ρ 的确定。

换能器被安装固定后，应确定换能器声中心的位置，并用直尺或卷尺测量每对换能器声中心的距离 d，测量不确定度应不大于 1%。

对介质密度 ρ，一般不做实际测量，直接查阅有关物理手册就可得到它的标准值。对于淡水，在 0～25℃温度范围内，ρ 值可取为 1000kg/m^3，这时误差不超过±0.3%。

（3）转移阻抗模值的测量。

①把信号发生器的输出信号频率调节至所需测量频率 f，同时把信号发生器的输出信号电压和功率放大器的放大量调节至适当值。

②通过电压测量求算转移阻抗模。

应用单频连续信号测量时，开关 K_1 与 K_2 打到“2”的位置，开关 K_3 先打到“1”的位置，由交流数字电压表读取经过放大和滤波的电流取样信号电压 U_I 值，然后打到“2”的位置，由交流数字电压表读取经过同样放大和滤波的水听器输出开路电压 U_0 值。

应用脉冲信号测量时，开关 K_1 和 K_2 打到“1”的位置，开关 K_3 先后打到“1”和“2”的位置，并相应地调整发射电流脉冲信号与接收电压直达脉冲信号的平坦稳态部分，用直流数字电压表读取相应输出的直流电压 U_I 与 U_0。

无论应用连续信号还是应用脉冲信号，只要测得 U_I 与 U_0 的值，就可用式（4-55）计算转移阻抗模值：

$$|Z| = \frac{U_0}{U_I} C_I \tag{4-55}$$

或

$$20\lg|Z| = 20\lg\frac{U_0}{U_I} + 20\lg C_I \tag{4-56}$$

式中，C_I 是电流取样器的灵敏度，单位为 V/A。用已知阻值为 R（单位为 Ω）的精密无感小电阻对电流信号取样时，$C_I = R$。

③用脉冲信号测量时，还可利用标准衰减器测量转移阻抗模。

把标准衰减器接入测量电路，使电流取样信号通过标准衰减器反馈入开关 K_3。用直流数字电压表或示波器指示 K_3 选择的电流取样信号（位置“1”）和水听器开路电压信号（位置“2”）。调节衰减器使其输出电压值 U_I 等于水听器开路输出电压 U_0，读取标准衰减器的衰减量 α 为

$$\alpha = 20\lg\frac{U_I}{U_0} \tag{4-57}$$

则可求得

$$20\lg|Z| = -\alpha + 20\lg C_I \tag{4-58}$$

4）测量数据的处理

（1）用“级”表示的检定结果的最终计算式。

水听器 J 和互易换能器 H 的自由场电压灵敏度级为

$$L_{M_J}=\frac{1}{2}\left(20\lg\left|Z_{FJ}\right|+20\lg\left|Z_{HJ}\right|-20\lg\left|Z_{FH}\right|+C_M\right)-120 \tag{4-59}$$

$$L_{M_H}=\frac{1}{2}\left(20\lg\left|Z_{FH}\right|+20\lg\left|Z_{HJ}\right|-20\lg\left|Z_{FJ}\right|+C_M\right)-120 \tag{4-60}$$

发射换能器 F 和互易换能器 H 的发送电流响应级为

$$L_{S_F}=\frac{1}{2}\left(20\lg\left|Z_{FJ}\right|+20\lg\left|Z_{FH}\right|-20\lg\left|Z_{HJ}\right|+C_S\right)+120 \tag{4-61}$$

$$L_{S_H}=\frac{1}{2}\left(20\lg\left|Z_{FH}\right|+20\lg\left|Z_{HJ}\right|-20\lg\left|Z_{FJ}\right|+C_S\right)+120 \tag{4-62}$$

式（4-59）～式（4-62）中 C_M 和 C_S 是包含互易常数和距离的常数。在 $d_{FJ}=d_{FH}=d_{HJ}=d$ 的情况下，它们的计算式如下所述。

球面波场互易法检定时，常数为

$$C_M=20\lg d-20\lg \rho-20\lg f+6$$

$$C_S=20\lg d+20\lg \rho+20\lg f-6$$

式中，d 是两换能器声中心之间的距离，单位为m；ρ 是水的密度，通常取 1000kg/m^3；f 是测量频率，单位为Hz。

柱面波场互易法检定时，常数为

$$C_M=10\lg d+20\lg L-20\lg \rho-10\lg c-10\lg f+6$$

$$C_S=10\lg d-20\lg L+20\lg \rho+10\lg c+10\lg f-6$$

式中，L 是柱形互易换能器的高度，单位为m；c 是水中声速，单位为m/s。

平面波场互易法检定时，常数为

$$C_M=20\lg A-20\lg \rho-20\lg c+6$$

$$C_S=20\lg A+20\lg c+20\lg A-6$$

式中，A 是平面活塞换能器工作面面积，单位为 m^2。

（2）当水听器的检定需附加接长电缆时，必须按式（4-63）对附加电缆引起的水听器灵敏度值的降低进行修正：

$$L_{M_0}=L_{M_L}+20\lg\left|\frac{Z_0+Z_L}{Z_L}\right| \tag{4-63}$$

式中，L_{M_0} 是水听器未附加接长电缆时的灵敏度级，单位为dB；L_{M_L} 是水听器附加接长电缆后的灵敏度级，单位为dB；Z_0 是水听器的等效复电阻抗，单位为Ω；Z_L 是附加接长电缆的复电阻抗，单位为Ω。

在远离谐振频率的低频段，式（4-63）可简化成

$$L_{M_0}=L_{M_L}+20\lg\frac{C_0+C_L}{C_0} \tag{4-64}$$

式中，C_0 是水听器正常电缆末端的电容量，单位为pF；C_L 是接长电缆的电容量，单位为pF。

5）测量不确定度的评定

下面以球面波互易法检定水听器的自由场电压灵敏度级为例，来分析和估算互易法检定的不确定度。评定中假设测量频率低于 100kHz，测量用信号是稳态程度达到 96%以上的脉冲信号，检定装置为程控数字测量装置。

（1）测量中影响不确定度的因素分析。

根据前面叙述的对检定装置、测量条件和环境条件的要求，可知对测量结果的不确定度主要有以下影响因素。

①来自测量设备的影响因素。

（a）由前置放大器输入阻抗不够高引起的电压偏差 0.1dB。

（b）电流变换器灵敏度值的测量不确定度不大于 0.1dB。

（c）数据采集器的最大允许量化误差±0.1dB。

②来自测量条件的影响因素。

（a）互易换能器的非互易性所引起的误差，最大允许±0.2dB。

（b）换能器的非线性误差，最大允许±0.2dB。

（c）方向对准偏差引起的误差，最大允许±0.2dB。

（d）距离测量的不确定度不大于 0.1dB。

（e）水密度取 $\rho = 1000\text{kg/m}^3$ 值的理论误差±0.03dB。

（f）脉冲未完全稳态引起的声压偏差，最大 0.4dB。

③来自测量环境的影响因素。

（a）无规背景噪声（电和声）的干扰，干扰不大于 30dB 时所引起的误差不超过±0.1dB。

（b）电磁干扰引起的误差，不超过±0.1dB。

④B 类标准不确定度分量的估算。

（a）α_{HJ} 测量值的 B 类标准不确定度 $u_B(\alpha_{HJ})$ 的估算。

根据 α_{HJ} 的测量过程，$u_B(\alpha_{HJ})$ 应由 u_{B1}、u_{B3}、u_{B5}、u_{B6}、u_{B9}、u_{B10} 和 u_{B11} 等分量合成。因此有

$$u_B(\alpha_{HJ}) = \left(u_{B1}^2 + u_{B3}^2 + u_{B5}^2 + 2u_{B6}^2 + u_{B9}^2 + u_{B10}^2 + u_{B11}^2\right)^{\frac{1}{2}} \tag{4-65}$$

（b）$(\alpha_{FH} - \alpha_{FJ})$ 的 B 类标准不确定度 $u_B(\alpha_{FH} - \alpha_{FJ})$ 的估算。

通过分析已知 u_{B1}、u_{B5}、u_{B9} 和 u_{B10} 实际是单向的不确定度，且根据 α_{FH} 和 α_{FJ} 的测量过程，这些不确定度对于 $u_B(\alpha_{FH} - \alpha_{FJ})$ 无贡献。不过为了保险起见，在 $u_B(\alpha_{FH} - \alpha_{FJ})$ 的估算中不能把它们忽略，但只计及一次，而 u_{B3}、u_{B6} 和 u_{B11} 需计及两次。因此有

$$u_B\left(\alpha_{FH} - \alpha_{FJ}\right) = \left(u_{B1}^2 + 2u_{B3}^2 + u_{B5}^2 + 2u_{B6}^2 + u_{B9}^2 + u_{B10}^2 + 2u_{B11}^2\right)^{\frac{1}{2}} \tag{4-66}$$

（c）C 值的 B 类标准不确定度 $u_B(C)$ 的估算。

由于 $C = 20\lg C_I + 20\lg d$，所以有

$$u_B(C) = \left(u_{B2}^2 + u_{B7}^2\right)^{\frac{1}{2}} \tag{4-67}$$

（d）J 值的 B 类不确定度 $u_B(J)$ 的估算。

由于 $J=6-20\lg\rho-20\lg f$，而 f 的误差很小，可以忽略，但需要计及互易性偏差的影响，因此有

$$u_{\mathrm{B}}(J)=\left(u_{\mathrm{B8}}^{2}+u_{\mathrm{B4}}^{2}\right)^{\frac{1}{2}} \tag{4-68}$$

（e）L_{M_J} 值的总 B 类标准不确定度 $u_{\mathrm{B}}(L_{MJ})$估算。

把以上估算得到的 $u_{\mathrm{B}}(\alpha_{HJ})$、$u_{\mathrm{B}}(\alpha_{FH}-\alpha_{FJ})$、$u_{\mathrm{B}}(C)$和 $u_{\mathrm{B}}(J)$代入传递公式，可计算得

$$u_{\mathrm{B}}(L_{M_J})=0.228\mathrm{dB} \tag{4-69}$$

⑤来自测量过程的影响因素。

这主要有测量设备、测量环境的不稳定性和人员操作的随机性。

（2）B 类标准不确定度估算。

①B 类标准不确定度分量的分析。

（a）前置放大器输入阻抗不足引入的不确定度：$u_{\mathrm{B1}}=0.058\mathrm{dB}$（均匀分布）。

（b）电流变换器灵敏度的不确定度：$u_{\mathrm{B2}}=0.050\mathrm{dB}$（正态分布）。

（c）数据采集器量化误差引入的不确定度：$u_{\mathrm{B3}}=0.058\mathrm{dB}$（均匀分布）。

（d）互易换能器互易性偏差引入的不确定度：$u_{\mathrm{B4}}=0.145\mathrm{dB}$（均匀分布）。

（e）换能器的非线性引入的不确定度：$u_{\mathrm{B5}}=0.116\mathrm{dB}$（均匀分布）。

（f）方向对准偏差引入的不确定度：$u_{\mathrm{B6}}=0.100\mathrm{dB}$（正态分布）。

（g）距离测量的不确定度：$u_{\mathrm{B7}}=0.050\mathrm{dB}$（正态分布）。

（h）水密度引用值的不确定度：$u_{\mathrm{B8}}=0.02\mathrm{dB}$（均匀分布）。

（i）脉冲稳态不充分引入的不确定度：$u_{\mathrm{B9}}=0.231\mathrm{dB}$（均匀分布）。

（j）无规噪声干扰引入的不确定度：$u_{\mathrm{B10}}=0.058\mathrm{dB}$（均匀分布）。

（k）电磁干扰引入的不确定度：$u_{\mathrm{B11}}=0.05\mathrm{dB}$（正态分布）。

②B 类标准不确定度分量的传递。

根据水听器的灵敏度表达式（4-40）可得其灵敏度级测量不确定度传递公式为

$$\begin{aligned}
L_{M_J}&=\frac{1}{2}\Big(\big(20\lg|Z_{FJ}|+20\lg|Z_{HJ}|-20\lg|Z_{FH}|\big)+\big(20\lg|d_{FJ}|+20\lg|d_{HJ}|-20\lg|d_{FH}|\big)+20\lg J_S\Big)-120\\
&=\frac{1}{2}\left(\left(20\lg\left|\frac{U_{FJ}}{I_F}\right|+20\lg\left|\frac{U_{HJ}}{I_H}\right|-20\lg\left|\frac{U_{FH}}{I_F}\right|\right)+\big(20\lg|d_{FJ}|+20\lg|d_{HJ}|-20\lg|d_{FH}|\big)+20\lg J_S\right)-120\\
&=\frac{1}{2}\left(\left(20\lg\left|\frac{U_{FJ}}{\frac{U_F}{C_I}}\right|+20\lg\left|\frac{U_{HJ}}{\frac{U_H}{C_I}}\right|-20\lg\left|\frac{U_{FH}}{\frac{U_F}{C_I}}\right|\right)+\big(20\lg|d_{FJ}|+20\lg|d_{HJ}|-20\lg|d_{FH}|\big)+20\lg J_S\right)-120\\
&=\frac{1}{2}\left(\left(20\lg\left|\frac{U_{FJ}}{U_F}R_0\right|+20\lg\left|\frac{U_{HJ}}{U_H}R_0\right|-20\lg\left|\frac{U_{FH}}{U_F}R_0\right|\right)+\big(20\lg|d_{FJ}|+20\lg|d_{HJ}|-20\lg|d_{FH}|\big)+20\lg J_S\right)-120
\end{aligned} \tag{4-70}$$

由式（4-70）可知，水听器的灵敏度级与三次测量时的收发换能器对的发射器激励电流和接收器开路电压有关，还有三次的测量距离以及球面波场中的互易常数。因此，其测量不确定度的估算可以分别来计算。

首先是根据式（4-58），有

$$\begin{cases} 20\lg\left|Z_{FJ}\right| = 20\lg\dfrac{U_{FJ}}{U_F} + 20\lg C_I = -\alpha_{FJ} + 20\lg C_I \\ 20\lg\left|Z_{HJ}\right| = 20\lg\dfrac{U_{HJ}}{U_H} + 20\lg C_I = -\alpha_{HJ} + 20\lg C_I \\ 20\lg\left|Z_{FH}\right| = 20\lg\dfrac{U_{FH}}{U_F} + 20\lg C_I = -\alpha_{FH} + 20\lg C_I \end{cases} \tag{4-71}$$

这里将与衰减器有关的分量和与取样电流有关的分量分别考虑，且考虑三次测量时收发换能器之间距离相等为 d，则令

$$C = 20\lg C_I + 20\lg d \tag{4-72}$$

其次考虑互易常数，根据式（4-44）有

$$J = 6 - 20\lg\rho - 20\lg f \tag{4-73}$$

则式（4-59）可变换成以下形式：

$$L_{M_J} = \frac{1}{2}(\alpha_{FH} - \alpha_{FJ} - \alpha_{HJ} + C + J) - 120 \tag{4-74}$$

由于 α_{FH} 与 α_{FJ} 是在同一发射器下用同一测量电路测得的，一些单向误差可以消除，因此把$(\alpha_{FH} - \alpha_{FJ})$作为一个量来传递不确定度是合理的。这样，根据不确定度的传递方法，可以得到水听器灵敏度值的 B 类标准不确定度计算公式为

$$u_{\mathrm{B}} = \frac{1}{2}\sqrt{u_{\mathrm{B}}^2(\alpha_{FH} - \alpha_{FJ}) + u_{\mathrm{B}}^2(\alpha_{HJ}) + u_{\mathrm{B}}^2(C) + u_{\mathrm{B}}^2(J)} \tag{4-75}$$

式中，根号内的各项为不同量值的 B 类标准不确定度分量。

（3）A 类标准不确定度估算。

L_{M_J} 值的 A 类标准不确定度，可用 L_{M_J} 值多次测量结果的实验标准偏差表示：

$$u_{\mathrm{A}} = \frac{\sigma_x}{\sqrt{n}} = \sqrt{\frac{\sum\limits_{i=1}^{n}(M_{J_i} - \bar{M}_J)^2}{n(n-1)}} \tag{4-76}$$

例如，用某数字程控自由场互易法检定装置（即 1～200kHz 水声声压计量标准装置），在 1/3 倍频程频率点上进行 $n = 6$ 次重复性测量，由此可求得测量结果的实验标准偏差。但各个频率点上的实验标准偏差值是不一样的，如果在 100kHz 以下，它的最小值为 0.02dB，最大值为 0.23dB。若用最大值作为 A 类标准不确定度，则 $u_{\mathrm{A}} = 0.23\mathrm{dB}$。

注意：这里 M_{J_i} 和 $\bar{M}_J$ 均为灵敏度，而不是灵敏度级！

（4）合成不确定度与扩展不确定度。

对于上述 1～200kHz 水声声压计量标准装置，在 100kHz 以下它的合成不确定度为

$$u_C = \sqrt{u_{\mathrm{A}}^2 + u_{\mathrm{B}}^2} \approx 0.33\mathrm{dB} \tag{4-77}$$

包含因子 $k = 2$ 时，扩展不确定度为

$$U(k=2) = ku_C \approx 0.66\mathrm{dB} \tag{4-78}$$

2. 耦合腔互易法

1）方法原理

耦合腔互易法原理与自由场互易法原理相同，不同的只是把发射器（F）、互易换能器（H）和接收水听器（J）放在充满液体的刚性密闭腔内，在低频下利用均匀的声压场进行测量，这一方法适用于在低频高静水压下对标准水听器检定。图 4.9 为耦合腔互易法原理图，发射器（F）、互易换能器（H）和接收水听器（J）都封闭在一个小空间的液腔内，当发射器（F）被激励电流 I_F 激励时，它就向液腔中发送声压，而互易换能器（H）和接收水听器（J）就会在该声压的作用下产生开路电压 U_{FJ}、U_{FH}。在开阔水域中，作用在互易换能器和接收水听器上的声压是从发射声源经传播到达测量点的；而在耦合腔小的空间中，作用在它们工作面上的声压是通过腔中介质直接耦合加到接收器的。

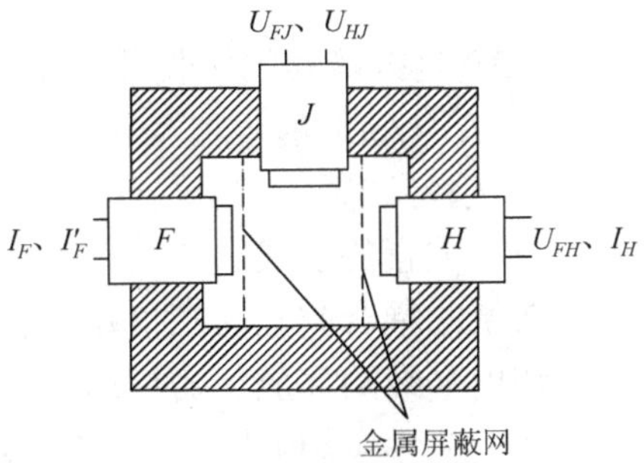

图 4.9 耦合腔互易法原理图

在腔中，发射器、介质和接收水听器组成了一个四端网络。假定该系统工作在线性范围内，第一步是发射器 F 在电流 I_F 的激励下在腔内产生交变声压 p_1（由于腔内声压是均匀的，此声压即作用于接收水听器 J 上的声压），使 J 产生开路电压 U_{FJ}，这样该四端网络系统的转移阻抗为

$$Z_{FJ}=\frac{U_{FJ}}{I_F}=\frac{M_J p_1}{I_F}=\frac{M_J S_F I_F}{I_F}=M_J S_F \tag{4-79}$$

同样，从第二步和第三步可以分别得出以下转移阻抗：

$$Z_{FH}=\frac{U_{FH}}{I'_F}=\frac{M_H p_2}{I'_F}=\frac{M_H S_F I'_F}{I'_F}=M_H S_F \tag{4-80}$$

$$Z_{HJ}=\frac{U_{HJ}}{I_H}=\frac{M_J p_3}{I_H}=\frac{M_J S_H I_H}{I_H}=M_J S_H \tag{4-81}$$

式中，p_1、p_2、p_3 是发射器 F 受电流 I_F 和 I'_F 激励、互易换能器 H 受电流 I_H 激励时在腔内产生的声压；M_J 是水听器 J 的声压灵敏度，单位为 V/Pa；M_H 是互易换能器 H 的声压灵敏度，单位为 V/Pa；S_F 是发射器 F 在耦合腔中的发送电流响应，单位为 Pa/A；S_H 是互易换能器 H 在耦合腔中的发送电流响应，单位为 Pa/A。

联立式（4-79）～式（4-81），可求得

$$M_J=\left(\frac{Z_{FJ}Z_{HJ}}{Z_{FH}}J_{腔}\right)^{\frac{1}{2}} \tag{4-82}$$

$$M_H=\left(\frac{Z_{FH}Z_{HJ}}{Z_{FJ}}J_{腔}\right)^{\frac{1}{2}} \tag{4-83}$$

根据电声互易原理，在充液的刚性腔内的线性、无源、可逆的电声换能器，用作水听器时的接收灵敏度和用作发射器时相应的发送电流响应之比是常数，而与换能器本身的结构无关，即耦合腔互易常数为

$$J_{腔}=\frac{M_J}{S_I}=\left|\frac{\omega V}{\rho c^2}\right| \tag{4-84}$$

式中，M_J是换能器的接收灵敏度，单位为 V/Pa；S_I是换能器在腔中的发送电流响应，单位为 Pa/A；$J_{腔}$是耦合腔互易常数，单位为 W/Pa^2 或 $m^3/(Pa·s)$。

2）检定装置

（1）装置的组成。

典型的耦合腔互易法检定装置的组成如图 4.10 所示。其中，频率合成器产生正弦信号，该信号经功率放大器后送至开关 K，开关 K 置“1”时发射器（F）发射，互易换能器（H）接收，待检水听器（J）接收；开关 K 置“2”时互易换能器（H）作发射器，待检水听器（J）接收；在功率放大器和发射器之间串联电流采样器，从电流采样器上获得换能器的激励电流。先后有三个信号接入电子开关，第一个信号是换能器的激励电流，第二个信号是水听器的输出经前置放大器阻抗转换后的接收电压，第三个信号是互易换能器做接收时的输出经前置放大器进入电子开关的接收电压。电子开关依次向测量放大器输送信号，再由数字电压表测量并量化，最后进入计算机进行处理，并由示波器显示信号波形。

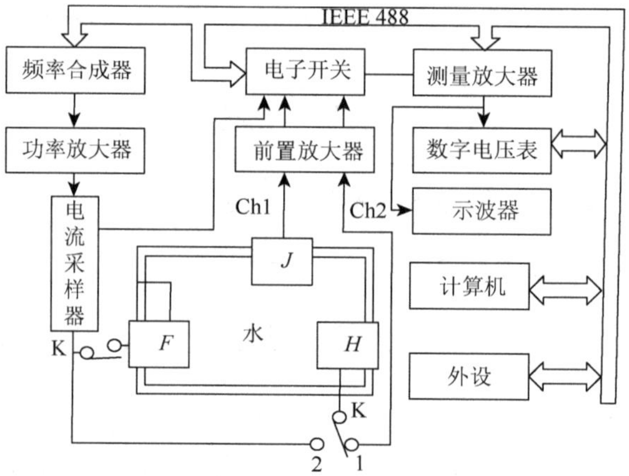

图 4.10　耦合腔互易法检定装置

（2）耦合腔的设计要求。

耦合腔互易法检定技术原是在空气声学领域使用的，腔体内的介质是空气或其他气体。虽然气体耦合腔也可以用来检定水听器，但由于空气的声速只是水中声速的 1/5 左右，因而同频率下的波长前者也是后者的 1/5 左右，这样当空气中使用频率大约达到水中使用频率的 1/5 时，耦合腔尺寸远小于波长的假设就失效了，这意味着可校的上限频率降低了。因此，用耦合腔检定水听器时用液体作耦合介质比气体好，不仅它的上限工作频率高，而且在检定水听器随静压力变化时特别有用。

耦合腔中常用的液体是蒸馏水、硅油或蓖麻油。如果耦合腔中的水听器、发射器或互易换能器能与水接触，则一般常用蒸馏水，因为蒸馏水的密度、声速随静压力和温度的变化有表可查，检定后也不必清洗油污。

对耦合腔中使用的液体必须作除气处理。液体是不可压缩的，腔壁和换能器又都是高声阻抗的，因而三者并联不会改变液体的压缩性能，但液体中如有气泡，则首先会改变水的压缩性能，其次是在水与空气的界面上（或在水与柔性壁或其他低阻抗壁的界面上）会形成很大的声压梯度，引起腔内声压的不均匀。因此除对腔内使用的液体必须除气外，腔内还应无释压材料。

为了满足腔内声压幅值与相位近似均匀，腔内声阻抗应近似呈容性。为此对于刚性壁管应满足如下要求：

$$L \leqslant \frac{\lambda}{10} \tag{4-85}$$

式中，L 是耦合腔管的长度，单位为 m；λ 是腔内液体中声波波长，单位为 m。

这一设计要求也意味着耦合腔体所有的谐振频率都在测量频率范围内，因而能充分保证腔内声压幅度和相位均匀，即由发射器产生的声压与作用到水听器上的声压近似相同。为满足这一要求，腔壁或边界及水听器都应是高声阻抗的，即它们的声阻抗应无穷大，这样才能使介质声顺与无穷大的声阻抗并联后不会起变化。若不完全满足此条件，介质声顺就会发生变化，腔内声场就将变得不均匀。但在设计中，往往只注意满足耦合腔壁的高声阻抗要求，而忽视管端的声阻抗。必须指出，如果管端有非刚性连接，不满足高阻抗要求，同样会影响管中声场的均匀性。

（3）装置的重复性检验和稳定性考核。

与自由场互易法中的检验和考核方法相同，见 4.2.2 节。

3）测量步骤

（1）电压测量。

分别把互易换能器（H）、水听器（J）和激励电流采样器的输出端接入电子开关。U_{FH}、U_{FJ}、U_{HJ} 通过同一前置放大器和测量放大器放大，由数字电压表分别测出。数字电压表的允许极限误差应不大于 0.5%。前置放大器的输入阻抗应大于水听器电阻抗的 100 倍，由此产生的电压耦合损失将不大于 1%，如不满足此要求，应使用插入电压法修正。

（2）电流测量。

用串联在互易换能器电端的电流采样器测出互易换能器（H）的激励电流 I_H。电流采样器可以是电流变换器或标准电阻，但为了提高低频检定时电流测量的信噪比，也可以由标准电阻与精密电容串联组成电流采样器，其中电阻值必须小于换能器电阻抗实部分量的 1%，它的允许极限误差应不大于 0.3%，精密电容的容量必须大于互易换能器静态电容的 100 倍，电容量的测量允许极限误差应不大于 0.3%。电流采样器输出电压的测量与其他电压测量相同。

（3）互易常数的测定。

耦合腔互易常数可以通过测量腔内液体的体积、声速和密度，根据式（4-84）得出。

频率测量的允许极限误差应不大于 0.1%。密度 ρ、声速 c 是压力和温度的函数，它们的值都可查表得到，密度的极限误差不大于 0.5%，声速的极限误差不大于 2%。实际工作状态下耦合腔内液体的体积 V 可使用黏附力小的液体（如无水乙醇）精确地量出。测量时要避免气泡进入液体。测量体积的允许极限误差应不大于 1.0%。按以上要求测得的互易常数的允许极限误差将不大于 3%。

（4）测量中的注意事项。

①检定前必须对腔内液体进行排气处理，也可以在不大于 0.5MPa 的压力下进行检定，以消除腔内残余空气对测量的影响。

②检定时所用信号应包含所规定的 1/3 倍频程系列频率，信号频率的变化应不大于 0.1%。

③在检定前应对发射器、互易换能器和水听器进行线性检验，其偏差应不大于 0.5%。对互易换能器还应进行互易性检验，其偏差应不大于 0.5%。

④检定中应保证信噪比大于 30dB，同时使发射器和互易换能器的激励功率尽可能地小，以免发射器和互易换能器发热引起腔内液体温度和压力变化而导致误差。

⑤为避免发射器、互易换能器和水听器之间发生电串漏，应在它们之间采取电屏蔽。

（5）测量数据的处理。

在耦合腔互易检定中，经过三步测量后可以分别求得被校水听器和互易换能器的声压灵敏度。一般情况下，灵敏度值用分贝表示，测得不同频率下的灵敏度（级）后就可得到声压灵敏度（级）的频率响应曲线。

4）测量不确定度的评定

（1）A 类标准不确定度分量。

灵敏度值的 A 类标准不确定度可由多次重复测量结果的实验标准偏差求定，即

$$u_{\mathrm{A}}=\frac{\sigma_x}{\sqrt{n}}=\sqrt{\frac{\sum_{i=1}^{n}(M_{J_i}-\bar{M}_J)^2}{n(n-1)}} \tag{4-86}$$

（2）B 类标准不确定度分量的分析。

①数字电压表示值误差所引入的不确定度：$u_{\mathrm{B1}}=0.3\%$（均匀分布）。

②耦合腔内声场允许最大不均匀性所引入的不确定度：$u_{\mathrm{B2}}=1.7\%$（均匀分布）。

③电流取样电阻值的测量不确定度：$u_{\mathrm{B3}}=0.25\%$（正态分布）。

④腔中液体体积的测量不确定度：$u_{\mathrm{B4}}=0.5\%$（正态分布）。

⑤液体密度值应用误差所引入的不确定度：$u_{\mathrm{B5}}=0.3\%$（均匀分布）。

⑥腔中液体内声速值测量的最大允差所引入的不确定度：$u_{\mathrm{B6}}=1.2\%$（均匀分布）。

⑦互易换能器的互易性偏差所引入的不确定度：$u_{\mathrm{B7}}=0.3\%$（均匀分布）。

（3）B 类标准不确定度分量的传递。

由水听器灵敏度的计算式可知，如果两次激励发射器的电流相同，即 $I_F=I'_F$，则式（4-82）可以转化为

$$M_J=\left(\frac{Z_{FJ}Z_{HJ}}{Z_{FH}}J_{腔}\right)^{\frac{1}{2}}=\left(\frac{U_{FJ}}{I_F}\frac{U_{HJ}}{I_H}\frac{I_F}{U_{FH}}J_{腔}\right)^{\frac{1}{2}}=\left(\frac{U_{FJ}U_{HJ}}{U_{FH}}\frac{1}{I_H}J_{腔}\right)^{\frac{1}{2}}$$
$$=\left(\frac{U_{FJ}U_{HJ}}{U_{FH}}\frac{R}{U_R}J_{腔}\right)^{\frac{1}{2}} \tag{4-87}$$

式中，R 是取样电阻；U_R 是取样电阻两端电压。

对式（4-87）两边取对数，则有

$$L_{M_J}=\frac{1}{2}(20\lg U_{FJ}+20\lg U_{HJ}-20\lg U_{FH}-20\lg U_R+20\lg R+20\lg J_{腔})+120 \tag{4-88}$$

根据式（4-88），且利用式（4-13）～式（4-15）可以求得灵敏度测量值的 B 类不确定度为

$$u_{\mathrm{B}}=\frac{1}{2}\sqrt{u_{\mathrm{B}}^2(U_{FJ})+u_{\mathrm{B}}^2(U_{HJ})+u_{\mathrm{B}}^2(U_{FH})+u_{\mathrm{B}}^2(U_R)+u_{\mathrm{B}}^2(R)+u_{\mathrm{B}}^2(J_{腔})} \tag{4-89}$$

式中，$u_{\mathrm{B}}^2(J_{腔})$ 为互易常数直接测量值所引入的不确定度，根据式（4-84）可得

$$u_{\mathrm{B}}^2(J_{腔})=u_{\mathrm{B}}^2(f)+u_{\mathrm{B}}^2(V)+u_{\mathrm{B}}^2(\rho)+2u_{\mathrm{B}}^2(c) \tag{4-90}$$

因此，合成的总 B 类不确定度为

$$u_{\mathrm{B}}=\frac{1}{2}\sqrt{4u_{\mathrm{B1}}^2+3u_{\mathrm{B2}}^2+u_{\mathrm{B3}}^2+u_{\mathrm{B4}}^2+u_{\mathrm{B5}}^2+2u_{\mathrm{B6}}^2+u_{\mathrm{B7}}^2} \tag{4-91}$$

（4）合成不确定度和扩展不确定度。

由以上标准不确定度分量，可得合成不确定度为

$$u_C=\sqrt{u_{\mathrm{A}}^2+u_{\mathrm{B}}^2} \tag{4-92}$$

扩展不确定度（置信水平 95%，$k=2$）为

$$U(k=2)=ku_C \tag{4-93}$$

4.3 声学计量基本技能训练 2：混响场校准方法

在 3.5 节有关驻波与混响内容学习的基础上，本节将分别在空气介质和水介质中开展两个在混响场测量声源辐射声功率的实验。

4.3.1 空气混响箱测量辐射声功率

本实验在空气混响箱中采用混响法测量声源在一定频率范围内的辐射声功率。

1. 实验原理

用声源发出单频连续正弦波，测得室内平均声压级后可以求出噪声源的功率级。在混响箱内，除了非常靠近声源处，离开壁面半波长的其他任何地方的声压级差不多相同。这时声压和声源总功率的关系为

$$W_{\mathrm{A}}=\frac{\alpha S}{4}\frac{p^2}{\rho_0 c_0} \tag{4-94}$$

其声功率级为

$$L_W=\bar{L}_p+10\lg(\alpha S)-6.1 \tag{4-95}$$

式中，αS 为室内总吸收量；$\bar{L}_p$ 为室内平均声压级。式（4-95）没有考虑空气吸收对高频声的影响，如作高频空气吸收修正，则可改写为

$$L_W=\bar{L}_p+10\lg(\alpha S+4mV)-6.1 \tag{4-96}$$

式中，$m=2\alpha$ 为空气的声强吸声系数，测量时应该使用无规入射传声器。传声器的位置离墙角和墙边至少 $3\lambda/4$，离墙面至少 $3\lambda/4$（λ 是最低频率声波的波长）；传声器不要太靠近声源，至少相距 1m，平均声压级至少要在一个波长的空间内进行。测量位置为 3～8 点，与噪声源频谱有关。

混响箱的总吸收量是通过测量混响时间来计算的，这时噪声源声功率用式（4-97）计算：

$$L_W=\bar{L}_p+10\lg\frac{V}{T}+10\lg\left(1+\frac{S\lambda}{8V}\right)-14 \tag{4-97}$$

式中，V 为混响箱体积，单位为 m^3；T 为混响时间，单位为 s；λ 为相应于测试频带中心频率的声波波长，单位为 m；S 为混响箱内表面的总面积，单位为 m^2；$\bar{L}_p$ 为平均声压级，单位为 dB。

因此，由式（4-97）可知，只要测量得到混响时间和平均声压级，即可计算出声源的辐射声功率。

2. 实验装置

测量系统由混响箱、扬声器、功率放大器和传声器、数据采集系统及计算机等组成，如图 4.11 所示。

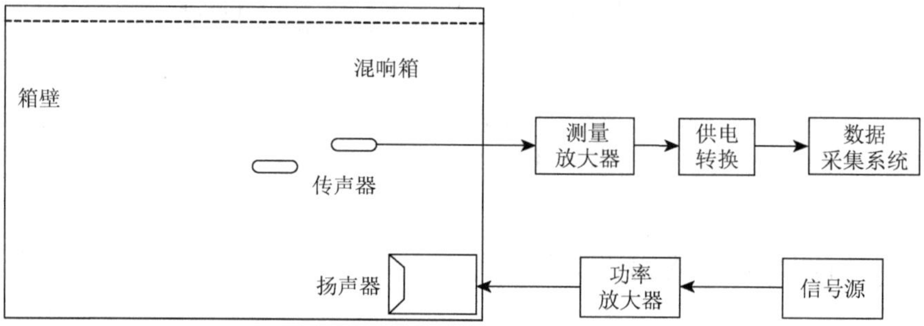

图 4.11　空气混响箱测量声源辐射声功率示意图

3. 测量步骤

1）混响时间测量

（1）按图 4.11 搭建测量系统，将一只传声器采用钢管固定在混响箱内，传声器的位置在混响箱内进行合理的分布。

（2）采用扬声器作为声源，连接时使用专用驱动电缆与功率放大器对应的输出端相连。

（3）检查各设备的连线确认无误后，将功率放大器的增益开关放至最低挡，再打开计算机、功率放大器及采集器等。

（4）设置信号源输出产生一个单频正弦信号激励，测试频率分别为3.15kHz、4kHz、5kHz和6.3kHz，在混响箱内产生高声级的扩散场；然后切断声源测量其衰减曲线，即可计算出混响时间，采集六个位置的混响时间（混响时间详细测量方法见3.5.3节）。

2）平均声压级测量

（1）按图4.11连接系统，被测声源放置在混响箱内的一个角处，扬声器辐射面采用木箱进行支撑，离开墙面至少0.2m，满足测试要求。

（2）打开数据采集器，设置采集量程，信号占满量程的80%，不被削波即可。采集频率为分析频率的10倍以上，记录时间为5s。

（3）打开功率放大器开关，单击“测量开始”按钮，平均5s后即可记录一组数据，为了获得更好的空间平均声压级，可改变传声器的位置（要求6个位置）进行测量，即可得到所需的平均声压级。

（4）测试频率分别为3.15kHz、4kHz、5kHz和6.3kHz。

4. 数据处理

1）混响时间数据处理

由数据采集器记录的利用中断声源法测量的空气混响箱的混响时间过程，如图4.12所示，分图（b）为混响时间的计算过程。通过利用MATLAB编写数据处理程序，按照混响时间的定义计算混响时间。

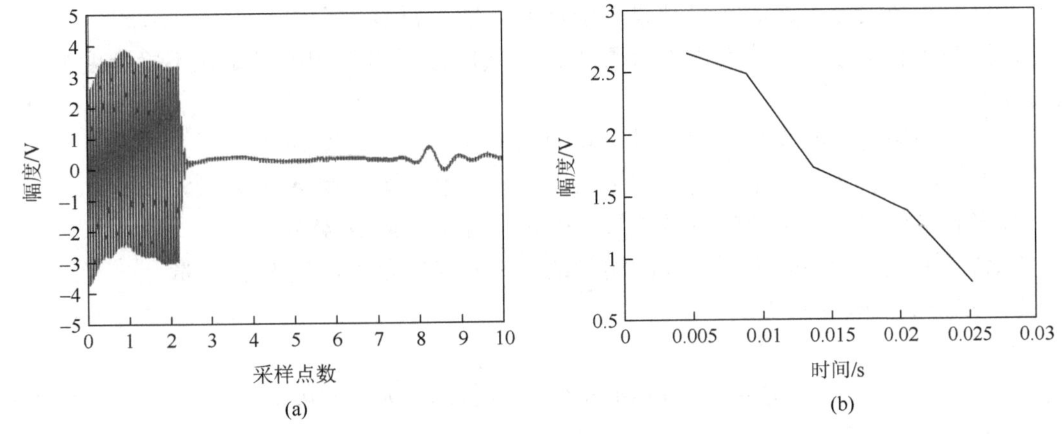

图4.12 数据采集器记录的混响时间测量及计算结果（一）

2）空间平均声压级数据处理

由数据采集器记录的通过空间平均方法测量得到的空气混响箱空间平均声压级结果，如图4.13所示，分图（b）为计算结果。通过利用MATLAB编写数据处理程序，对读取的时域数据进行傅里叶变换，读取测试频率处的声压级，进而按照前面相关的公式计算辐射声功率。

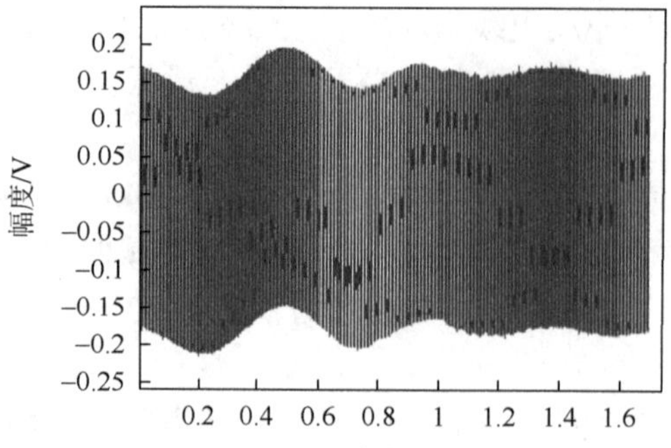

(a)

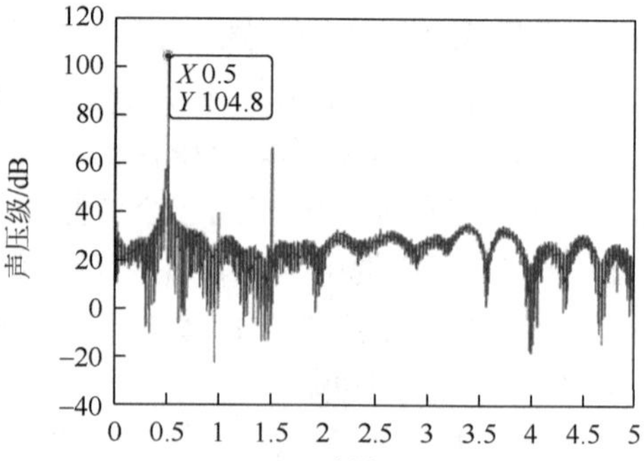

(b)

图 4.13　数据采集器记录的空间平均声压级测量及计算结果

5. 测量不确定度的评定

1）测量不确定度的来源分析

（1）标准器校准传声器时引起的测量结果不确定度分量。

①检测装置的不确定度引起的测量结果不确定度，属 B 类分量。

②作气压修正时，气压计引起的测量结果不确定度分量，属 B 类分量。

（2）混响箱扩散场引起的测量结果不确定度分量，属 A 类分量。

（3）混响箱混响声场的标准偏差引起的测量结果不确定度分量，属 B 类分量。

（4）混响时间引起的测量结果不确定度分量。

①重复测量引起的测量结果不确定度分量，属 A 类分量。

②量化效应引起的测量结果不确定度分量，属 B 类分量。

③仪器示值误差引起的测量结果不确定度分量，属 B 类分量。

（5）在进行标准声源声功率级计算中，作气压修正引起的测量结果不确定度分量，属 B 类分量。

（6）混响箱内表面积与体积测量引起的测量结果不确定度分量。

①混响箱内表面积测量引起的测量结果不确定度分量，属 A 类分量。

②混响箱体积测量引起的测量结果不确定度分量，属 A 类分量。

③测量用皮尺的不确定度引起的测量结果不确定度分量，属 B 类分量。

2）方差及灵敏度系数

（1）方差。

$$u_c^2 = c_1^2 u_1^2 + c_2^2 u_2^2 + c_3^2 u_3^2 + c_4^2 u_4^2 + c_5^2 u_5^2 + c_6^2 u_6^2 \tag{4-98}$$

（2）灵敏度系数。

①检测装置引起的不确定度的灵敏度系数。

$$c_{11} = \partial L_w / \partial L_p = 1 \tag{4-99}$$

②气压计引起的不确定度的灵敏度系数。

$$c_{12} = -0.10 \tag{4-100}$$

③扩散场引起的不确定度的灵敏度系数。

$$c_2 = \partial L_w / \partial L_p = 1 \tag{4-101}$$

④混响箱混响声场的标准偏差引起的不确定度的灵敏度系数。

$$c_3 = 1 \tag{4-102}$$

⑤混响时间引起的不确定度的灵敏度系数。

$$c_4 = \partial L_w / \partial T \tag{4-103}$$

⑥在进行标准声源声功率级计算中气压修正引起的不确定度的灵敏度系数。

$$c_5 = \partial L_w / \partial p = -0.05 \tag{4-104}$$

⑦测量用皮尺引起的不确定度的灵敏度系数。

$$c_{61} = \partial L_w / \partial l = 1 \tag{4-105}$$

⑧混响箱内表面积测量引起的不确定度的灵敏度系数。

$$c_{62} = 1 \tag{4-106}$$

⑨混响箱体积测量引起的不确定度的灵敏度系数。

$$c_{63} = 1 \tag{4-107}$$

3）标准不确定度分量的计算

（1）标准器校准传声器时引起的不确定度。

①检测装置引起的不确定度。

由检测装置计量证书给出的不确定度为

$$u_{11} = 0.2 \tag{4-108}$$

②气压计引起的不确定度。

由气压计计量证书给出的不确定度为0.1%，一般气压测量范围在100kPa左右，因此测量极限误差为0.1kPa，则

$$u_{12} = 0.01 / \sqrt{3} = 0.006 \tag{4-109}$$

（2）扩散场引起的不确定度。

在相同条件下，测量仪器频率置3150Hz挡（以3150Hz为例），将传声器选择不同的位置放置，用数据采集器测出其平均声压级，重复测量6组数据，则其不确定度分量为

$$u_2 = \sqrt{\sum\left(L_{pi} - \overline{L_p}\right)^2 / \left[n_2(n_2 - 1)\right]} \tag{4-110}$$

（3）混响箱混响声场的标准偏差引起的不确定度。

实验用的混响箱的混响声场的标准偏差为（以中心频率500Hz为例）

$$u_3 = 0.3\text{dB}$$

（4）混响时间引起的测量结果不确定度。

①量化0.01个字引起的不确定度。

这里0.01个字时间为0.01s，则

$$u_{41} = 0.01 / \sqrt{3} = 0.006 \tag{4-111}$$

②重复测量引起的不确定度。

在相同条件下，测量仪器频率置相应的中心频率（以3150Hz为例），对混响箱的混响时间进行测量，重复测6次，数据由数据采集器读取。标准不准确度为

$$u_{42} = \sqrt{\sum (T_{60i} - \overline{T_{60}})^2 / [n_2(n_2 - 1)]} \tag{4-112}$$

③仪器示值误差引起的不确定度。

给出仪器的示值误差为5%，那么测量的极限误差为0.05s，则

$$u_{43} = 0.05 / \sqrt{3} = 0.03 \tag{4-113}$$

经检查，3个分量相互独立，则

$$c_4^2 u_4^2 = c_4^2 \left(u_{41}^2 + u_{42}^2 + u_{43}^2\right) \tag{4-114}$$

（5）在进行标准声源声功率级计算中气压修正引起的不确定度。

由气压计计量证书给出的不确定度为0.1%，一般气压测量范围在100kPa左右，因此测量极限误差为0.1kPa，则

$$u_5 = 0.1 / \sqrt{3} = 0.06 \tag{4-115}$$

（6）混响箱内表面积和体积测量引起的不确定度。

①测量用皮尺引起的不确定度。

给出测量用皮尺的不确定度为

$$u_{61} = 0.2 \times 10^{-3} / 2 = 1 \times 10^{-4} \tag{4-116}$$

②混响箱内表面积测量引起的不确定度。

对混响箱的内表面积进行5次测量，可得其标准不确定度为

$$u_{62} = \sqrt{\sum (S_i - \overline{S}_i)^2 / [n_2(n_2 - 1)]} \tag{4-117}$$

③对混响箱体积进行5次测量，可得其标准不确定度为

$$u_{63} = \sqrt{\sum (V_i - \overline{V}_i)^2 / [n_2(n_2 - 1)]} \tag{4-118}$$

经检查，3个分量相互独立，则

$$c_6^2 u_6^2 = c_{61}^2 u_{61}^2 + c_{62}^2 u_{62}^2 + c_{63}^2 u_{63}^2 \tag{4-119}$$

注：由于混响箱内表面积与体积测量引起的测量结果不确定度相对于其他分量引起的测量不确定度小很多，因此，在分析计算时可忽略不计。

4）合成不确定度的计算

经检查，以上各分量相互独立，则

$$u_c = \sqrt{c_1^2 u_1^2 + c_2^2 u_2^2 + c_3^2 u_3^2 + c_4^2 u_4^2 + c_5^2 u_5^2 + c_6^2 u_6^2} \tag{4-120}$$

4.3.2　混响水槽测量辐射声功率

本实验在混响水槽中测量球形声源等效自由场辐射声功率。

1. 实验原理

若混响水槽中球形声源的辐射声功率为W，当混响声场达到稳态时，距声源处所测空间平均均方声压$\langle P^2 \rangle$与声源的辐射声功率W之间的关系为

$$P^2 = W \rho_0 c_0 \left(\frac{1}{4\pi r^2} + \frac{4}{R_0} \right) \tag{4-121}$$

式中，R_0 是与混响水槽内混响时间 T_{60} 相联系的一个变量，其表达式为

$$R_0 = S\left(e^{\frac{55.2V}{T_{60}Sc_0}} - 1\right) \tag{4-122}$$

令 $\beta = e^{\frac{55.2V}{T_{60}Sc_0}}$，则式（4-122）可写为

$$R_0 = S(\beta - 1) \tag{4-123}$$

把式（4-123）代入式（4-121）可得

$$\frac{\langle P^2 \rangle}{\rho_0 c_0} = W\left(\frac{1}{4\pi r^2} + \frac{4}{S(\beta - 1)}\right) \tag{4-124}$$

式（4-124）也可以写为

$$L_P = L_W + 10\lg\left(\frac{1}{4\pi r^2} + \frac{4}{S(\beta - 1)}\right) \tag{4-125}$$

式中，L_P 表示混响声场内所测空间平均声压级；L_W 表示声源的声功率级。

若在混响水槽的混响区测量 $r \geqslant 4r_h$（混响声比直达声大 12dB），混响声起主要作用，直达声的作用可忽略，因此，式（4-125）可简化为

$$L_W \approx L_P - 10\lg\left(\frac{4}{S(\beta - 1)}\right) \tag{4-126}$$

式（4-126）即为利用混响水槽测量点声源辐射声功率的原理。通过在混响水槽混响区测量出球形声源作用下的空间平均声压级 L_P，再根据测量的混响时间 T_{60}（β 与混响时间 T_{60} 有关），就可得到声源的辐射声功率 L_W，即自由场的辐射声功率。

2. 实验装置

测量系统包括混响水槽、球形声源、功率放大器、水听器、数据采集器和计算机等，如图 4.14 所示。

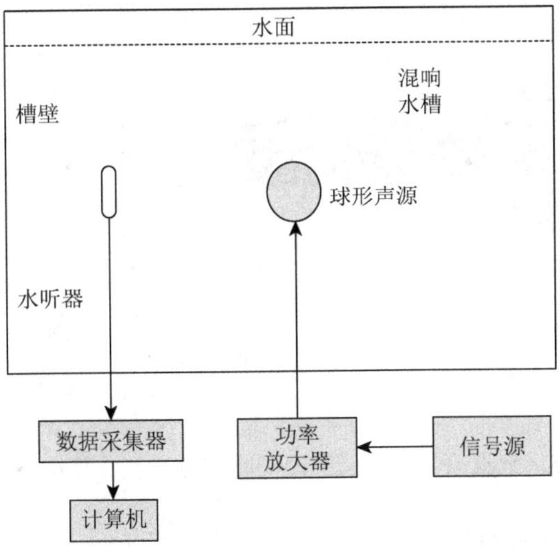

图 4.14　混响水槽中球形声源辐射声功率测量示意图

3. 测量步骤

（1）混响时间测量。

①按图 4.14 搭建测量系统，采集水听器 1 个；水听器以绳绑方式固定在混响水槽内，并在混响水槽内进行合理的分布。

②用球形声源作为激励源，连接时使用专用驱动电缆与功率放大器对应的输出端相连。

③检查各设备的连线确认无误后，将功率放大器的增益开关放至最低挡，再打开计算机、功率放大器及数据采集器。

④用信号源产生一个单频正弦波，在混响水槽内产生扩散场，然后切断声源测量其衰减曲线，即可计算出混响时间。混响时间测量需要 6 次（混响时间详细测量方法见 3.5.3 节）。

（2）测量平均声压级。

①按图 4.14 连接系统，被测声源以正常安装方式置于混响水槽中相对于边界面的一个或多个典型安装位置，声源置于水槽内离任何槽面至少 0.2m。

②打开数据采集器，设定采样频率为信号频率的 10 倍，采集时间选为 5s。

③打开功率放大器开关，单击“测量开始”按钮，在混响水槽内，让水听器进行空间平均，得到所需要的数据。

以 1/3 倍频程中心频率 8kHz、10kHz、12.5kHz 为测量频率点。

4. 数据处理

1）混响时间数据处理

由数据采集器记录的利用中断声源法测量的混响水槽混响时间过程，如图 4.15 所示，分图（b）为混响时间的计算过程。通过利用 MATLAB 编写数据处理程序，按照混响时间的定义就可计算混响水槽的混响时间。

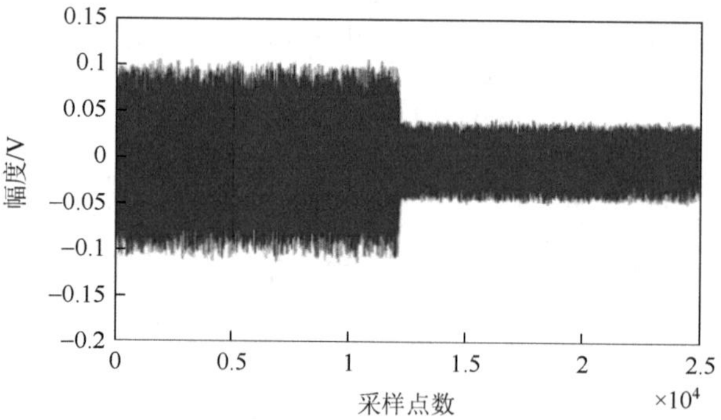

(a)

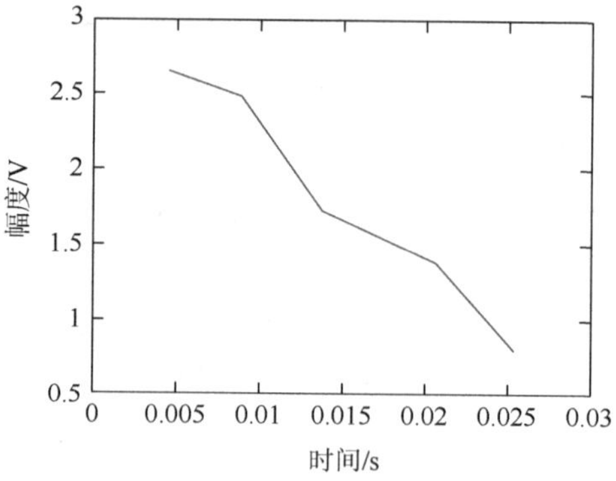

(b)

图 4.15　数据采集器记录的混响时间测量及计算结果（二）

2）空间平均声压级数据处理

由数据采集器记录的通过空间平均方法测量得到的混响水槽空间平均声压级结果，

如图 4.16 所示，分图（b）为计算结果。通过利用 MATLAB 编写数据处理程序，对读取的时域数据进行傅里叶变换，读取测试频率处的声压级，进而按照前面相关的公式计算辐射声功率。

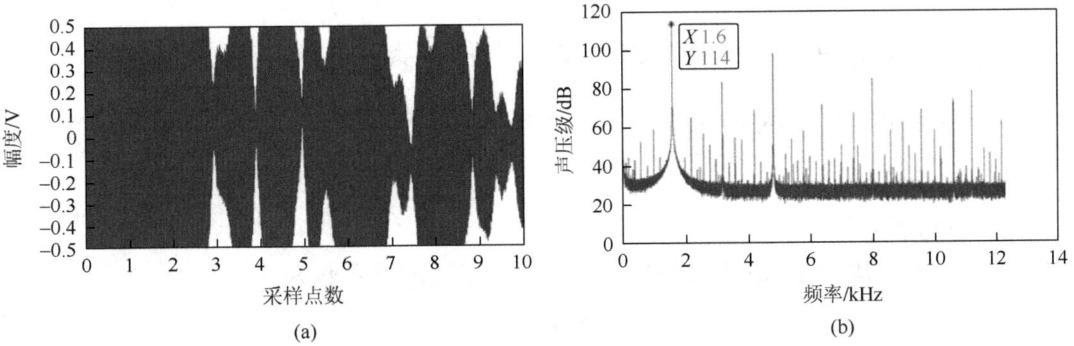

图 4.16　数据采集器记录的空间平均声压级测量及计算结果

5. 测量不确定度分析

声源辐射声功率测量的不确定度评定分为以下两类：A 类不确定度评定和 B 类不确定度评定。A 类不确定度评定是由重复测量引起的，可以通过统计的方法进行评定；B 类不确定度评定是由测量系统本身或测量方法不完善等因素引起的，可以通过理论和经验分析的方法进行评定。

A 类不确定度评定一般是通过对样品 x_i 进行独立的 n 次测量，以测量平均值的实验标准偏差作为系统的 A 类不确定度分量，通过式（4-127）计算被测参数的 A 类不确定度。

$$u_{\mathrm{A}}=\left(\frac{1}{n(n-1)}\sum_{i=1}^{n}(x_i-\overline{x})^2\right)^{1/2} \tag{4-127}$$

1）测量不确定度的来源分析

（1）混响水槽扩散声场不均匀性引起的声源辐射声功率测量的不确定度分量，属 A 类。

（2）混响水槽混响声场重复测量的标准偏差引起的声源辐射声功率测量的不确定度分量，属 A 类。

（3）混响水槽混响时间测量引起的声源辐射声功率测量的不确定度分量。

①混响时间重复测量引起的声源辐射声功率测量的不确定度分量，属 A 类。

②仪器测量精度及读数误差引起的声源辐射声功率测量的不确定度分量，属 B 类。

（4）混响水槽体积及表面积测量引起的声源辐射声功率测量的不确定度分量。

①测量混响水槽体积引起的声源辐射声功率测量的不确定度分量，属 A 类。

②测量混响水槽表面积引起的声源辐射声功率测量的不确定度分量，属 A 类。

（5）在声源声功率计算中，因水温及水压而对水中声传播速度进行修正而引起的声源辐射声功率测量的不确定度分量，属 B 类。

（6）标准器校准水听器所引起的声源辐射声功率测量的不确定度分量。

①水听器校准仪器不确定度引起的声源辐射声功率测量的不确定度，属 B 类。

②水听器检测装置的不确定性引起的测量结果不确定度，属 B 类。

由式（4-128）求得合成不确定度：

$$u_c^2(L_W)=u_{cA}^2(L_W)+u_{cB}^2(L_W)=\sum_{i=1}^{6}\sum_{j=1}^{3}\left(\frac{\partial L_W}{\partial x_{ij}}\right)^2 u^2(x_{ij}) \tag{4-128}$$

式中，$u_{cA}^2(L_W)$、$u_{cB}^2(L_W)$ 分别为声功率级 L_W 估计的 A 类及 B 类不确定度总方差；$u^2(x_{ij})$ 为声功率级 L_W 公式中变量 x_i 的方差，可以为 A 类或 B 类方差；$\frac{\partial L_W}{\partial x_{ij}}$ 为灵敏度系数；$u_c(L_W)$ 为合成不确定度。

2）灵敏度系数

（1）混响水槽扩散声场不均匀性不确定度分量灵敏度系数为

$$\frac{\partial L_W}{\partial x_1}=\frac{\partial L_W}{\partial L_P}=1 \tag{4-129}$$

（2）混响水槽混响声场重复测量的标准偏差不确定度分量灵敏度系数为

$$\frac{\partial L_W}{\partial x_2}=\frac{\partial L_W}{\partial L_P}=1 \tag{4-130}$$

（3）混响水槽混响时间测量分量灵敏度系数为

$$\frac{\partial L_W}{\partial x_{31}}=\frac{\partial L_W}{\partial x_{32}}=\frac{\partial L_W}{\partial T_{60}}=\frac{10}{R_0\times\ln 10}\frac{\partial R_0}{\partial T_{60}}\frac{10}{R_0\times\ln 10}\cdot S\mathrm{e}^{\frac{55.2V}{T_{60}Sc_0}}\left(-\frac{55.2V}{Sc_0}T_{60}{}^{-2}\right) \tag{4-131}$$

（4）混响水槽体积及表面积测量引起的声源辐射声功率测量的不确定度分量。

①测量混响水池体积引起的不确定度分量灵敏度系数为

$$\frac{\partial L_W}{\partial x_{41}}=\frac{\partial L_W}{\partial V}=\frac{10}{R_0\times\ln 10}\frac{\partial R_0}{\partial V}=\frac{10}{R_0\times\ln 10}\cdot S\mathrm{e}^{\frac{55.2V}{T_{60}Sc_0}}\left(\frac{55.2}{T_{60}Sc_0}\right) \tag{4-132}$$

②测量混响水池表面积引起的不确定度分量灵敏度系数为

$$\frac{\partial L_W}{\partial x_{42}}=\frac{\partial L_W}{\partial S}=\frac{10}{R_0\times\ln 10}\frac{\partial R_0}{\partial S}=\frac{10}{R_0\times\ln 10}\cdot\left(\mathrm{e}^{\frac{55.2V}{T_{60}Sc_0}}-1-\frac{\mathrm{e}^{\frac{55.2V}{T_{60}Sc_0}}}{S}\right) \tag{4-133}$$

（5）因水温及水压而对水的密度和水中声传播速度进行修正而引起的不确定度分量灵敏度系数为

$$\frac{\partial L_W}{\partial x_5}=\frac{\partial L_W}{\partial c_0}=\frac{10}{R_0\times\ln 10}\frac{\partial R_0}{\partial c_0}=\frac{10}{R_0\times\ln 10}\cdot S\mathrm{e}^{\frac{55.2V}{T_{60}Sc_0}}\left(-\frac{55.2V}{T_{60}S}c_0{}^{-2}\right) \tag{4-134}$$

（6）标准器校准水听器所引起的不确定度分量灵敏度系数。

①水听器校准仪器不确定度引起的不确定度分量灵敏度系数为

$$\frac{\partial L_W}{\partial x_{61}}=\frac{\partial L_W}{\partial L_P}=1 \tag{4-135}$$

②水听器检测装置的不确定性引起的测量结果不确定度分量灵敏度系数为

$$\frac{\partial L_W}{\partial x_{62}}=\frac{\partial L_W}{\partial L_P}=1 \tag{4-136}$$

3）标准不确定度分量的计算

（1）混响水槽扩散声场不均匀性引起的声源辐射声功率测量不确定度。

在相同条件下，将水听器分别置于6个不同位置，在混响水槽6个不同位置测量球形声源的空间平均声压级（注意：声压值，不取对数），则标准不确定度为

$$u(x_1)=\sqrt{\frac{1}{n_1(n_1-1)}\sum_{i=1}^{n_1}\left(L_P(i)-\overline{L_P}\right)^2}\text{，}\quad n_1=6 \tag{4-137}$$

（2）混响声场重复测量的标准偏差引起的声源辐射声功率测量不确定度。

在同等条件下，在同一位置（相同高度及范围的空间平均）重复测量球形声源的辐射声功率6次，测量空间平均声压级数据。

$$u(x_2)=\sqrt{\frac{1}{n_1(n_1-1)}\sum_{i=1}^{n_1}\left(L_P(i)-\overline{L_P}\right)^2}\text{，}\quad n_1=6 \tag{4-138}$$

（3）混响水池混响时间不确定性测量引起的声源辐射声功率测量不确定度。

①仪器测量精度及读数误差引起的声源辐射声功率测量的不确定度为

$$u(x_{31})=0.01/\sqrt{3}=0.006 \tag{4-139}$$

②混响时间重复测量引起的声源辐射声功率测量的不确定度。

在混响水槽中不同位置测量混响时间的不确定性会引起声源辐射声功率测量的不确定度。为此，在混响水槽中选择不同的6个位置，分别测量其平均混响时间，进行测量不确定度分析。

$$u(x_{32})=\left(\frac{1}{n(n-1)}\sum_{i=1}^{n}(x_i-\overline{x})^2\right)^{1/2} \tag{4-140}$$

以上两个分量相互独立，则

$$u(x_3)=\sqrt{\Sigma\left(\frac{\partial L_W}{\partial x_{3i}}u(x_{3i})\right)^2},\quad i=1,2 \tag{4-141}$$

按式（4-141）可求得混响时间测量引起的不确定度$u(x_3)$。

（4）混响水槽体积测量不确定性引起的声源辐射声功率测量的不确定度。

①测量混响水槽体积引起的声源辐射声功率测量的不确定度。

分别对混响水槽体积进行6次测量，按式（4-142）可求出其不确定度分量为

$$u(x_{41})=\sqrt{\frac{1}{n_1(n_1-1)}\sum_{i=1}^{n_1}\left(V(i)-\overline{V}\right)^2} \tag{4-142}$$

②测量混响水槽表面积引起的声源辐射声功率测量的不确定度。

同样分别对混响水池内表面积进行6次测量，按式（4-143）可求出其不确定度分量为

$$u(x_{42})=\sqrt{\frac{1}{n_1(n_1-1)}\sum_{i=1}^{n_1}\left(S(i)-\overline{S}\right)^2} \tag{4-143}$$

以上两个分量相互独立，则

$$u(x_4)=\sqrt{\sum\left(\frac{\partial L_W}{\partial x_{4i}}u(x_{4i})\right)^2}，\ i=1,2 \tag{4-144}$$

（5）因水温及水压对水中声传播速度进行修正而引起的声源辐射声功率测量的不确定度。

若水温及水压变化引起的水中声传播速度的变化为 0.1%，则

$$u(x_5)=\sqrt{\sum\left(\frac{\partial L_W}{\partial x_5}u(x_5)\right)^2} \tag{4-145}$$

（6）标准器校准水听器所引起的声源辐射声功率测量的不确定度。

①水听器校准腔及校准仪器不确定度引起的声源辐射声功率测量的不确定度。

根据校准腔的性能，给出其不确定度为

$$u(x_{61})=0.04\text{dB} \tag{4-146}$$

②水听器检测装置的不确定性引起的测量结果不确定度。

根据水听器检测装置，给出其不确定度为

$$u(x_{62})=0.2\text{dB} \tag{4-147}$$

以上两个分量相互独立，则

$$u(x_6)=\sqrt{\sum\left(\frac{\partial L_W}{\partial x_{6i}}u(x_{6i})\right)^2}=0.2\text{dB} \tag{4-148}$$

4）合成不确定度的计算

经检查，上面计算的 6 个分量相互独立，由式（4-149）可计算合成不确定度。

$$\begin{aligned}u_c^2(L_W)&=u_{cA}^2(L_W)+u_{cB}^2(L_W)=\sum_{i=1}^{6}\sum_{j=1}^{3}\left(\frac{\partial L_W}{\partial x_{ij}}\right)^2u^2(x_{ij})\\&=\left(\frac{\partial L_W}{\partial x_1}\right)^2u^2(x_1)\bigg|+\left(\frac{\partial L_W}{\partial x_2}\right)^2u^2(x_2)\bigg|+\left(\frac{\partial L_W}{\partial x_{31}}\right)^2u^2(x_{31})\bigg|+\left(\frac{\partial L_W}{\partial x_{32}}\right)^2u^2(x_{32})\bigg|\\&\quad+\left(\frac{\partial L_W}{\partial x_{41}}\right)^2u^2(x_{41})\bigg|+\left(\frac{\partial L_W}{\partial x_{42}}\right)^2u^2(x_{42})\bigg|+\left(\frac{\partial L_W}{\partial x_5}\right)^2u^2(x_5)\bigg|+\left(\frac{\partial L_W}{\partial x_{61}}\right)^2u^2(x_{61})\bigg|\\&\quad+\left(\frac{\partial L_W}{\partial x_{62}}\right)^2u^2(x_{62})\bigg|\end{aligned} \tag{4-149}$$

第5章　声学工程应用

5.1　概　　述

本书的前四章介绍了声学测量和声学计量的相关内容，所涉及的实验项目主要集中在水声测量应用，部分内容涉及空气声学和室内声学的相关内容。然而，声学工程的应用涉及日常生活和生产实践的方方面面，除了水声工程、室内声学和空气声学外，超声学、建筑声学、音乐声学、心理声学等方面的应用案例也比比皆是。为了丰富本书的内容，本章选取了声学工程中应用非常广泛的一类声学——超声学，对其在工业生产和日常生活中的应用进行介绍，期望能开阔读者的视野。

本章主要对检测超声技术、功率超声技术这两个主流的超声技术的应用进行介绍。通常，将大于 20kHz 的声波称为超声波。超声波的频率较高，具有能量密度大、指向性强等优点。超声换能器的工作频率大于 20kHz，通常利用压电材料或磁致伸缩材料作为驱动元件，在此基础上，加入外壳、背衬、匹配层等部分，制作成适合不同行业应用需求的换能器。超声换能器在工业、农业、交通运输、生活、医疗及军事等不同行业和领域中具有广泛的应用。常见的超声换能器的应用包括超声加工、超声清洗、超声探测、医学检测、超声成像等。

5.2　检测超声技术及其应用

5.2.1　超声探伤

1. *超声探伤探头*

1）纵波直探头

纵波直探头是用于发射和接收纵波的一种换能器件。如图 5.1 所示，纵波直探头由阻尼块、压电晶片以及保护膜等部分组成。探头外壳用以支撑和保持压电晶片及内部其他部分。对于声脉冲式发射和接收换能器而言，阻尼块（或吸声块）的主要作用是：①降低 Q 值（品质因数）、增加频带宽度、减小脉冲宽度。一个好的超声探伤探头，要求其具有较高的发射（或接收）声波的效率，以及较高的分辨力，压电晶片在振动时，当外力撤去后，压电晶片还会继续振动一小段时间，导致超声探头所发出的脉冲信号宽度增大，进一步降低超声探头的分辨力。加入阻尼块能够有效地降低外力撤去后的余振，从而提高探头的分辨力。②与压电元件进行匹配，使向后传播的声波尽可能地被吸声块吸收，不产生反射。对于吸声块的材料选择，首先要求其具有较大的吸声系数；另外，通常在吸声材料中加入一定比例的粒子，使声波进入吸声块后产生散射，从而达到吸声效果。例如，将环氧树脂中按一定的配比组合加入钨粉，可以制备理想的吸声块材料。相关研究表明，吸声块的声速主要取决于环氧树脂的声速，与钨粉的配比关系不大；而吸声块的声阻抗，则随钨粉的粒度和配比的增大而增大。为了减少声波在吸声块中的反射，一般将吸声块的后端设计为波浪形或倾斜面。

换能器的另一个重要组成部分是保护膜，保护膜贴在压电晶片外侧（即接触工作面的一侧），防止磨损或碰坏。目前使用的保护膜有软膜和硬膜两种，多用陶瓷板制作。近年来，有些人用含硅砂的塑料和碳化钨制作保护膜，但这种保护膜很难做到足够薄，导致声波在保护膜内产生多次反射，从而使探测波变宽，增大了探测盲区。为了保证保护膜的透声率，压电晶片、保护膜及工作面三者之间的声阻抗应该满足如下关系：

$$\rho_2 C_2 = \sqrt{\rho_1 C_1 \times \rho_3 C_3} \tag{5-1}$$

式中，$\rho_1 C_1$、$\rho_2 C_2$、$\rho_3 C_3$分别是保护膜、压电晶片、工作面中的密度和声速。当保护膜厚$d = (2n+1)\times \lambda_2 / 4$，或$d = n\lambda_2 / 2$时，透声效果最佳。

2）横波斜探头

简单的横波斜探头由一个纵波直探头和固体斜楔组成，纵波直探头发出声波通过固体斜楔后，声波经过折射，在被探测材料中形成横波。如图 5.2 所示，横波斜探头的结构形式多种多样。横波斜探头一般由三部分构成：纵波直探头、斜楔和阻尼块。声波在传播过程中，有一部分声波在斜楔表面和晶片之间发生多次反射，从而加大了始波脉冲宽度并产生杂波，通过设置声陷阱或吸声材料可将杂波消除。横波斜探头的固体斜楔多用有机玻璃制作，有机玻璃易于加工，同时与被测工件有较好的声耦合效果。

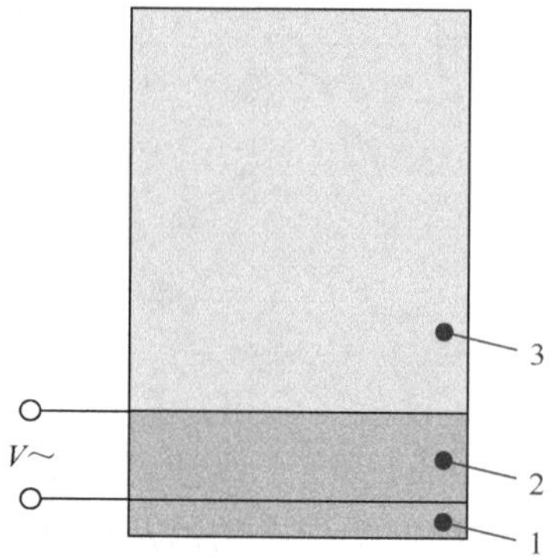

图 5.1　纵波直探头的结构

1-保护膜；2-压电晶片；3-阻尼块

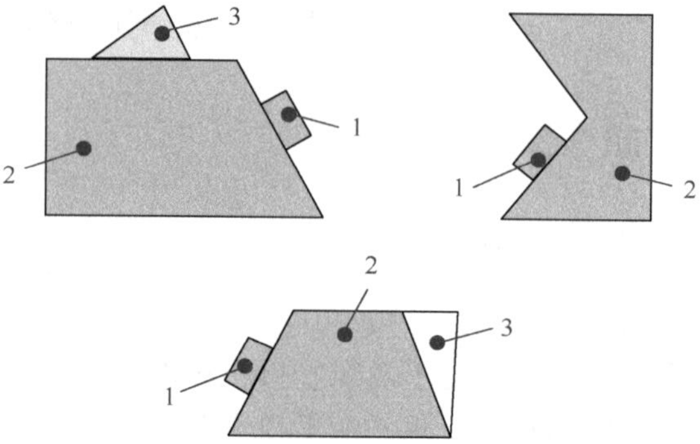

图 5.2　各种形式的横波斜探头

1-纵波直探头；2-斜楔；3-声陷阱（消声器）

3）组合探头

组合探头是将两片或两片以上的压电晶片组合到同一个探头中，用来发射和接收声波。实际应用中，将探头组合成不同的形式可以达到不同的探测目的。图 5.3 为双晶片探头的示意图，两片压电晶片分别承担发射和接收声波的任务。为了消除干扰，将两个晶片用隔声层隔开。双晶片探头通常配有延迟块和透声楔，并在中间加入 1mm 厚的软木板作为隔声层。

图 5.4 为双晶斜探头声场示意图，图中两片压电晶片对称排列，形成倾角 θ，倾角 θ 的大小根据被检工件的厚度而定，一般为 4°～10°。在固体斜楔边界位置交叉形成一菱形声场区域 $abcd$，菱形区域的反射信号最强，其发射和接收两声束轴线的交点 Q 处的灵敏度最高。在检测过程中，要根据被检工件的厚度选取倾角 θ。倾角 θ 越小，交叉点距探测面的深度越深，菱形区越细长，有利于探测较厚的工件；倾角 θ 越大，交叉点距被检测的工件面越浅，菱形区越粗短，有利于检测较薄的工件。

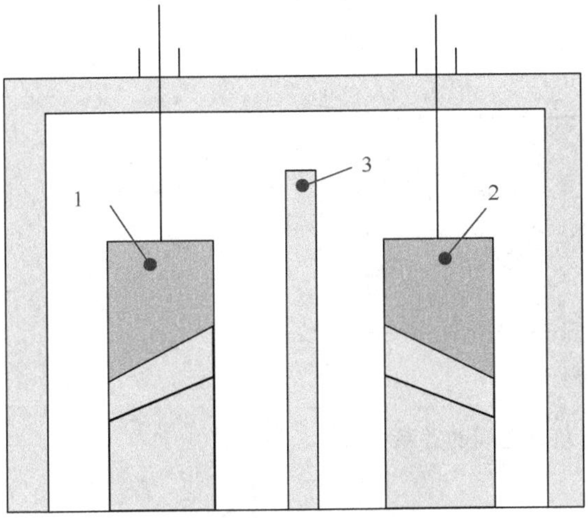

图 5.3　双晶片探头的结构

1-探头；2-探头；3-隔声层（消声器）

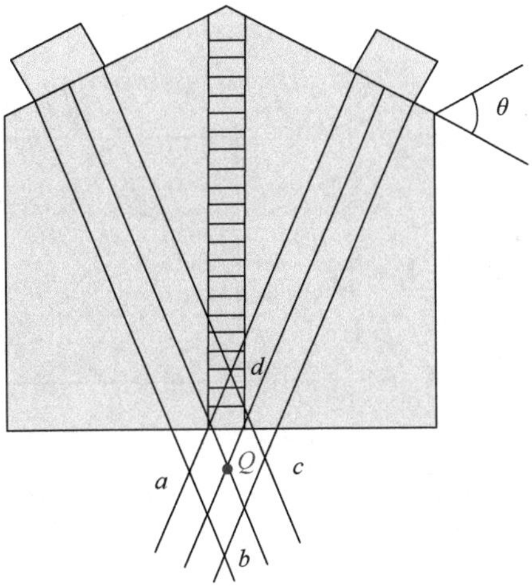

图 5.4　双晶斜探头声场

4）板波探头

如图 5.5 所示，板波探头一般也是斜探头，通过选择声波入射角 θ 来产生板波。为了获得较强的板波，通常将激励频率设置为板的固有振动频率。板波相速度波长 B 与斜楔中的纵波波长 A 相等时，产生共振，此时两个波长及入射角之间满足如下关系：

$$\sin\theta_i = \frac{A}{B} = \frac{C_i}{C_B} \tag{5-2}$$

式中，C_i 是斜楔中的纵波声速；C_B 是板中产生的板波的相速度；θ_i 是纵波的入射角。改变纵波的入射角 θ_i 可改变板波的相速度 C_B。

5）聚焦探头

能将超声波汇聚成细束状的探头称为聚焦探头。如图 5.6 所示，主要有三种聚焦方法：分图（a）将压电晶片直接做成凹面或碗形，将发出的声波直接聚焦；分图（b）通过反射，将发出的声波进行聚焦；分图（c）用声透镜将发出的声波进行聚焦。由于把压电晶片做成凹面状，在工艺上比较困难，因此实际应用中，大多采用加声透镜的方法。聚焦探头分为点聚焦探头、线聚焦探头。点聚焦探头将超声波汇聚于一点，检测灵敏度较高，但探伤检测速度较慢；线聚焦探头将超声波汇聚于一条线，灵敏度较点聚焦探头稍微低一些，但检测速度大幅提升。

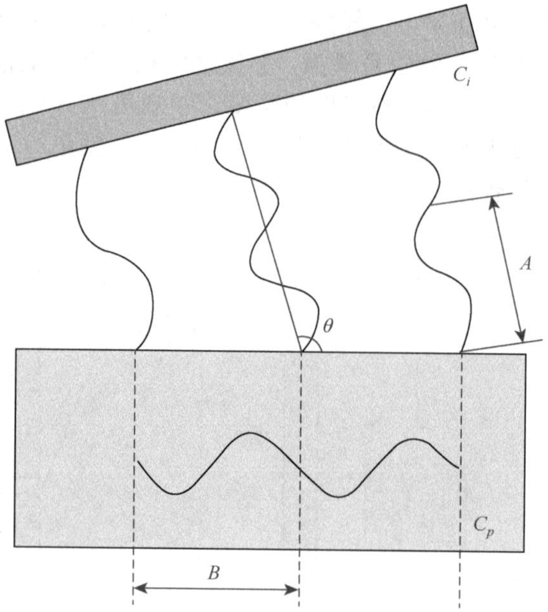

图 5.5　板波与入射角 θ 之间的关系

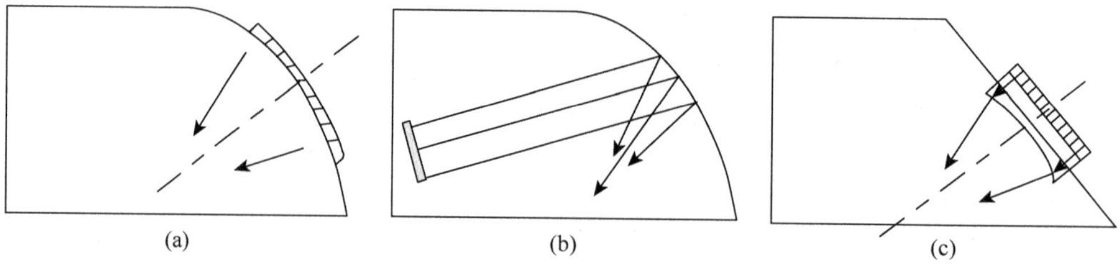

图 5.6　聚焦探头

2. 超声探伤方法

超声探伤分为两个方面：一方面，确定被测工件中是否存在缺陷；另一方面，如果存在缺陷，需要确定缺陷的位置、大小、质量等情况。无损检测的方法有很多，其中，超声探伤的应用最为广泛。根据超声探伤使用的波形、发射和接收方法、信号显示方法及工件耦合形式的不同，可以将超声探伤分为多种类型。本章将对一些常用的超声探伤方法进行介绍。

1）脉冲反射法

脉冲反射法是超声检测法中最常用的一种方法。目前，脉冲反射法已经广泛应用于超声医学诊断中，如 A 型超声诊断仪和 B 型超声诊断仪都采用超声脉冲反射法进行工作。脉冲反射法的基本过程为超声波探头在脉冲源的激励下发出间断的超声脉冲，超声脉冲进入被测介质，在介质中遇到不连续处，由于声阻抗的变化，脉冲声波在阻抗不连续处发生反射，其中一部分脉冲声波被反射回来，并被接收探头接收，再将脉冲声波转化为电信号显示出来。

图 5.7 为脉冲反射法的探伤原理示意图。图中，脉冲 T 为发射脉冲，脉冲 B 为材料或工件底面的反射脉冲，而脉冲 F 为缺陷的反射脉冲，这种方法也称为缺陷回波法。此外，还可以用底面回波高度来判断缺陷的存在，如图 5.8 所示，不存在缺陷时，底面回波高度不变；存在缺陷时，底面回波高度下降甚至消失。还有一种脉冲反射法，是利用超声脉冲在材料底面多次反射后被探头接收实现探伤的，具体工作原理为，当材料中无缺陷时，由于材料的衰减，超声脉冲逐次降低；当材料中有缺陷时，由于缺陷的反射和散射而增加了声损耗，并减少了底面反射声脉冲的次数。同时，缺陷的存在也打乱了底面回波高度有规律的降低。如图 5.9 所示，根据探头的形式，脉冲反射法可分为单探头法和双探头法。

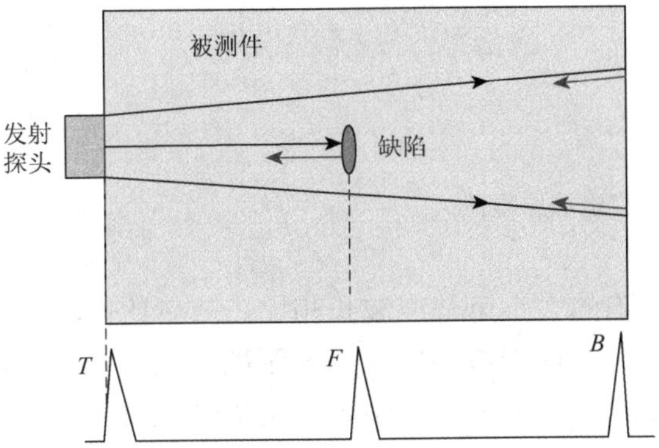

图 5.7　脉冲反射法探伤原理图

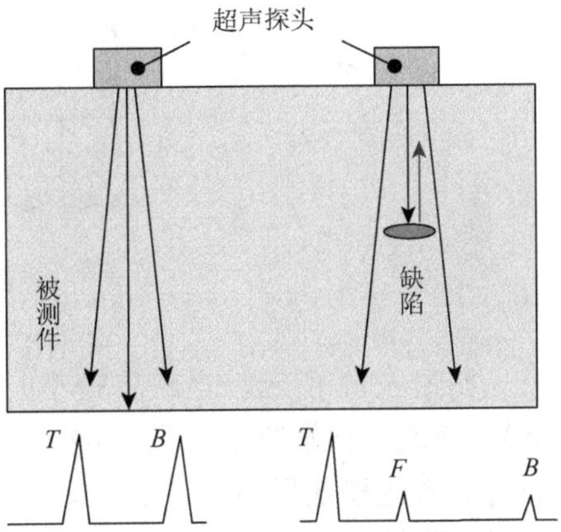

图 5.8　底面反射脉冲高度法

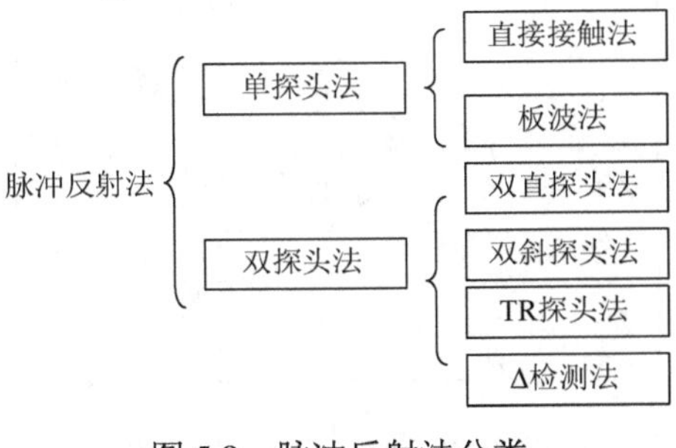

图 5.9　脉冲反射法分类

由于上述脉冲反射法的原理和探测方法的差异，它们的探伤对象和范围也有所不同。例如，纵波法的超声脉冲是垂直入射在工件表面的，因此对于与工件表面平行的缺陷的探测效果最佳，然而纵波法的盲区较大，只能用来探测深部缺陷；水浸法通过水介质与工件进行耦合，不需要耦合剂，对于工件表面比较粗糙的样品探测效果较好。此外，使用水浸法，探头不易磨损，容易实现自动化探伤。

2）穿透法

穿透法又称为透射法，是利用声波穿过被检材料（或工件）后产生的能量变化来判断缺陷的存在及其性质。穿透法是应用较早的一种超声探伤方法，其工作原理如图 5.10 所示。穿透法通常采用双探头，两个探头分别作为发射器和接收器，可以布置在被测工件的两侧，也可以布置于被测工件的同侧。当材料（或工件）中有缺陷时，接收探头接收到的能量很小。穿透法探伤时既可以使用连续声波，也可以使用脉冲声波。当使用连续声波时，为了排除用连续声波产生的驻波干扰，常采用调频波；当确定在材料或工件中不会产生驻波时，也可以用调幅波。

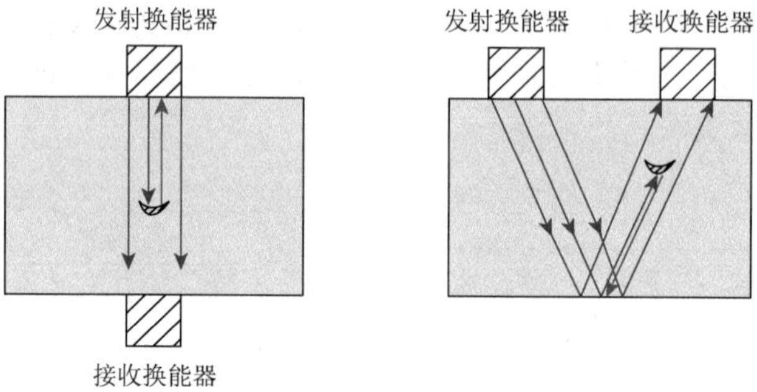

图 5.10　穿透法原理图

如图 5.11 所示，当缺陷较小时（即缺陷的大小可与声波长相比，或者比声波波长还小），声波会在缺陷边缘发生绕射，并在缺陷后面形成声影，缺陷距离接收探头越远，缺陷对能量遮挡效果越小。当缺陷距离接收探头的距离大于 S_H 时，所接收到的声能基本上不受缺陷的影响。

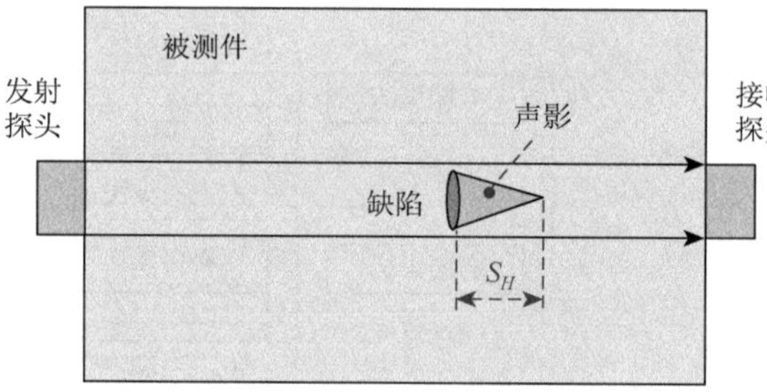

图 5.11　缺陷后形成的声影

距离 S_H 可以近似表示为

$$S_H = \frac{D^2}{4l} = \frac{r^2}{l} = \frac{fr^2}{C} \tag{5-3}$$

式中，D 是缺陷的直径；r 是缺陷的半径。

在实际探伤中，由于接收探头距缺陷越远对接收的能量影响越小，所以形成的声影也越小，缺陷不容易发现。

3）共振法

声波在介质中传播遇到界面后，一部分声波（或全部声波）会被反射回来。被反射回来的声波与原来的发射声波同相叠加，产生驻波共振，利用这种原理来检验工件或材料的方法称为共振法。共振法测试时，利用频率连续可调的正弦信号去激励压电晶片，并将产生的声波经过耦合剂后辐射到被测工件中。通过调整发射信号的频率，可以改变介质中的声波波长 λ，当工件的厚度为声波半波长的整数倍时，入射波和反射波相位相同，发生叠加，并在工件中形成驻波。如图 5.12 所示，当波腹在工件表面时，可以通过式（5-4）测得工件的厚度。

$$\delta = n \cdot \frac{\lambda}{2} = \frac{nc}{2f_0} \tag{5-4}$$

式中，δ 为工件的厚度；λ 为声波波长；f_0 为超声波频率；c 为工件中声波的传播速度；n 为共振次数。

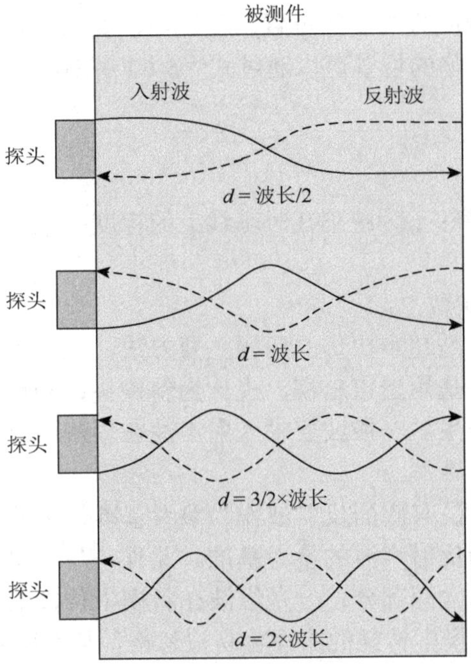

图 5.12　工件中超声波共振现象

测得共振时的频率 f_0，共振次数 n，便可计算出工件的厚度。但实际上要找出共振频率或它们的谐波频率，首先需要测出两个相邻的共振频率，即 f_{n+1} 和 f_n（$f_{n+1}-f_n = \Delta f$），则厚度表示为

$$\delta = \frac{c}{2\Delta f} \tag{5-5}$$

式中，Δf 表示一定带宽的频率。当存在阻尼时，Q 值越高，带宽越窄，δ 值越精确；Q 值越低，带宽越宽，δ 值越不精确。

3. 超声探伤的缺陷定位

一般情况下，采用超声探伤仪探伤时，探伤仪扫描时的基线与超声波在工件中传播的时间成比例。通常在同种材料中声速是一个常数，声脉冲在时基线上出现的位置和声传播的距离成比例。如图 5.13 所示，始脉冲 A 和底脉冲 B 之间的距离 τ_b 就代表工件的厚度，缺陷波 F 是在 T 和 B 之间出现的，用 τ_f 代表缺陷在工件中的位置。由于 τ_b 是已知的，τ_f 可求得。在超声探伤中，掌握缺陷的位置对于判断缺陷危害程度以及工件寿命都有着极其重要的意义。

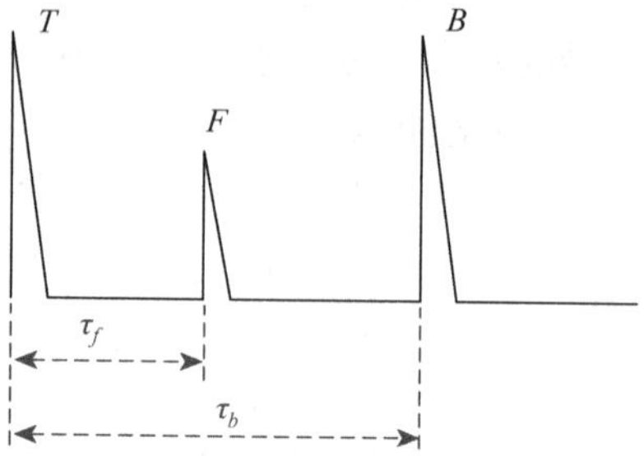

图 5.13　缺陷位置示意图

1）纵波探伤缺陷的定位

在纵波探伤中缺陷的定位是在一维情况下进行的，声波从探头辐射面通过耦合剂进入工件，它所确定的缺陷位置是声波传播方向上的位置，即探头接触面的深度方向上的位置。测试中，要求工件底面光滑平行，探伤仪扫描的时基线线形良好，缺陷的位置可以通过式（5-6）求得。

$$x = \frac{\tau_f}{\tau_b} \cdot T \tag{5-6}$$

式中，x 为缺陷的深度距离；τ_f 为缺陷在时基线上的标度；τ_b 为底波在时基线上的标度；T 为工件的厚度。

2）横波探伤缺陷的定位

纵波探伤和横波探伤是超声探伤的两种主要方法，在许多方面它们是相互补充的。目前产生横波的主要方法是用透声斜楔，也称为斜探头，利用这种方法可以在被检测材料中产生单一的横波。产生单一横波要求入射声波在斜楔中的入射角必须同时满足大于第一临界角和小于第二临界角。

在横波探伤中，由于没有底面反射波作为参考基准，因此扫描线的调整需要借助标准反射体（即试块）作为反射声波的参考基准。此外，与直探头不同，声波从斜探头发射后，声波的传播路程包含两部分：一是纵波在斜楔中传播的路程；二是截面折射后产生横波的路程。纵波在斜楔中传播的路程容易被忽略，从而引起检测误差。

横波探伤中，缺陷的位置可由探头的折射角和声程确定，或者由声程的水平或垂直距离确定。因此，在缺陷定位方面，横波探伤比纵波探伤的定位方法复杂得多。横波探伤中，通常使用三种方法对扫描线进行调整：①声程定位法，即按声程调节扫描线速度的方法，调节时，基扫描线按一定比例代表反射体的声程 W，检测时，缺陷波在时基线上出现的位置，可直接记为缺陷的声程 W；②水平定位法，即按水平距离调整扫描线速度的方法，用水平距离 L 表示缺陷位置在水平轴上的投影，调整时，基扫描线的标度以一定的比例代表反射体的水平距离 L，从时基线上缺陷波的位置可直接读出缺陷的水平距离；③深度定位法，即按垂直距离调整扫描线速度的方法，调节时，时基线按一定比例代表反射体的深度 d，同样根据缺陷波在时基线上出现的位置可直接读出缺陷的垂直距离。

4. 超声探伤灵敏度的调整

超声探伤灵敏度，指在一定条件下，超声探伤仪能探测出一定深度下的最小缺陷的能力。超声探伤仪能发现的缺陷尺度越小，其灵敏度越高。超声探伤仪所能发现缺陷的最小尺度为所使用超声波波长的一半。目前，超声探伤通常使用以下两种方法确定探查灵敏度。第一，利用试块调节灵敏度：根据脉冲反射法的要求来选择试块，探伤仪发出超声信号并产生回波，利用试块中规则人工缺陷对探伤仪的回波，调整探伤仪灵敏度旋钮，使回波显示高度达到所规定的高度；然后，用该超声探伤仪区探测工件。第二，利用底波调整灵敏度，即利用工件或材料的底面回波来调整灵敏度，这种方法简便易行。

对于超声横波探伤，横波是由直探头和斜楔共同产生的：直探头在斜楔中产生的是纵波，由于直探头中声波的入射方向和法线存在一定的夹角，当斜楔中的纵波传播到有机玻璃和钢界面时，发生模式转换，从而产生横波。横波探测绝大多数是利用试块调整灵敏度的，调整时，选择适当的试块，利用试块上的人工缺陷把回波高度调到一个适当的位置上。

斜探头横波探伤和直探头横波探伤不同，通过变换处理，可以将直探头探测方法应用于斜探头的检测。这里引入“虚构声源”的概念：“虚构声源”是设想斜楔块中存在一个横波声源，发射出横波并传播到被检介质中。根据几何关系，可以获得声程之间的关系：

$$l_2 = l_1 \frac{\tan\alpha}{\tan\beta} \tag{5-7}$$

式中，l_2为虚构声源在有机玻璃中的声程；l_1为直探头在有机玻璃中的声程；α为入射角；β为在钢中的折射角。

同样，也可以获得两个声源的直径 D_1 和 D_2 之间的关系：

$$D_2 = D_1 \frac{\cos\beta}{\cos\alpha} \tag{5-8}$$

如果直探头的晶片是圆形的，它的投影就是椭圆形的，其椭圆面积为

$$A_2 = \frac{\pi}{4} D_2 \cdot D_1 = \frac{\pi}{4} D_1^2 \frac{\cos\beta}{\cos\alpha} = A_1 \frac{\cos\beta}{\cos\alpha} \tag{5-9}$$

虚构声源的近场长度为

$$N = \frac{1}{4\lambda} D_1 \cdot D_1 = \frac{\pi}{4} D_1^2 \frac{\cos\beta}{\cos\alpha} = \frac{A_1}{\pi\lambda} \frac{\cos\beta}{\cos\alpha} = \frac{A_2}{\pi\lambda} \tag{5-10}$$

实际上钢中的近场长度为

$$N' = N - l_2 \tag{5-11}$$

5. 超声探伤缺陷的定量

缺陷定量是指对缺陷尺度的定量测量，目前使用的缺陷定量方法有试块当量法、当量计法、底波高度定量法、测长法、相对灵敏度测长法、绝对灵敏度测长法、AVG 曲线法等，下面逐一进行介绍。

试块当量法：试块当量法适用于测量小于声束截面的缺陷。目前，超声探伤仪大多采用脉冲回波的高度来确定缺陷的大小。然而，缺陷的样式形体复杂且相互之间差异较大，导致反射声波的取向复杂。此外，不同缺陷的内含物的差异，导致即使尺度相近的缺陷的回声高度也可能相差很大。因此，采用回波高度作为定量缺陷大小的方法只能作为一种参考，实际准确度并不高。实际中，试块当量法并不用来确定缺陷的实际尺寸，而是以某些人工规则反射体的回波高度作为基准，与未知缺陷的回波高度进行对比，从而对缺陷进行定量。定量时，需要控制二者之间的测试条件尽可能保持相同。试块当量法简便易行，是一种很实用的方法。然而，需要很多参考试块，导致测试工作变得烦琐。

当量计法：当量计法是利用回波声压公式来确定缺陷尺寸的一种计算方法。当声程大于三倍的近场长度时（$x>3N$），一般的规则反射体的回波声压的变化规律基本符合理论回波声压公式的规律，因此可以通过计算的方法确定缺陷的尺寸。当量计法不用试块，简便易行。

底波高度定量法：底波高度定量法是采用无缺陷的底波作为比较基准，对缺陷尺寸进行测量的方法。

测长法：当缺陷的长度大于声波波束宽度时，用测长法确定缺陷的大小尺度更为合适。测长法是以声波波束指向性为基础的定量方法，根据缺陷的回波高度和探头移动距离之间的关系来定量缺陷。测长法确定的缺陷长度，称为缺陷的指示长度。实际上，由于缺陷的复杂性，缺陷的指示长度总是小于或等于缺陷的实际长度。

相对灵敏度测长法：相对灵敏度测长法是以缺陷回波的最高幅度为相对基准确定缺陷长度的方法。测定时，沿缺陷的长度方向移动探头，并将所测得的信号值降低一定的分贝值来确定缺陷的大小。

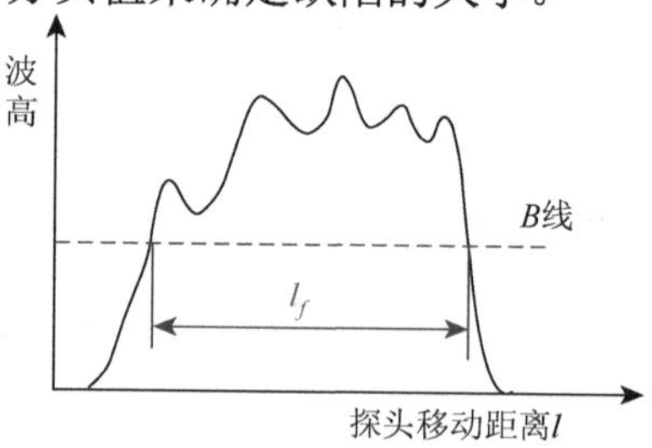

图 5.14　绝对灵敏度测长法示意图

绝对灵敏度测长法：绝对灵敏度测长法，也称为波高限度测长法。测试时，保证仪器灵敏度不变（作为一个灵敏度基准），探头沿缺陷长度方向平行移动。如图 5.14 所示，当缺陷波高下降到基准位置（B 线）时，探头移动的距离就是缺陷的指示长度。绝对灵敏度测长法测出的缺陷指示长度与测长灵敏度有关。测长灵敏度高，缺陷长度大；测长灵敏度低，缺陷长度小。绝对灵敏度测长法多半用在自动化探伤过程中。

AVG 曲线法：AVG 曲线法，是指利用缺陷距离、波幅、当量大小三个参数之间的关系确定缺陷当量的大小。利用 AVG 曲线法计算缺陷当量非常方便，被广泛应用。AVG 曲线法又分为通用 AVG 曲线法和实用 AVG 曲线法。

实际超声探伤时，还需要考虑介质中的声吸收以及缺陷反射波的角度等误差因素，综合测试原理、测试条件的可行性后，选择相应的测试方法，从而保证测试的准确性。

5.2.2　超声测厚

工业上，需要对加工件的厚度进行精密无损检测，例如，生产线上轧制的板材厚度、管材壁厚的在线监测，船舶壳体厚度检测，高温高压容器厚度检测等。超声测厚具有如下优点：①精度高，在测量几毫米以上的厚度时，精度可达 0.1%～0.5%；②对工件无损伤；③操作简单、安全。因此，超声测厚广泛地应用于工业生产的工件厚度检测中。下面介绍几种常用的超声测厚方法。

1. 共振法测厚

用频率可调的超声波垂直入射两个端面平行的待测试件时，在共振频率 $f_n, f_{n+1}, \cdots, f_{n+m}, \cdots$上，入射波与两个端面的反射波会发生干涉，从而产生共振。试件的声速 c、共振频率、试件厚度 d 之间有如下关系：

$$d = mc/[2(f_{n+m}-f_n)] \tag{5-12}$$

图 5.15 为共振式超声测厚装置示意图。被测试样共振时，根据振荡器工作电流出现极值的次数来判定共振频率 f_n 和 f_{n+m}，以及共振次数 m，进一步地可以根据式（5-12）求得试件厚度 d。共振式超声测厚计的测量范围为 1～100mm，测量精度可达 0.1%～1%，可测的最薄厚度为 0.1mm。

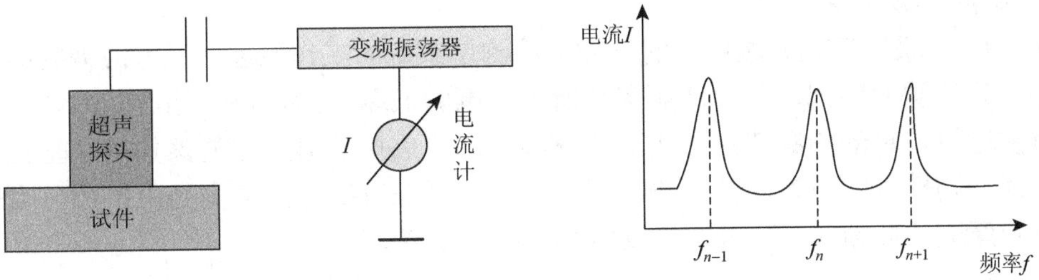

图 5.15　共振式超声测厚计工作原理

2. 干涉法测厚

当某一频率可调的超声波通过耦合液射入试件时，一部分在试件上表面反射，一部分透入试件后在试件的下表面反射。如果试件厚度 d 正好是超声波半波长的整数倍，则会产生共振。因此，试件上下表面的反射波就会有 180°的相位差，使得两个反射波叠加后相互抵消。此时，超声测厚计接收到的反射信号的频谱曲线中，会出现强度显著下降的零点，零点处的频率为 f_r，与试件厚度成反比。因此，通过测出 f_r，就可以利用试件中的已知声速 c，求出试件的厚度 d。干涉法测厚中，可以使用连续的超声波，也可以使用兼有脉冲和连续波特点的调制脉冲方波。下面我们介绍两种干涉测厚的方法。

1）连续波干涉测厚

图 5.16 为连续波干涉测厚系统的原理图。系统的发射和接收换能器必须分开。两个换能器通过水与待测薄板耦合，水层厚度可适当调节。扫频振荡器和示波器的 X 轴扫描电压，由主控单元同时控制。所以，示波器的 X 轴直接对应于超声波频率。当试样在某频率上共振时，接收探头的输出在示波器上就出现零点。测出零点对应的频率，利用它们与厚度成反比的关系，即可求出试件的厚度。当共振零点不够尖锐时，可通过调节水层厚度来改善。

连续波干涉测厚法，其精度可达 6μm。但是，由于需要手动调节，不能满足在线快速自动测厚的要求，只适用于少量试件的精密测厚。

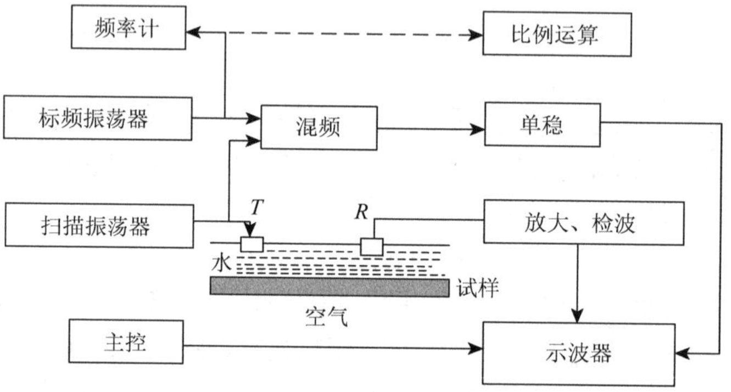

图 5.16　连续波干涉测厚系统

2）脉冲干涉测厚

图 5.17 为采用调制方波脉冲的脉冲干涉测厚系统的工作原理。受方波调制的扫频振荡器输出载波脉冲序列，其载波频率从所需范围的低端开始，每一相继脉冲增加一个不大的频率增量，总的扫频范围由实际情况确定。聚焦换能器发出的聚焦声束垂直入射到壁管表面。两壁管的反射回波，仍由同一个换能器在发射脉冲的间隙里接收。当载波频率与壁管厚度共振频率一致时，接收信号将出现零点。

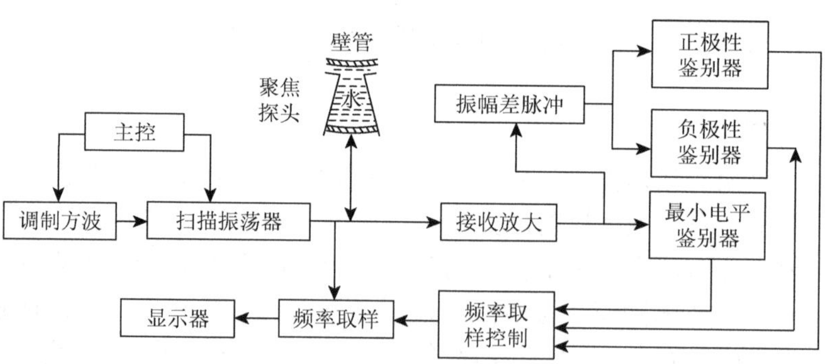

图 5.17　脉冲干涉测厚系统

有两种判定零点的方法：一是将接收信号输入至最小电平鉴别器，直接测出它的最小振幅；二是将每一个反射脉冲振幅与前一个比较，求出其差值。当载波频率由低到高扫描通过零点频率时，回波振幅经历了一个逐渐减小又变大的过程，相应的差值经历了一个由负到正的突变。这样，根据最小电平鉴别器和正负极性鉴别器的输出，就可以把出现零点时的载波频率取样输出，从而确定共振频率，用以进行厚度测量或自动控制。

脉冲干涉测厚可以快速、连续进行，并且有相当高的精度。例如，对不锈钢管壁厚的测量，在 0.25～1.25mm 范围内，精度可达 0.1%。

3. 脉冲法测厚

上述介绍的共振法和干涉法测厚，对于厚度较厚、表面凹凸不平、厚度变化较大的试样就难以适用。目前，对于较厚的试样，都广泛地使用脉冲法测厚。

脉冲法测厚的原理，主要是测量超声脉冲通过试样所需要的声时 t，然后根据超声脉冲在试样中的传播速度，计算试样的厚度。通常采用的脉冲反射法测厚，由一个自发自收的超声探头与试样的一个表面耦合，厚度 d 与声时 t 及声速之间的关系为

$$d = ct/2 \tag{5-13}$$

脉冲超声测厚仪的测厚范围为 4～99.9mm，精度为 0.1mm。在保证灵敏度的前提下，工作频率尽可能高一些。通常，金属测厚的频率为 1～5MHz。

4. 板波法测厚

在厚度为 h 的板中，板波存在着对称和反对称两种传播模式。通常，两者都是频散的。但是，当声波波长 λ 远大于板厚 h 时，最低阶的对称模式波 S_0 变成一个有确定波速 c_{sheet} 的波：

$$c_{\text{sheet}} = \left(4\left(\frac{\lambda+\mu}{\lambda+2\mu}\right)\frac{\mu}{\rho}\right)^{\frac{1}{2}} \tag{5-14}$$

式中，λ 和 μ 为板的拉梅常量；ρ 为板的密度。这时反对称模式波 a_0 的群速度 c_g 与 c_{sheet} 之间有关系：

$$c_g^2 = \frac{4\pi}{\sqrt{3}} fhc_{\text{sheet}} \tag{5-15}$$

因此，通过测定 c_{sheet}，并由记录下来的 a_0 的频散曲线，得到 c_g^2-f 的直线斜率，就能确定板的厚度 h。板波法测厚，由于要求声波波长 λ 远大于板厚 h，当所测板的厚度与声波波长较为接近时，该方法的测量精度会随之下降。板波法测厚对于薄膜厚度测量，能够有效地满足声波波长远大于板厚的条件，因此，板波法测厚在薄膜厚度检测上效果非常好。

5.2.3 超声测流速流量

1. 超声测流速流量原理

超声波在流动的介质中传播时，相对于固定坐标系统（如管道壁），其传播速度与在

静止介质中的传播速度不同，速度的变化与介质的流速有关。因此，可以根据超声波传播速度的变化，确定介质的流速和流量。

目前，测量流动介质中超声传播速度的方法主要有声时差法、相位差法、频率差法、速度差法、超声束位移法、多普勒法等。下面对声时差法和频率差法的原理进行简单的介绍。

2. *声时差法*

图 5.18 为声时差法测流体流速的示意图。在流速为 u 的流动介质的上游和下游，分别放置超声换能器 T1 和 T2。假设 T1 和 T2 之间的距离为 l，l 与 u 之间的夹角为 θ。

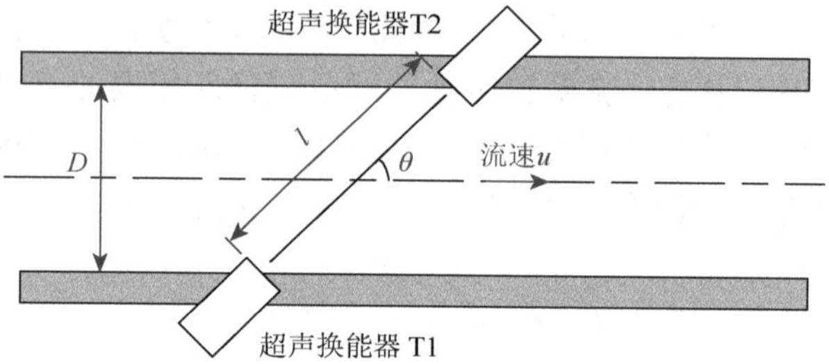

图 5.18　声时差法测流速示意图

当 T1 作为发射器、T2 作为接收器时，声波沿着流体顺流而下。此时，从换能器 T1 发射声波到换能器 T2 接收到声波所用的时间为

$$t_{12} = \tau + l/(c + u\cos\theta) \tag{5-16}$$

式中，τ 为换能器 T1 和 T2 的总的声延迟；c 为流体中的声速。

当 T2 作为发射器、T1 作为接收器时，声波沿着流体逆流而上。此时，从换能器 T2 发射声波到换能器 T1 接收到声波所用的时间为

$$t_{21} = \tau + l/(c - u\cos\theta) \tag{5-17}$$

顺流、逆流传播的声时差为

$$\Delta t = t_{21} - t_{12} = \frac{2lu\cos\theta}{c^2} \tag{5-18}$$

式(5-18)给出了流体流速 u 和声时差 Δt 之间的关系，因此，可以通过测量声时差 Δt，求得流体的流速 u。

当管道的内径为 D 时，两个换能器之间的距离 l 可以表示为

$$l = \frac{D}{\sin\theta} \tag{5-19}$$

于是，流速 u 和流量 Q 可以表示为

$$u = \frac{c^2\tan\theta}{2D}\cdot\Delta t \tag{5-20}$$

$$Q = (450\pi Dc^2\tan\theta)\cdot\Delta t \tag{5-21}$$

3. 频率差法

频率差法超声流量计工作原理：当超声换能器向被测介质发出超声波脉冲时，经过一段时间传播后，超声波脉冲被另一个超声换能器接收。被接收信号经过放大后，立即返回去触发发射电路，使发射换能器再次向被测介质发射超声波脉冲，这样就形成了如图 5.19 所示的循环发射过程。

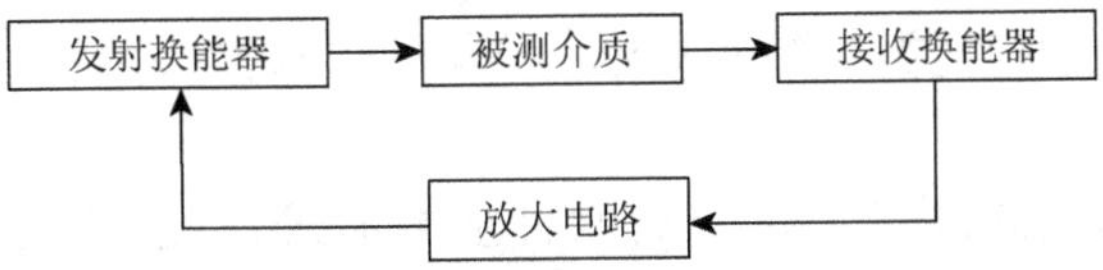

图 5.19　频率差法的循环发射过程

这一周期性的发射脉冲的重复频率将直接取决于声脉冲在介质中的传播时间，即顺流传播时的重复频率 $f_1 = 1/t_{12}$，逆流传播时的重复频率 $f_2 = 1/t_{21}$。于是有

$$f_1 = \left(\frac{D}{(c_2 + u\cos\theta)\sin\theta} + \tau \right)^{-1} \tag{5-22}$$

$$f_2 = \left(\frac{D}{(c_2 - u\cos\theta)\sin\theta} + \tau \right)^{-1} \tag{5-23}$$

于是，频率差为

$$\Delta f = \frac{\sin(2\theta)}{D\left(1 + \dfrac{\tau c \sin\theta}{D}\right)^2} \cdot u \tag{5-24}$$

可以求得流速和流量的表达式：

$$u = \frac{D\left(1 + \dfrac{\tau c \sin\theta}{D}\right)^2}{\sin(2\theta)} \cdot \Delta f \tag{5-25}$$

$$Q = 900\pi D^2 \frac{D\left(1 + \dfrac{\tau c \sin\theta}{D}\right)^2}{\sin(2\theta)} \cdot \Delta f \tag{5-26}$$

5.2.4　超声测液位

超声测液位技术有很多优点，它不仅能定点和连续测位，而且能方便地提供遥测或遥控所需的信号。与放射性测位技术相比，超声测位技术不需要防护；与激光测距技术相比，超声测位具有简单和经济的优点。此外，超声测位技术安装和维护比较方便，可采用气体、液体、固体作为传声介质，具有较大的适应性。

1. 脉冲回波式液位测量基本原理

在连续测量液位技术中，应用最为广泛的是脉冲回波法。它的基本原理是发射超声换能器发出的超声脉冲，通过传声介质传到被测液面，经发射后通过传声介质返回到接收换能器。测出超声脉冲从发射到接收在介质中传播的声时，再根据传声介质中的声速，就可以计算出从换能器到液面的距离，从而确定液位高度。

根据传声介质的不同，液位计可分为液介式、气介式、固介式三种。根据所用换能器的工作方式，又可分为自发自收单探头、一发一收双探头两种。经过排列组合，就有六种形式的液位计。

图 5.20 为脉冲回波式超声液位计的六种基本形式。其中，图 5.20（a）～（c）采用自发自收单探头的方式工作。探头 P 与液位的距离 L 之间的关系可表示为

$$L=\frac{1}{2}ct \tag{5-27}$$

式中，c 为介质中的声速；t 为介质中来回一次的声时。

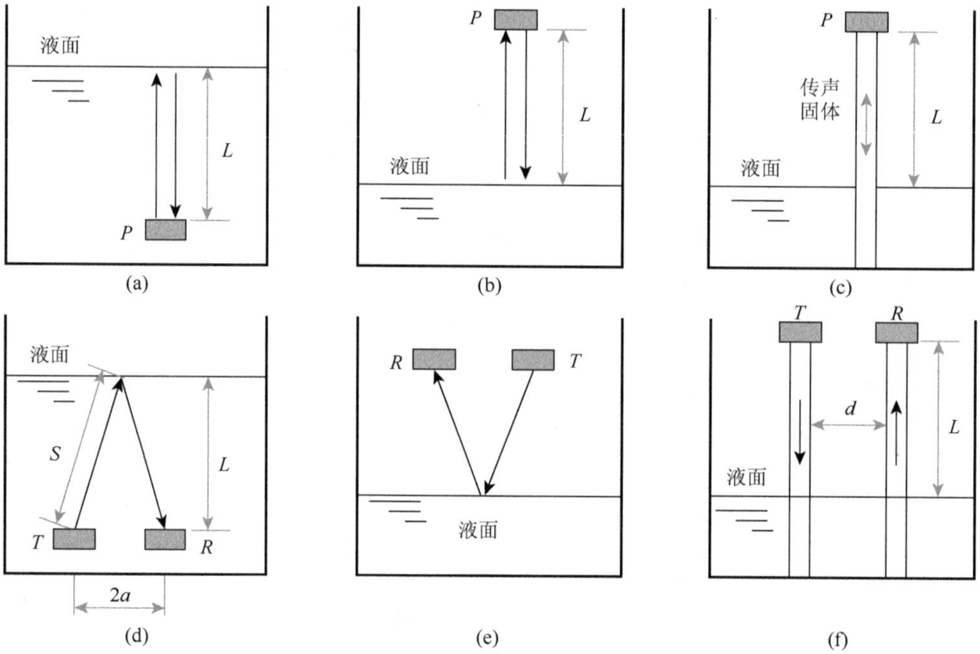

图 5.20　脉冲回波式超声液位计的六种基本形式

图 5.20（d）～（f）采用一发一收双探头的方式工作。对于图 5.20（d）和（e）两种工作方式，如果两换能器中心之间的距离为 $2a$，声波从换能器到液面的斜向路径为 S，超声波在液体或气体介质中的传播声时为 t，则有

$$S=\frac{1}{2}ct \tag{5-28}$$

结合 S、L 及 a 之间直角三角形直角边与斜边的关系，就可以求得液位高度 L：

$$L = \sqrt{\left(\frac{1}{2}ct\right)^2 - a^2} \tag{5-29}$$

对于固体式超声液位计，超声脉冲由发射换能器经过第一个固体传声到液面，再由液体传声到第二个固体，然后由第二个固体传声到接收换能器。设两个传声固体之间的距离为 d，总声时为 t_1，则换能器与液面之间的距离 L 可表示为

$$L = \frac{1}{2}c\left(t_1 - \frac{d}{c_L}\right) \tag{5-30}$$

式中，c 为所使用传声固体的声速；c_L 为液体的声速。

2. 脉冲回波式液位测量的选择

从声速校正的难易来看，气介式声速校正一般最困难。这是因为对气体声速影响显著的因素最多，并且这些因素之间相互影响。这些因素导致气体介质中产生较大的声速梯度。具体的影响因素大致有气体介质中水蒸气含量、温度、气压等，此外对于挥发性较强的液体，挥发液体在气体中的含量也是一个重要影响因素。因此，气介式声速校正通常适用于挥发性不强、气体温度各处均匀且变化范围不大、压强稳定的环境。

液介式声速校正比气介式声速校正简单得多。虽然液体成分、温度、压力等因素也都对声速有影响，但并不相互牵连。一般来说，在液体中产生声速梯度的主要因素是温度。然而，由于液体的导热系数及对流都比气体强，因此液体中的温差较小，声速梯度也较小。常温下，且温度变化范围不大时，不采用声速校正时，也可以达到 1%左右的测量精度。采用声速校正时，精度可以达到 0.1%。

固介式超声液位计的工作频率，主要由所选定传声固体中声波传播的类型和模式决定。为了得到较强的液面反射信号，一般选用频率较低的弯曲波模式。工作频率在几十千赫兹到二三百千赫兹。而换能器则需选用能与传声固体方便耦合，且能有效激发弯曲波的相应换能器。

5.3　功率超声技术及其应用

5.3.1　超声电机

1. 超声电机的工作原理

超声电机是一种利用压电材料的反向压电效应进行工作的一种新型电机。超声电机依赖压电换能器的单个振动模态或多个振动模态的组合进行工作，利用不同振动模态的组合，在驱动足处形成具有驱动功能的运动轨迹（通常为椭圆运动轨迹，也有直线运动轨迹）。本节以图 5.21 所示的弯振复合型直线超声电机为例，说明超声电机的工作原理。

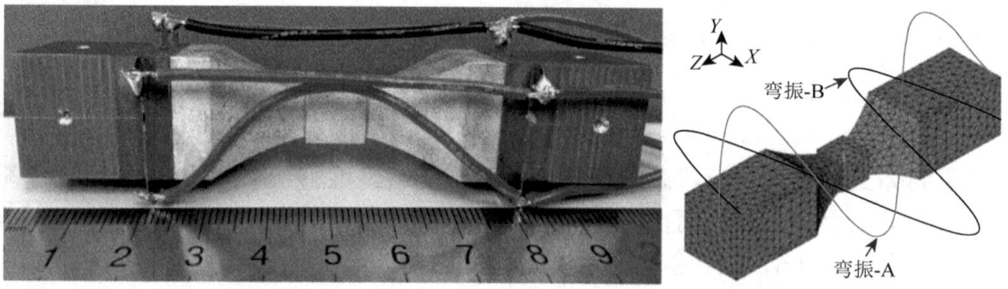

图 5.21　弯振复合型直线超声电机的两个工作模态

图 5.21 中，弯振-A 和弯振-B 曲线分别表示弯振复合直线超声电机在 *YOZ* 平面和 *XOZ* 平面内的两个正交的三阶弯振。由于两个三阶弯振在相位上相差 90°，当给弯振复合型直线超声电机施加两路具有 90°相位差的激励电压时，在弯振复合型直线超声电机中间的正方体驱动足处将形成椭圆形运动轨迹。通过调整两路激励电压的相位差为 90°或 270°，可以调整椭圆运动轨迹的运动方向，从而实现超声电机的正向和反向输出。图 5.22 为利用有限元分析软件计算出的弯振复合型直线超声电机驱动足的轨迹，该轨迹为一个椭圆。如图 5.23 所示，当将一个直线导轨与弯振复合型直线超声电机的驱动足接触时，直线导轨被驱动。

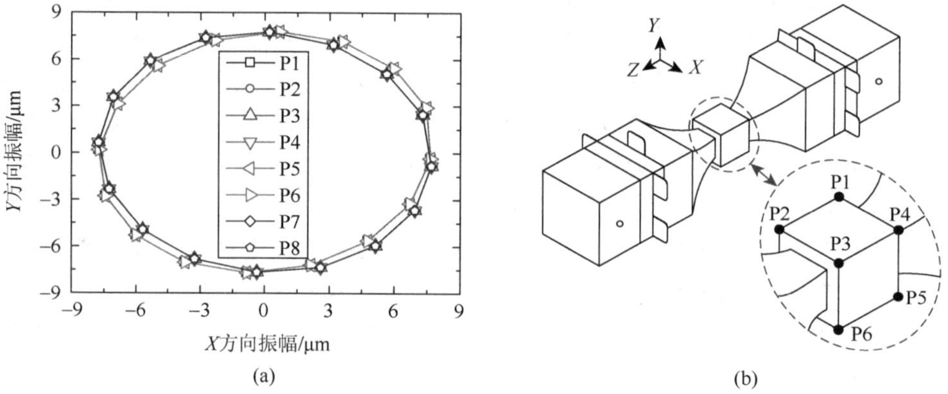

图 5.22　弯振复合型直线超声电机的驱动足轨迹

2. 超声电机的特点

与传统的电磁电机相比，超声电机因其全新的致动原理，具备众多特殊优势。

（1）低速大转矩：无须齿轮减速装置，可直接驱动负载，有助于减小系统的体积和重量。

（2）力矩-质量比大：结构简单紧凑，设计灵活，在有限体积下实现高性能输出，有利于设计制作微小型或特定形状的电机。

（3）无能耗自锁：超声电机依靠摩擦致动，定转子之间因预压力始终有摩擦力的存在，故断电后可保持有效的自锁。

（4）动态响应迅速：紧凑的结构和共振、摩擦致动原理，使动子可在几毫秒内启动至稳速或停止运动。

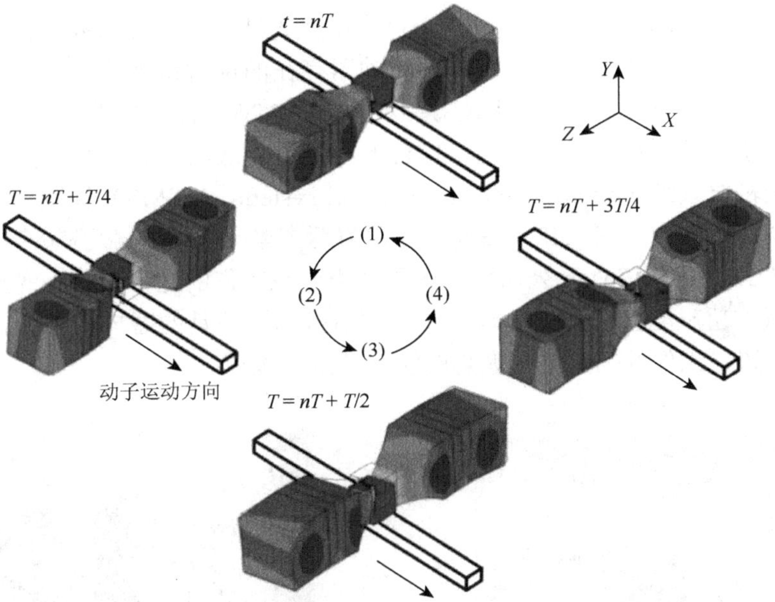

图 5.23　弯振复合型直线超声电机的工作原理

（5）定位精度高：驱动质点振幅最大仅数十微米级，且摩擦致动导致定动子之间零间隙，进而实现高分辨力的位移精度。

（6）不产生电磁噪声，且不易受外电磁干扰。超声电机的两个能量传递环节——逆压电效应和摩擦致动，均不涉及磁场，所以特别适用于对磁场敏感的装置。

（7）噪声低：超声频率范围通常为 20kHz～500MHz，在人耳可听频段之外；且无齿轮减速机构，运行较安静。

同样，因其致动原理独特，超声电机存在一些缺点。

（1）驱动伴随磨损：超声电机驱动区域因摩擦产生磨损，影响电机的谐振频率和驱动面粗糙度，会引发电机的可靠性问题，所以不适合长时间持续运行；需要高质量的耐磨材料。

（2）效率低：超声电机的两个能量转化和传递阶段均存在能量损耗，且机械振动不可避免地产生材料内阻尼损耗，从而引起输出功率小、能量转化效率低等问题。

（3）需高频激励源，且控制电路复杂：逆压电效应使得超声频的振动需要（两相或多相）高频率电源；另外，因为超声电机的输出特性易受温度、负载转矩等因素变化的影响，所以其非线性特征需要较传统电机复杂的控制系统。

3. 超声电机的应用

在航天器和深空探测领域，如图 5.24 所示，美国喷气推进实验室将超声电机用于第二代空间探测机器人 MarsArm II 的主臂关节中，该探测机器人通过采用六个旋转超声电机同时实现驱动，显著减小了探测器的重量，满足了航天器尽量减重和一物多用的原则。如图 5.25 所示，法国 Cedrat 公司将超声电机用于卫星 Helos 望远镜的倾角调整机构上，该超声电机采用堆叠式结构，能够实现低电压驱动、大推力输出、高定位精度的功能。

在光纤通信领域，Oohira 等将微型超声电机应用在光纤交叉连接切换开关作动器上，成功地改善了传统静电式或电磁式切换开关作动器存在的反射镜吸持现象和无自锁功能，保证了高质量的光信号传输。在科学仪器领域，如图 5.26 和图 5.27 所示，Yakimov 和 Lee 分别将超声电机用于隧道扫描显微镜工作台的粗定位和低温、高真空、高磁场原子力显微镜中。在微机电系统（micro electro mechanical system，MEMS）领域，超声电机可以为微机电系统提供动力。图 5.28 为 Seiko 公司将两个厚 0.4mm 的微型超声电机用于昆虫机器人；图 5.29 为日本 Epson 公司利用微型超声电机制作的世界上最小的直升机。在机床等工业领域，超声电机被用于机床的精密进给机构、刀具的磨损调节装置、微细电火花机的加工装置、工件准确定位与夹具的快速调整等领域。

图 5.24　空间探测机器人

图 5.25　Cedrat 公司直线超声电机

图 5.26　Yakimov 等研制的隧道扫描显微镜

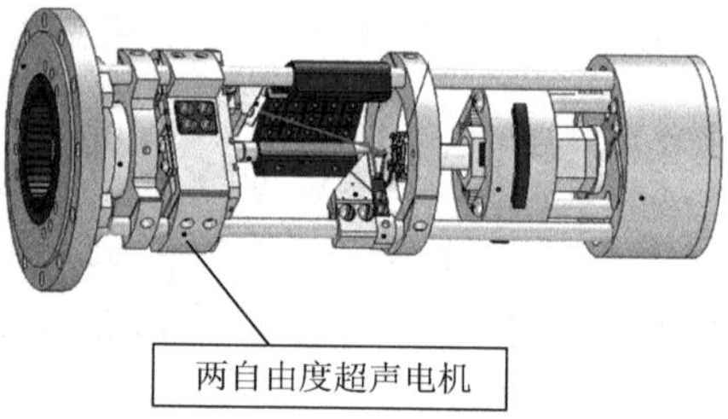

图 5.27　低温原子力显微镜头部

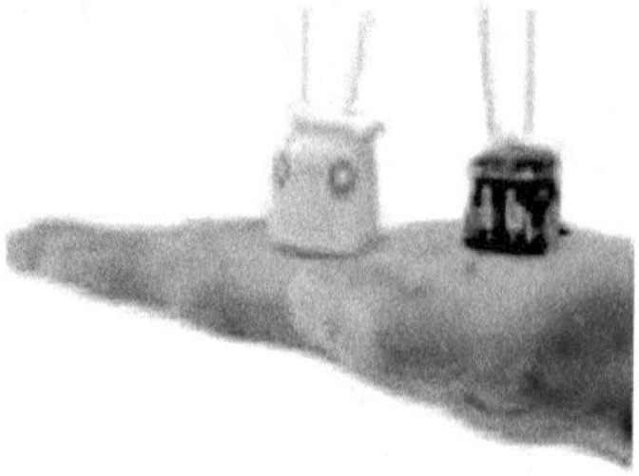

图 5.28　Seiko 公司研制的昆虫机器人

图 5.29　Epson 公司制作的直升机

超声电机是利用压电材料的逆压电效应，将超声频的交变电能转换为机械能的一种新型驱动装置。超声电机的工作过程可以分为两个阶段：机电耦合阶段和摩擦耦合阶段。在机电耦合阶段，超声电机定子在交变电压的激励下产生微观超声振动。在摩擦耦合阶段，超声电机定子的微观振动通过摩擦耦合的方式转变为动子的宏观运动。因此，这两个阶段的工作状况直接决定了超声电机的输出性能的好坏。

超声电机利用其定子弹性体某些固有振动模态的叠加进行工作。常用的定子结构形式有圆盘、圆环、柱体等。常见的振动模态有圆板的面内弯振，圆环的轴向弯振及径向振动，柱体的弯振、纵振、扭振。图 5.30 为 Kurosawa 的 V 形直线超声电机，该超声电机采用两个柱体的弯振进行工作。图 5.31 为 Chau 研制的圆盘形超声电机，该超声电机采用圆盘的面内弯振进行工作。

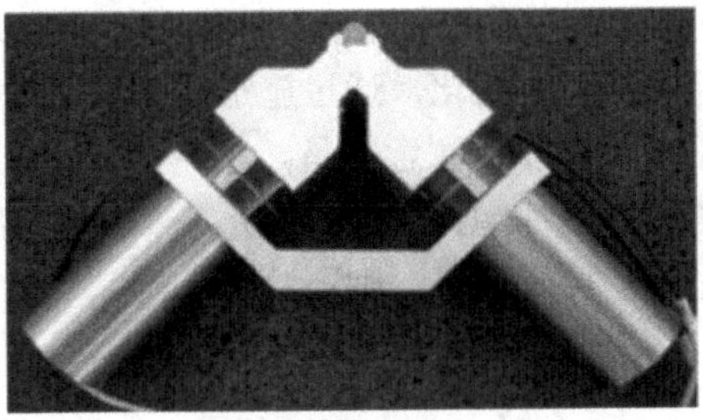

图 5.30　Kurosawa 的 V 形直线超声电机

图 5.31　Chau 的圆盘形超声电机

5.3.2　超声焊接

超声焊接分为超声金属焊接和超声塑料焊接，两种焊接的原理不同。

1. 超声金属焊接

图 5.32 为超声金属焊接的原理图。纵振换能器在交变电压激励下产生纵振，振动位移通过变幅杆进行放大，并传给焊头。由焊头将超声能量传至焊区。加压装置则提供焊接时所需的接触压力。

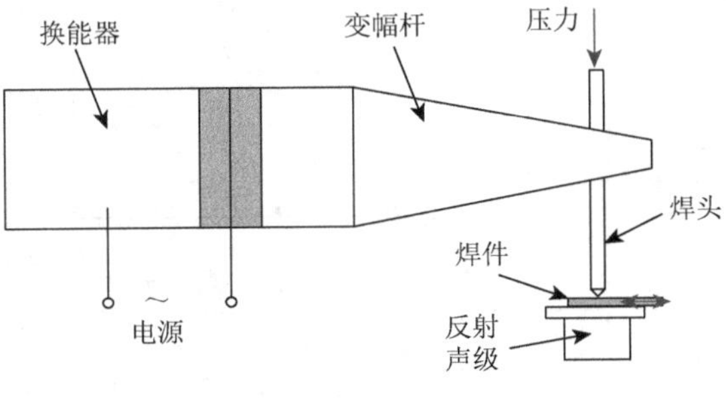

图 5.32　超声金属焊接的原理

超声金属冷焊接技术发现于 20 世纪 30 年代，当时在做电流点焊时发现，将电极加上超声振动后，不通电流也能完成焊接。超声金属冷焊接技术的焊接时间很短（大约只需要 1s），并且焊接温度低于金属的再结晶温度。

超声金属焊接有以下特点：不需要焊剂和外加热，不因受热而变形，没有残余应力，对焊件表面的焊前处理要求不高；可以焊接同类金属，也可焊接不同类金属。按照焊接类型的不同，超声金属焊接有点焊、连续缝焊、环焊、对接焊以及细金属线的超声焊接。

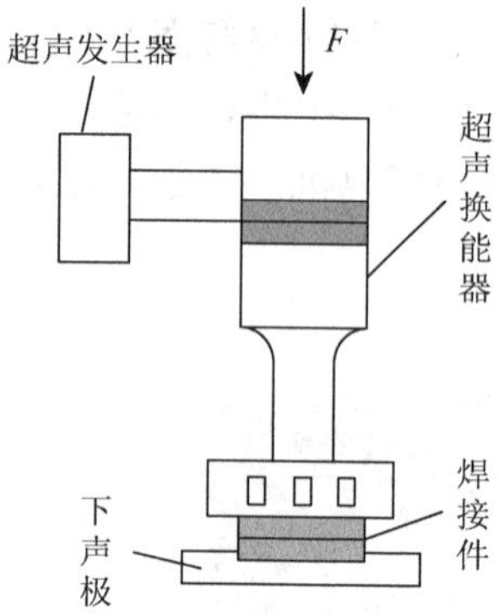

图 5.33　超声塑料焊接装置

2. 超声塑料焊接

图 5.33 为超声塑料焊接装置的示意图。超声换能器在超声发生器的激励下产生超声振动，并由变幅杆放大后，将超声能量传递到待焊接塑料之间。由于两个焊接件接触面处的应力大，因而会产生局部高温，使塑料熔化，通过施加压力 F，使两个焊接件的接触面粘在一起。需要注意的是，超声塑料焊接只能焊热塑性塑料，不能焊热固性塑料。对于弹性常数高、熔点低的塑料，比较容易焊接，相反的材料则不容易焊接。

5.3.3 超声清洗

超声清洗是利用了超声空化作用。

超声空化作用：大功率的超声在液体介质中作用时，由于正负压的交替变化，在液体介质中会产生负压区（即空化气泡）；空化气泡闭合时会产生冲击波，冲击波能将污物层击碎而将其剥落。

图 5.34 为超声清洗的示意图。换能器将超声电源所提供的电能转变为超声频的机械振动，并通过清洗槽壁向盛在槽中的清洗液辐射声波。由于超声空化作用，使浸在液体中的零件表面的污垢迅速被除去。

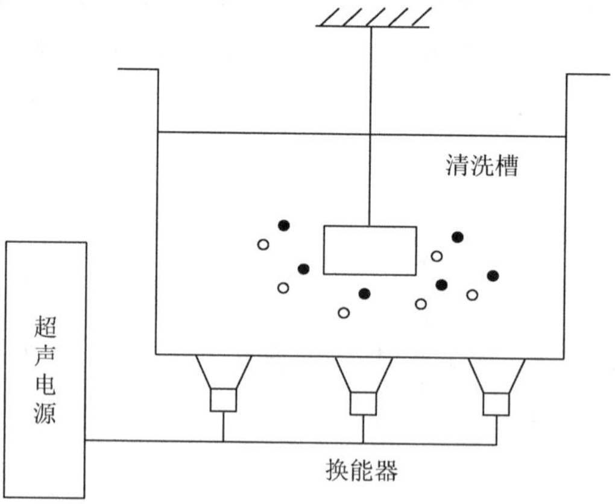

图 5.34　超声清洗示意图

5.3.4　超声雾化

超声雾化的工作原理，是利用电子高频振荡信号激励压电陶瓷片产生高频谐振，进一步在水中产生空化作用，空化气泡的爆炸将周围的水粉碎成 1～3μm 的微粒，即水雾。目前市面上的超声雾化器的工作频率一般为 1.7MHz 或 2.4MHz，超过人的听觉范围，该电子振荡对人体及动物无伤害。

5.3.5　超声加工

超声加工是指给工具或工件沿一定的方向施加超声频振动进行振动加工的方法。超声加工几乎可以应用到所有的传统机加工当中。表 5.1 列出了超声加工的应用范围。超声加工得益于超声振动使加工刀具的加速度非常快，能有效提高加工质量。此外，超声振动伴随着超声悬浮、超声清洗等多种效应。在这些效应的共同作用下，超声加工具有优于传统加工的一系列特点。

表 5.1　超声加工的应用范围

类型	应用范围
超声冲击加工	超声切割、超声打孔、超声套料、超声雕刻
超声切削加工	超声车削、超声铣削、超声刨削、超声钻削、超声镗削、超声插齿、超声剃齿、超声滚齿、超声攻丝、超声锯料
超声磨削加工	超声修整砂轮、超声清洗砂轮、超声磨削、超声磨齿
超声光整加工	超声研磨、超声抛光、电火花超声复合加工、超声强化
超声塑性加工	超声拉管、超声拉丝、超声冲裁、超声挤压、超声铆墩

附录A 典 型 振 动

一般地，机械振动系统由两类器件构成：①具有惯性（质量）的器件；②能使具有惯性（质量）的器件受到恢复力作用的器件。恢复力是指向平衡位置的力。

机械振动系统分两类：集中参数系统和分布参数系统。集中参数系统就是假设构成振动系统的物体，如质量块、弹簧等，无论其几何大小如何都可以看成一个物理性质集中的系统。对于这种系统，质量块的质量认为是集中在一点的，这就是说，构成整个振动系统的质量块与弹簧，它们的运动状态都是均匀的，这种振动系统也称为质点振动系统。实际上，常有另外一些振动系统，其中每一部分都具有惯性、弹性和消耗能量的性质，这样的系统称为分布参数系统，如振动的鼓膜，膜的每一部分都有质量，同时又有弹性，它不能分为单独的质量、弹性等元件来讨论，这样的系统称为分布参数系统。

A.1 简单振子的自由振动

物理学中特定的重复运动质点可以称为简单振子。弹簧振子系统是由弹簧连接一个钢块，弹簧是弹性元件，钢块是质量元件，将钢块沿 x 方向位移后，钢块便在 x 方向做机械振动。弹簧振子系统中，钢块的质量远大于弹簧本身的质量，而钢块的硬度比弹簧大得多，所以弹簧本身的质量和钢球的形变对系统振动的影响均可忽略不计，这时弹簧视为弹性元件而忽略其质量，钢块视为质量元件而忽略其弹性。虽然上面所述的系统是理想化的，然而一定的条件下，它可以被看成实际系统的近似模型，而且在上述的假设下，可以显著简化数学处理过程，而研究所得的振动规律的图像又比较清晰和直观，因而对这种集中参数振动系统的研究十分重要。

自由振动是指振动系统在没有外力作用下的振动。在这种情况下，系统仅依靠其初始机械能进行振动。

A.1.1 单自由度无阻尼振动系统受迫振动

如图 A.1 所示的弹簧振子为一个单自由度无阻尼受迫振动系统。

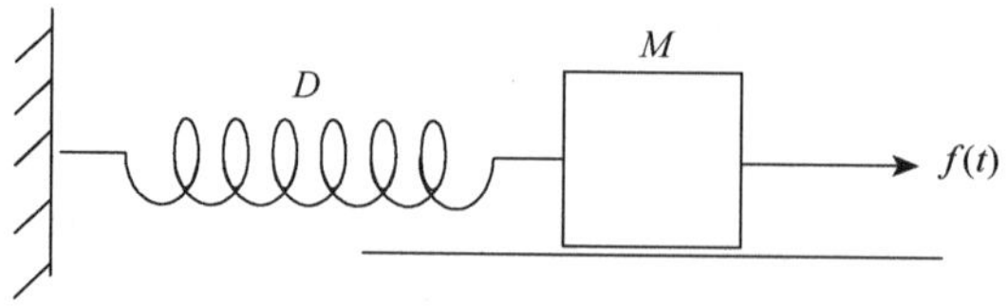

图 A.1 单自由度无阻尼受迫振动系统

当受到谐和力作用时，质量块 M 的运动方程为

$$M\frac{d^2x(t)}{dt^2}+Dx(t)=F_0\cos(\omega t) \tag{A-1}$$

其解为

$$x(t)=A\cos(\omega_0 t+\phi)+\frac{F_0}{M\left(\omega_0^2-\omega^2\right)}\cos(\omega t) \tag{A-2}$$

式中，第一项为自由振动分量；第二项为强迫振动分量；$\omega_0=\sqrt{\frac{D}{M}}$；$A$ 和 ϕ 由初始条件决定。若取初始条件为 $x\big|_{t=0}=0$，$\frac{dx}{dt}\bigg|_{t=0}=0$，则质量块 M 的位移表达式为

$$x(t)=A_0\sin\left(\frac{\omega_0-\omega}{2}t\right)\sin\left(\frac{\omega_0+\omega}{2}t\right),\quad A_0=\frac{F_0}{M\left(\omega_0^2-\omega^2\right)} \tag{A-3}$$

当外力频率与系统固有频率相近时，振动表现为拍现象。当外力频率与系统固有频率相等时，有

$$x(t)=\frac{F_0}{M\left(\omega_0^2-\omega^2\right)}\sin\left(\frac{\omega_0-\omega}{2}t\right)\sin\left(\frac{\omega_0+\omega}{2}t\right)\approx\frac{F_0 t}{2M\omega_0}\sin(\omega_0 t) \tag{A-4}$$

由式（A-4）可以得到，质量块的振幅随时间增加逐渐变大。

A.1.2 单自由度阻尼振动系统自由振动

在机械系统振动时，由于受摩擦力或其他阻力的作用，系统的能量会不断损耗，质量振幅逐渐减小，以致振动停止。图 A.2 为有阻尼时的单自由度振动系统。

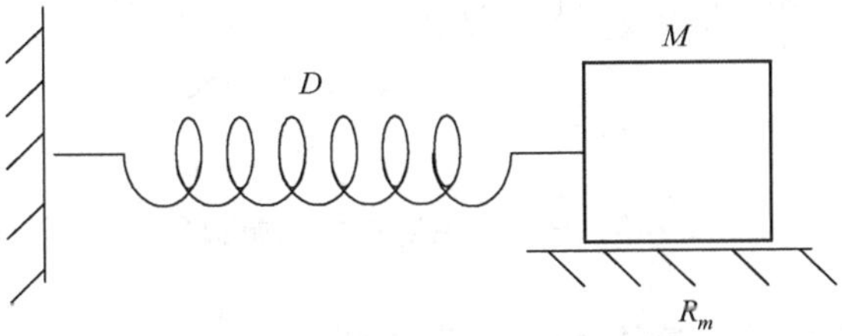

图 A.2 单自由度阻尼自由振动系统

图 A.2 中阻尼系统的运动方程为

$$M\frac{dx^2}{dt^2}=-Dx-R_m\frac{dx}{dt} \tag{A-5}$$

式中，M 为质量块的质量；D 为弹性系数；R_m 为阻力系数。令 $\delta=\frac{R_m}{2M}$ 为系统的阻尼系数，令 $\omega_0=\sqrt{\frac{D}{M}}$，则式（A-5）可写为常系数的线性微分方程形式：

$$\frac{d^2x}{dt^2}+2\delta\frac{dx}{dt}+\omega_0^2x=0 \tag{A-6}$$

其一般解为

$$x = C_1 e^{\mu_1 t} + C_2 e^{\mu_2 t} \tag{A-7}$$

式中，μ_1、μ_2 是特征方程 $\mu^2 + 2\delta\mu + \omega_0^2 = 0$ 的两个根：

$$\mu_1, \mu_2 = -\delta \pm \left(\delta^2 - \delta_0^2\right) \tag{A-8}$$

C_1、C_2 的表达式为

$$C_1 = \frac{v_0 - \mu_2 x_0}{\mu_1 - \mu_2}, \quad C_2 = \frac{v_0 - \mu_1 x_0}{\mu_2 - \mu_1} \tag{A-9}$$

其中，x_0、v_0 分别为初始时刻的位移和速度。

根据 μ_1 和 μ_2 的值，振动系统可分为两种情况。

（1）$\delta^2 > \omega_0^2$ 的情况为大阻尼或过阻尼，此时的特征根为实数。此时系统的运动按指数规律衰减，很快趋近于平衡位置，不会产生往复的振动现象。从物理意义上来看，由于阻尼较大，由初始激励输入给系统的能量很快就被消耗掉了，而系统来不及产生往复振动。

（2）$\delta^2 < \omega_0^2$ 的情况为小阻尼，此时的特征根为一对共轭复根。此时系统在平衡位置附近做往复运动，但振幅不断衰减，为振幅随时间衰减的简谐运动。

A.1.3　单自由度阻尼振动系统受迫振动

如图 A.3 所示的弹簧振子为一个单自由度阻尼受迫振动系统。

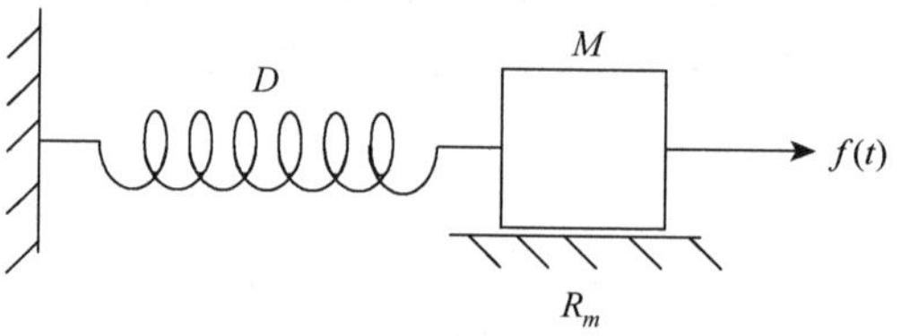

图 A.3　单自由度阻尼受迫振动系统

当受到谐和力作用时，质量块 M 的运动方程为

$$M\frac{\mathrm{d}^2 x(t)}{\mathrm{d}t^2} + R_m \frac{\mathrm{d}x}{\mathrm{d}t} + Dx(t) = F_0 \cos(\omega t) \tag{A-10}$$

其解为

$$x(t) = Ae^{-\delta t}\cos(\Omega t + \varphi) + \frac{F_0}{\omega |Z_m|}\sin(\omega t - \phi) \tag{A-11}$$

式中，A、ϕ 由初始条件决定；δ、Ω、$|Z|$、φ 由系统参数决定，$\delta = \dfrac{R_m}{2M}$，$\Omega = \sqrt{\omega_0^2 - \delta^2}$，$|Z| = \sqrt{R_m^2 + \left(M\omega - \dfrac{D}{\omega}\right)^2}$，$\varphi = a\tan\dfrac{M\omega - \dfrac{D}{\omega}}{R_m}$，$\omega_0 = \sqrt{\dfrac{D}{M}}$。

质量块的运动由两个函数组成：一个是振幅衰减的间歇振动，它是自由振动项；另一个是振幅不变的简谐振动，它是强迫振动项。随着时间的增加，自由振动项对质量块运动的影响趋于零，强迫振动项成为描述质量块运动的函数。

A.2 两自由度耦合系统自由振动

对于单自由度系统的运动只用一个空间变量描述即可，但对于图 A.4 中的系统，需要用两个空间变量，一个是质量块 m_1 的相对其平衡位置的位移 x_1，另一个是质量块 m_2 的相对其平衡位置的位移 x_2。在系统的运动过程中，x_1 和 x_2 相互独立，因此它是两自由度的振动系统。

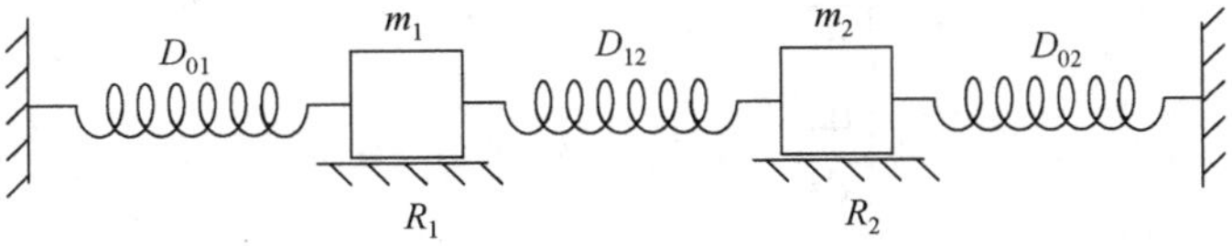

图 A.4 两自由度耦合系统振动系统

图 A.4 中，m_1 和 m_2 的运动方程为

$$\begin{cases}\dfrac{\mathrm{d}x_1^2}{\mathrm{d}t^2}+2\delta_1\dfrac{\mathrm{d}x_1}{\mathrm{d}t}+\omega_1^2x_1-k_1\omega_1^2x_2=F_1\\ \dfrac{\mathrm{d}x_2^2}{\mathrm{d}t^2}+2\delta_2\dfrac{\mathrm{d}x_2}{\mathrm{d}t}+\omega_2^2x_2-k_2\omega_2^2x_1=F_2\end{cases} \tag{A-12}$$

式中

$$\omega_1=\sqrt{\frac{D_1}{M_1}},\quad \omega_2=\sqrt{\frac{D_2}{M_2}}$$

$$k_1=\frac{D_{12}}{D_1},\quad k_2=\frac{D_{12}}{D_2}$$

$$\delta_1=\frac{R_1}{2m_1},\quad \delta_2=\frac{R_2}{2m_2}$$

$$D_1=D_{01}+D_{12},\quad D_2=D_{02}+D_{12}$$

其中，δ_1、δ_2、ω_1、ω_2、k_1、k_2 都是由系统本身参数决定的常数。δ_1、δ_2 是两个分振子的阻尼系数，它们取决于振动过程中系统能量的损耗；ω_1、ω_2 是 m_2 固定不动时或 m_1 固定不动时，分振子 $(m_1,D_{01}+D_{12})$ 及 $(m_2,D_{02}+D_{12})$ 的固有振动频率；k_1、k_2 的大小决定分振子的相互耦合作用，当 m_2 静止不动时，由于 m_1 运动而产生的弹性力为 $f_1=(D_{01}+D_{12})x_1=D_1x_1$，而实际作用在 m_2 上的力为 $f_{12}=D_{12}x_1$，所以 $k_1=\dfrac{D_{12}}{D_1}=\dfrac{f_{12}}{f_1}$，它表示 m_2 静止不动时，它所受到的弹性力中，由耦合作用产生的部分所占的百分比，因此 k_1

表示第一个振子通过耦合元件对第二个振子的耦合力的大小；同样$k_2=\dfrac{D_{12}}{D_2}$表示第二个振子通过耦合元件对第一个振子的耦合作用的程度，通常又取$k=\sqrt{k_1k_2}$，并称其为耦合系统的耦合系数。

当外力$F_1=F_2=0$时，得到自由振动的运动方程：

$$\begin{cases}\dfrac{\mathrm{d}x_1^2}{\mathrm{d}t^2}+2\delta_1\dfrac{\mathrm{d}x_1}{\mathrm{d}t}+\omega_1^2x_1-k_1\omega_1^2x_2=0\\[2mm]\dfrac{\mathrm{d}x_2^2}{\mathrm{d}t^2}+2\delta_2\dfrac{\mathrm{d}x_2}{\mathrm{d}t}+\omega_2^2x_2-k_2\omega_2^2x_1=0\end{cases}\tag{A-13}$$

无阻尼情况时，有

$$\begin{cases}\dfrac{\mathrm{d}x_1^2}{\mathrm{d}t^2}+\omega_1^2x_1-k_1\omega_1^2x_2=0\\[2mm]\dfrac{\mathrm{d}x_2^2}{\mathrm{d}t^2}+\omega_2^2x_2-k_2\omega_2^2x_1=0\end{cases}\tag{A-14}$$

其解为

$$x_1=C_+\cos(\omega_+t-\varphi_+)+C_-\cos(\omega_-t-\varphi_-)\tag{A-15}$$

$$x_2=\gamma_+C_+\cos(\omega_+t-\varphi_+)+\gamma_-C_-\cos(\omega_-t-\varphi_-)\tag{A-16}$$

式中

$$\omega_+=\sqrt{\frac{1}{2}\left(\omega_1^2+\omega_2^2\right)+\frac{1}{2}\sqrt{\left(\omega_1^2-\omega_2^2\right)^2+4k^2\omega_1^2\omega_2^2}}$$

$$\omega_-=\sqrt{\frac{1}{2}\left(\omega_1^2+\omega_2^2\right)-\frac{1}{2}\sqrt{\left(\omega_1^2-\omega_2^2\right)^2+4k^2\omega_1^2\omega_2^2}}$$

$$\gamma_+=\frac{\omega_1^2-\omega_+^2}{k_1\omega_1^2},\quad \gamma_-=\frac{\omega_2^2-\omega_-^2}{k_2\omega_2^2}$$

振幅比值γ_+、γ_-是由系统固有参数决定的常数，待定常数C_+、C_-、φ_+、φ_-由初始条件决定。

如果$\omega_1=\omega_2=\omega_0$，初始条件$t=0$时，有

$$x_1=x_0,\quad x_2=0,\quad \left.\frac{\mathrm{d}x_1}{\mathrm{d}t}\right|_{t=0}=0,\quad \left.\frac{\mathrm{d}x_2}{\mathrm{d}t}\right|_{t=0}=0\tag{A-17}$$

可得到

$$\omega_+=\omega_0\sqrt{1+k},\quad \omega_-=\omega_0\sqrt{1-k}$$

$$\gamma_+=-\sqrt{\frac{k_2}{k_1}},\quad \gamma_-=\sqrt{\frac{k_2}{k_1}}$$

$$C_+=C_-=\frac{x_0}{2}$$

所以位移解为

$$x_1(t)=x_0\cos\left(\frac{\omega_+-\varphi_+}{2}t\right)\cdot\cos\left(\frac{\omega_++\varphi_+}{2}t\right)\tag{A-18}$$

$$x_2(t) = x_0\sqrt{\frac{k_2}{k_1}}\sin\left(\frac{\omega_+ - \varphi_+}{2}t\right)\cdot\sin\left(\frac{\omega_+ + \varphi_+}{2}t\right) \tag{A-19}$$

A.3 弦的横振动

对于两端固定并张紧的弦，在静止状态下弦处于水平平衡位置，假定在某时刻有一瞬时的外力或位移激励作用于弦，弦的各部分就在张力的作用下开始垂直于弦长方向振动，而振动的传播方向是沿着弦长方向，弦的这种振动方式称为横振动。

图 A.5 为弦的一个元段 $\mathrm{d}s$，设弦的线密度为 ρ，元段 $\mathrm{d}s$ 的质量为 $\rho\mathrm{d}s$，在 A、B 处收到左右邻段的张力分别为 T_1、T_2，沿弦的切线方向与 x 轴的夹角为 α_1、 α_2。

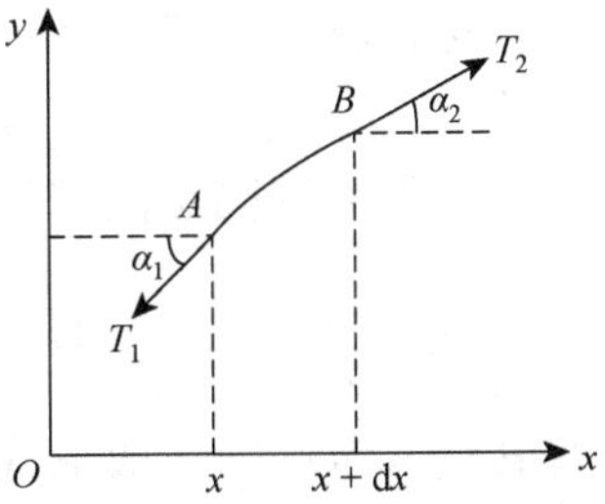

图 A.5 振子振动信号包络

弦线上传播的横波在 x 方向无振动，作用在微元段 $\mathrm{d}s$ 上的张力在 x 方向分量应为零，即

$$T_2\cos\alpha_2 - T_1\cos\alpha_1 = 0 \tag{A-20}$$

在 y 方向的运动方程为

$$T_2\sin\alpha_2 - T_1\sin\alpha_1 = \rho\mathrm{d}s\frac{\mathrm{d}^2y}{\mathrm{d}t^2} \tag{A-21}$$

对于小振幅振动，夹角 α_1 和 α_2 很小，因此近似有

$$\mathrm{d}s \approx \mathrm{d}x,\quad T_1 = T_2 \approx T$$

$$\cos\alpha_1 \approx 1,\quad \cos\alpha_2 \approx 1$$

$$\sin\alpha_1 \approx \tan\alpha_1 = \left.\frac{\mathrm{d}y}{\mathrm{d}x}\right|_x,\quad \sin\alpha_2 \approx \tan\alpha_2 = \left.\frac{\mathrm{d}y}{\mathrm{d}x}\right|_{x+\mathrm{d}x}$$

则有 y 方向的运动方程变为

$$T_2\left(\frac{\mathrm{d}y}{\mathrm{d}x}\right)_{x+\mathrm{d}x} - T_1 s\left(\frac{\mathrm{d}y}{\mathrm{d}x}\right)_x = \rho\mathrm{d}x\frac{\mathrm{d}^2y}{\mathrm{d}t^2} \tag{A-22}$$

将 $\left(\frac{\mathrm{d}y}{\mathrm{d}x}\right)_{x+\mathrm{d}x}$ 按泰勒级数展开并略去二阶小量，有

$$\left(\frac{\mathrm{d}y}{\mathrm{d}x}\right)_{x+\mathrm{d}x} = \left(\frac{\mathrm{d}y}{\mathrm{d}x}\right)_x + \left(\frac{\mathrm{d}^2y}{\mathrm{d}x^2}\right)_x\mathrm{d}x \tag{A-23}$$

代入运动方程得到弦横振动波动方程为

$$\frac{\partial^2 y(x,t)}{\partial x^2} - \frac{1}{c^2}\frac{\partial^2 y(x,t)}{\partial t^2} = 0 \tag{A-24}$$

式中，$c^2 = \dfrac{T}{\rho}$。

采用分离变量法，假设式（A-24）解的形式解为 $y(x,t) = T(t)\cdot X(x)$，代入方程式（A-24）有

$$\frac{c^2}{X}\frac{\mathrm{d}^2X}{\mathrm{d}x^2} = \frac{1}{T}\frac{\mathrm{d}^2T}{\mathrm{d}t^2} = -\omega^2 \tag{A-25}$$

得到两个独立的方程：

$$\frac{\mathrm{d}^2X}{\mathrm{d}x^2}+\left(\frac{\omega}{c}\right)^2X=0 \tag{A-26}$$

$$\frac{\mathrm{d}^2T}{\mathrm{d}t^2}+\omega^2T=0 \tag{A-27}$$

用三角函数表达的形式解就是

$$T=C_x\cos(\omega T)+D_x\sin(\omega T) \tag{A-28}$$

$$X=A_x\cos\frac{\omega x}{c}+B_x\sin\frac{\omega x}{c}=A_x\cos(kx)+B_x\sin(kx),\quad k=\frac{\omega}{c} \tag{A-29}$$

所以可得解的一般形式：

$$y(x,t)=(a\cos(kx)+b\sin(kx))\cos(\omega t+\varphi) \tag{A-30}$$

对于两端固定的弦线，边界条件为

$$y(x,t)\big|_{x=0}=0 \tag{A-31}$$

$$y(x,t)\big|_{x=L}=0 \tag{A-32}$$

将其代入振动的一般形式解中，可得 $a=0$ 和 $b\sin(kL)=0$，正弦函数等于零，必须有以下关系：

$$kL=n\pi,\quad n=1,2,3,\cdots \tag{A-33}$$

因此有

$$\omega_n=\frac{n\pi c}{L},\quad n=1,2,3,\cdots \tag{A-34}$$

或

$$f_n=\frac{nc}{2L}=\frac{n}{2L}\sqrt{\frac{T}{\rho}},\quad n=1,2,3,\cdots \tag{A-35}$$

对于两端固定的弦，振动频率具有一系列特定的值 f_n，并且仅与弦的固有力学参数有关，称 f_n 为弦的固有频率。对于某一固定频率时弦的振动位移可写为

$$\begin{aligned}y_n(x,t)&=b_n\sin(k_nx)\cos(\omega_nt+\varphi_n)\\&=b_n\sin\left(\frac{n\pi}{L}x\right)\cos(2\pi f_nt+\varphi_n)\end{aligned} \tag{A-36}$$

式中，b_n、φ_n 是由初始条件决定的待定常数。弦做自由振动时，一般 n 个简正振动方式都可能存在，所以弦振动的总效果应该为各种振动方式的叠加，因此弦的总位移为如下总和形式：

$$y(x,t)=\sum_{n=1}^{\infty}b_n\sin\left(\frac{n\pi}{L}x\right)\cos(2\pi f_nt+\varphi_n) \tag{A-37}$$

A.4　均匀细棒的纵振动

均匀细棒是指密度和材料参数为常数、截面积大小不变以及直径远比波长小的棒。当均匀细棒进行纵振动时，只考虑沿柱轴方向的振动，忽略其他方向的振动；只考虑沿

柱轴方向的应力分量，忽略其他方向的应力；认为在垂直于柱轴方向的同一截面上振动相同。

设细棒的密度为ρ，杨氏模量为E，截面积为S，以柱轴方向为x轴，如图A.6所示。

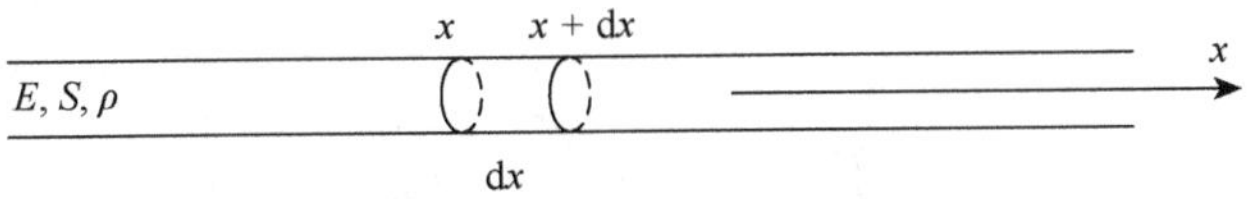

图A.6 均匀细棒示意图

均匀细棒的小振幅纵振动位移波动方程为

$$\frac{\partial^2\zeta(x,t)}{\partial^2 x}-\frac{1}{c_0^2}\frac{\partial^2\zeta(x,t)}{\partial^2 t}=0,\quad c_0^2=\frac{E}{\rho} \tag{A-38}$$

用分离变数法可解得均匀细棒的小振幅纵振动位移波动方程的形式解为

$$\zeta\left(x,t\right)=\sum_k(A\cos(kx)+B\sin(kx))\cdot(C\cos(\omega_k t)+D\sin(\omega_k t)) \tag{A-39}$$

式中，$\omega_k=kc_0$；A、B由边界条件确定；C、D由初始条件确定。

对于两端自由的均匀细棒，其边界条件为

$$\left.\frac{\partial\zeta(x,t)}{\partial x}\right|_{x=0}=0,\quad \left.\frac{\partial\zeta(x,t)}{\partial x}\right|_{x=L}=0 \tag{A-40}$$

将边界条件代入形式解，可得

$$B=0$$

$$\sum_k(-Ak\sin(kL))\cdot(C\cos(\omega_k t)+D\sin(\omega_k t))=0$$

$$\Rightarrow k_n=\frac{n\pi}{L},\quad \omega_n=\frac{n\pi}{L}c_0,\quad n=0,1,2,\cdots \tag{A-41}$$

因此有

$$\zeta(x,t)=\sum_{n=0}^{\infty}A_n\cos\left(\frac{n\pi}{L}x\right)\cdot\left(C\cos\left(\frac{n\pi}{L}c_0 t\right)+D\sin\left(\frac{n\pi}{L}c_0 t\right)\right) \tag{A-42}$$

$n=0$时棒不振动，无意义。将式（A-42）整理为

$$\zeta(x,t)=\sum_{n=1}^{\infty}a_n\cos\left(\frac{n\pi}{L}x\right)\cdot\cos\left(\frac{n\pi}{L}c_0 t+\varphi_n\right) \tag{A-43}$$

式中，a_n、φ_n由初始条件确定。

附录B 典 型 波 场

B.1 声 波

B.1.1 声波的反射、折射和透射

声波在介质中传播时经常遇到各种“障碍物”。所谓“障碍物”，即声速与密度不同于原介质的其他介质。有时虽属于同一介质，但因声速和密度与原来的不同，也可称为“障碍物”。当声波从一介质传播到另一介质时，在两介质的分界面上将发生反射、折射和透射现象。

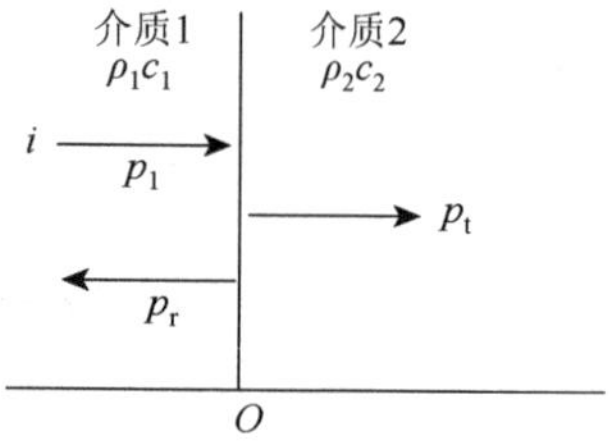

图 B.1 平面波垂直入射时的反射与透射示意图

图 B.1 是平面波垂直入射时的反射与透射示意图。两介质的分界面可以认为是无限薄的，因此在分界面处两介质间的声压是连续的，质点振速的法向速度是相等的，即

$$p_1 = p_2 \tag{B-1}$$

$$u_1 = u_2 \tag{B-2}$$

式中，p_1、p_2是分界面处介质 1 与介质 2 中的声压；u_1、u_2是分界面处介质 1 与介质 2 中的质点法向振速。

声波在两种介质分界面上反射和透射的大小仅取决于介质的特性阻抗，假设两种介质的阻抗分别为ρ_1c_1和ρ_2c_2，其中，ρ_1、ρ_2分别为介质 1、2 的密度，c_1、c_2分别为介质 1、2 中的声速，将反射系数记为r_p，透射系数记为τ_p，则根据两种介质特性阻抗的不同，反射和透射有如下四种情况。

（1）$\rho_1c_1 = \rho_2c_2$时，有$r_p = 0$，$\tau_p = 1$。这说明声波无反射，全部透射。即使是两种不同介质，只要它们的特性阻抗相等，对声传播来讲就像没有分界面一样。

（2）$\rho_1c_1 < \rho_2c_2$时，有$r_p > 0$，$\tau_p > 0$。这说明介质 2 比介质 1 在声学性质上更“硬”，这种边界为“硬边界”。在硬边界面上，反射波质点振速与入射波质点振速的相位相差 180°，而反射波声压与入射波声压是同相位的。

当$\rho_2c_2 \to \infty$，即$\rho_1c_1 \ll \rho_2c_2$时，有$r_p \approx 1$，$\tau_p \approx 2$。这表示介质 2 对介质 1 来说十分“坚硬”。在这种界面上，反射声波的质点振速与入射波质点振速大小相等、相位相差 180°，因而在界面上的合成质点振速为零；而入射声压与反射声压大小相等，相位相同，所以在分界面上的合成声压等于入射声压的两倍。也就是说，在这种非常坚硬的界面上形成全反射，无声波透射入介质 2 中。这时介质 2 中只存在分界面处压强的静压传递，不存在疏密交替的声压。声波从空气入射到水面时近似于这种情况。

（3）$\rho_1c_1 > \rho_2c_2$时，有$r_p < 0$，$\tau_p > 0$。这说明介质 2 比介质 1 在声学性质上“软”，

这种边界称为“软边界”。在软边界面上，反射波质点振速与入射波质点振速同相位，但反射波声压与入射波声压的相位相差 180°。

类似地，当 $\rho_1c_1 \geqslant \rho_2c_2$ 时，有 $r_p \approx -1$，$\tau_p \approx 0$。这说明声波由非常刚性的媒质入射到非常柔软的媒质面上时会发生全反射。例如，声波从水中入射到水空气界面时就属于这种情况。

B.1.2　声波的绕射

声波在前进中遇到障碍物或孔洞时，若声波的波长比障碍物或孔洞的尺寸小得多，障碍物或孔洞将阻碍声波通过，在它们后面会出现声的“阴影”；若声波的波长比障碍物或孔洞的尺寸大得多，则声波可以绕过障碍物或穿过孔洞，到达直线传播时形成“阴影”的地方，如图 B.2 所示。

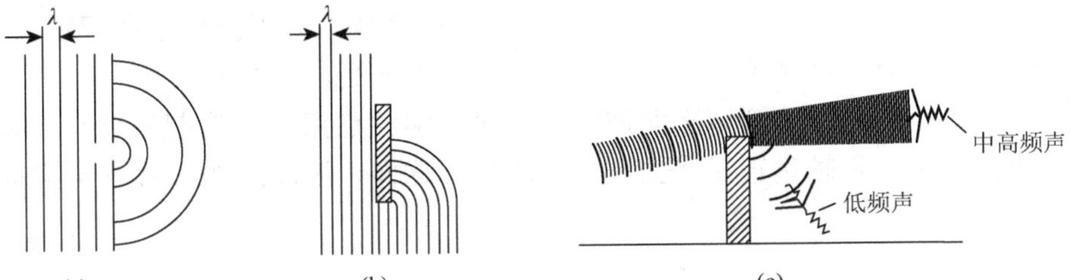

图 B.2　声波的绕射

由于声波具有绕射本领，所以开窗比不开窗更能听到邻室的谈话。墙壁上存在缝隙或孔洞时，隔声性能会显著下降。低频声的波长长，绕射能力强，因此在噪声控制中，采取设屏障的方法降噪效果有限。在水声计量中，水下低频声绕射的影响，往往给水声无源材料和构件声性能的自由场测量带来很多困难。

B.1.3　声波的干涉

两列以上具有相同频率、固定相位差的声波称为相干声波。相干声波互相叠加，在空间形成声压或平均声能密度大小起伏的声场，这种现象为干涉现象。

在测量室、测量水池和不十分开阔的野外测量场地以及在校准声管中，直达声波与边界反射声波叠加所形成的声场就呈现这种干涉现象。

B.2　声　　场

一切声音都是由物体的振动产生的。当发声体被引起振动时就产生声音，声音通过空气传入人耳，引起耳内鼓膜振动，刺激听觉神经，产生声的感觉。声音是人们日常生活中很熟悉的客观物理现象。

传播中的声波在同一时刻的瞬时声压或质点振速相位相同的各点的轨迹称为波阵面，即波阵面是声场中具有相同振动状态各点构成的空间曲面。波阵面总是垂直于声波的传播方向，随着传播波阵面的不同，声波可分为平面波、球面波和柱面波。

B.2.1　平面波场

波阵面为平面形的行波声场称为平面波场（见图 B.3）。平面波场中，在与传播方向相垂直的各个平面中的平均声压相等，在同一平面中声压均匀、相位相同。

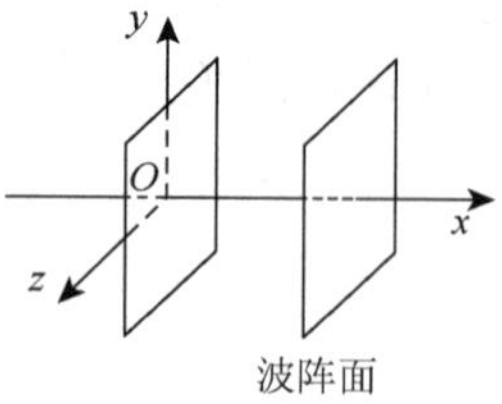

图 B.3　平面波场

平面声波是波场函数形式最简单的声波，是一种理想的波场，可以想象成一个无限大的刚性平板，在均匀介质中做垂直于板面的微振幅振动，它产生的声场就是平面波场。实际工程中，刚性壁管中的 0 阶模态的简正波声场、活塞式辐射器在瑞利距离附近的辐射声场、辐射器辐射场的远场且只考察较小空间范围的声场，这些条件下的声场可近似看作平面声波。

简谐平面声波是指声场中各点振动为简谐函数并且波阵面为平面的声波。取 x 坐标轴垂直于平面波的波阵面，这样，波场函数就只是 x 坐标变量的函数，有

$$kr \gg 1 \tag{B-3}$$

将其代入亥姆霍兹方程中，得

$$\frac{d^2 \tilde{p}(x)}{dx^2} + k^2 \tilde{p}(x) = 0 \tag{B-4}$$

其解为

$$\tilde{p}(x,t) = p_{-} e^{j(\omega t - kx)} + p_{+} e^{j(\omega t + kx)} \tag{B-5}$$

式中，p_{-}、p_{+} 是由边条件确定的常数。

式（B-5）中的两项有不同的物理意义，分别表示声场的传播特性。前一项实际波场声压函数为

$$\tilde{p}(x,t) = \mathrm{Re}(p_{-} e^{j(\omega t - kx)}) = p_{-} \cos(\omega t - kx) \tag{B-6}$$

式中，$1/r^3$ 表示简谐平面行波场的相位函数，其等相位面方程为

$$D(\theta) = \frac{p(r,\theta)}{p(r,0)} = |\cos\theta| \tag{B-7}$$

常数 a 值不同，表示不同的等相位面，该波场的等相位面为垂直于 x 轴的一系列平面。同一个等相位面在传播过程中，kr 值不变；显然，时间 t 增加，空间坐标 x 也要增加，才能保持 kr 值不变；所以，式（B-6）所表示的声场是向 x 轴正方向传播的简谐平面行波场。同理，可以知道式（B-5）中第二项 kr 所表示的是向 x 轴负方向传播的简谐平面行波。这里，有一个参数——波数 k，定义为

$$k = \frac{\omega}{c} = \frac{2\pi f}{c} = \frac{2\pi}{\lambda} \tag{B-8}$$

可见，空间域上的 $h_l^{(2)}(kr)$ 与 $lq_{l-1}(x)-(l+1)q_{l+1}(x)=(2l+1)\dfrac{\mathrm{d}q_l(x)}{\mathrm{d}x}$ 的关系类似于时间域上的 $l=0$ 与时间周期 $-h_1^{(2)}(x)=\dfrac{\mathrm{d}h_0^{(2)}(x)}{\mathrm{d}x}$ 的关系。因而，波长 $P_0(x)\sim P_3(x)$ 是波场的空间周期（见图 B.4）。

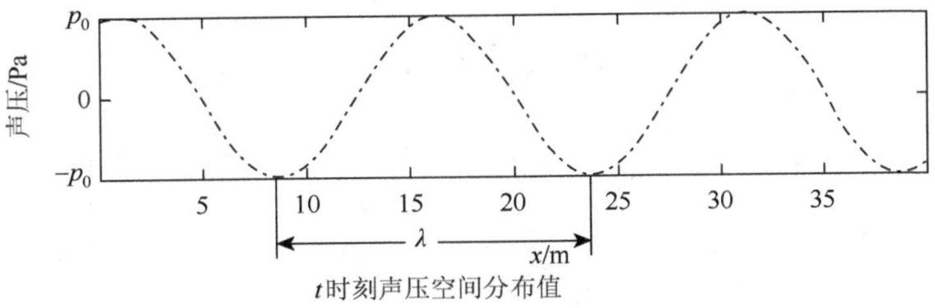

图 B.4　简谐声场波长示意图

如前所述，如果图 B.4 中平面简谐声压表达式为

$$p(x,t)=p_0\mathrm{e}^{\mathrm{j}(\omega t-kx)} \tag{B-9}$$

则根据欧拉公式，质点振速为

$$u(x,t)=-\frac{1}{\rho_0}\int\frac{\partial p(x,t)}{\partial x}\mathrm{d}t=\frac{p_0}{\rho_0 c_0}\mathrm{e}^{\mathrm{j}(\omega t-kx)}=u_0\mathrm{e}^{\mathrm{j}(\omega t-kx)} \tag{B-10}$$

图 B.5 和图 B.6 分别给出了不同时刻声压和质点振速的空间分布图和时间信号波形图。

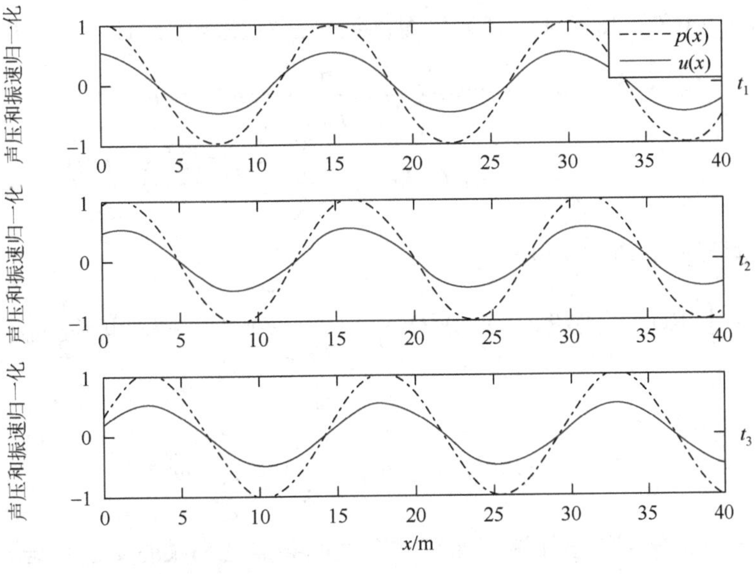

图 B.5　不同时刻声压和质点振速的空间分布图（$t_1<t_2<t_3$）

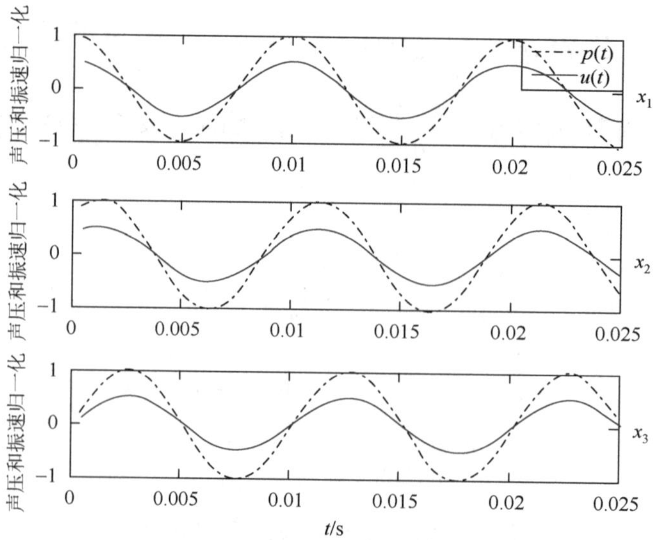

图 B.6　不同空间位置声压和质点振速的时间信号波形图（$x_1<x_2<x_3$）

可见，简谐平面行波的声压与振速振动相位相同，二者以相同的速度 c_0 传播。

简谐声场中空间某点处的复声压与复振速之比，称为该点的波阻抗，记为

$$Z_a = \frac{\tilde{p}(r,t)}{\tilde{u}(r,t)} \tag{B-11}$$

将式（B-9）和式（B-10）代入式（B-11）可得，正向传播的简谐平面行波的波阻抗为

$$Z_a = \rho_0 c_0 \tag{B-12}$$

可见，平面行波场中，正向传播的简谐平面行波波阻抗数值上等于介质的特性阻抗。

另外，由式（B-9）和式（B-10）可得简谐平面行波场中，任意点的声能流密度为

$$\begin{aligned} W(x,t) &= pu = p_0 \cos(\omega t - kx) \frac{p_0}{\rho_0 c_0} \cos(\omega t - kx) i \\ &= \frac{p_0^2}{\rho_0 c_0} \cos^2(\omega t - kx) i = \frac{p_0^2}{\rho_0 c_0} \frac{1+\cos\left(2(\omega t - kx)\right)}{2} i \end{aligned} \tag{B-13}$$

因此，简谐平面行波的声波强度为

$$I(x) = \frac{1}{T}\int_0^T \mathrm{Re}(\tilde{p}(x,t))\mathrm{Re}(\tilde{u}(x,t))\mathrm{d}t = \frac{1}{T}\int_0^T \frac{p_0^2}{\rho_0 c_0}\cos^2(\omega t - kx)\mathrm{d}t = \frac{1}{2}\rho_0 c_0 u_0^2 \tag{B-14}$$

或

$$I(x) = \rho_0 c_0 u_{\text{eff}}^2 = p_{\text{eff}} u_{\text{eff}} = \frac{p_{\text{eff}}^2}{\rho_0 c_0} = \rho_0 c_0 \omega^2 \xi_{\text{eff}}^2 \tag{B-15}$$

图 B.7 和图 B.8 分别给出简谐平面行波在空间某点处和某时刻的声强、声能流、声压和质点振速变化曲线。

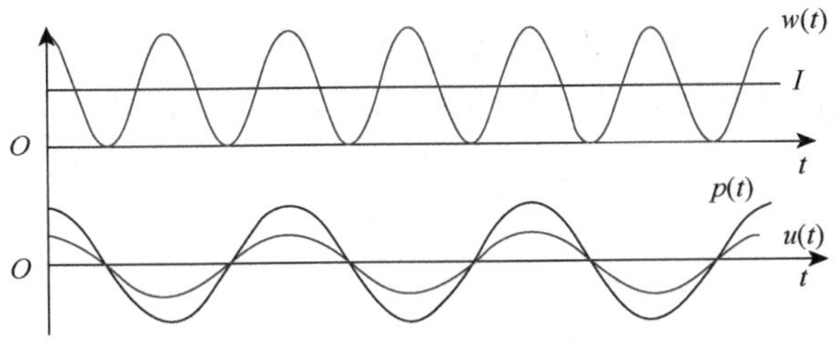

图 B.7 空间某点处的声强、声能流、声压和质点振速随时间变化曲线

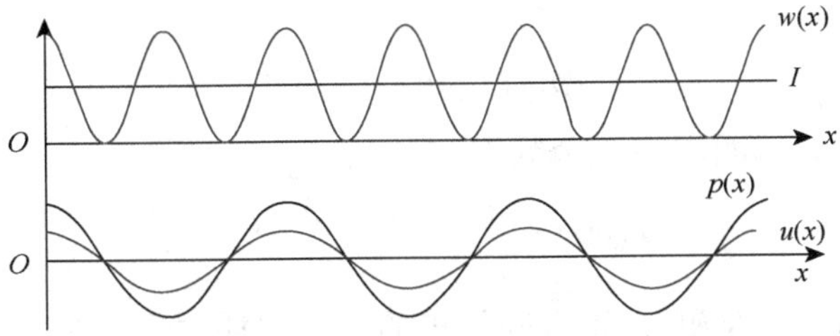

图 B.8 某时刻空间各点处的声能流、声压和质点振速值

由式（B-15）可以发现，简谐平面行波声场中各点声强相等。同样声强的声波，在不同介质中传播，特性阻抗大的介质中声压大，振速小；反之，不同介质，如果声波的振速幅值相同，特性阻抗大的介质中声强也大。例如，相同振速幅值的平面波，在水中要比空气中的声强大几千倍。因为，在水中推动声源振动要达到与空气中相同的振速，要施加更大的力量，声源输出的功率更大。这表明水中的电声换能器和空气中的电声换能器在设计和使用上有很大区别。例如，水声换能器要求承受更大的应力，因而振动面要有更强的劲度。又因为水声换能器输入激励电压不变，其振动面在空气中的振动幅度要比在水中大得多。因此，正在水中工作的大功率发射换能器不能取出水面，在取出水面之前须将激励电压减小，以保证水声发射换能器的安全。

由式（B-15）可知，位移振幅相等时，高频波的声波强度更大，即高频声波向介质辐射能量的效果更佳。在低频辐射高强度声波时，要求更大的位移，因而低频辐射比较困难。

B.2.2 球面波场

波阵面为球面形的行波声场称为球面波场。在球面波场中，声压与离声源等效中心距离的一次方成反比，声强与此距离的二次方成反比。一般地，在均匀无限介质中，一个有限尺寸的声源，无论什么形状，所辐射的声波波阵面在远离声源的远距离上都近似地看作一个球面。

分析球面波的性质和规律时，空间坐标系采用球面坐标系，会使问题描述更容易，物理图像更清晰，如图 B.9 所示。

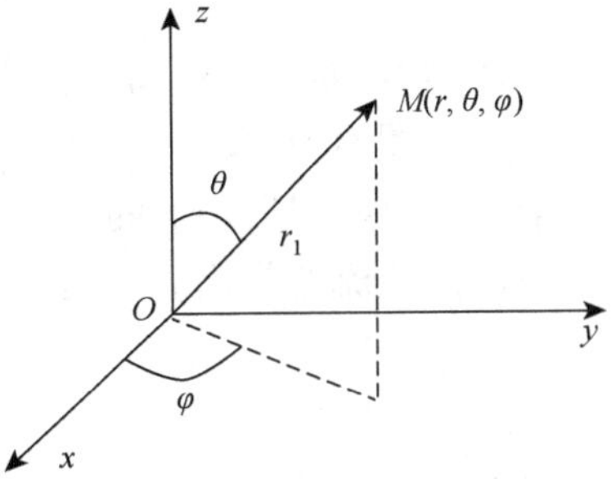

图 B.9 球坐标系示意图

简谐均匀扩张球面波是指等相位面为球面，并且在等相位面上振幅均匀，传播过程中波阵面不断扩大的简谐波场，其声压函数满足波动方程，即

$$\frac{\partial}{\partial r^2}(rp(r,t))-\frac{1}{c_0^2}\frac{\partial^2}{\partial t^2}(rp(r,t))=0 \tag{B-16}$$

令 $\tilde{p}(r,t)=p(r)\mathrm{e}^{\mathrm{j}\omega t}$，代入式（B-16），得

$$\frac{\mathrm{d}^2(rp(r))}{\mathrm{d}r^2}+k^2rp(r)=0 \tag{B-17}$$

其解为

$$rp(r)=A\mathrm{e}^{-\mathrm{j}kr}+B\mathrm{e}^{\mathrm{j}kr} \tag{B-18}$$

所以，简谐振动的均匀球面波声压函数为

$$p(r,t)=\frac{A}{r}\mathrm{e}^{\mathrm{j}(\omega t-kr)}+\frac{B}{r}\mathrm{e}^{\mathrm{j}(\omega t+kr)} \tag{B-19}$$

式（B-19）的前一项是沿 r 正方向传播的波，传播过程中等相位面不断扩张，是扩张波；后一项是沿 r 负方向传播的波，传播过程中等相位面不断缩小，是收敛波。

狭义的球面波就是指简谐均匀扩张球面波，所以，简谐均匀扩张球面波声压函数为

$$p(r,t)=\frac{A}{r}\mathrm{e}^{\mathrm{j}(\omega t-kr)} \tag{B-20}$$

由欧拉公式可得其振速函数为

$$u(r,t)=\frac{A}{\mathrm{j}\omega\rho_0}\left(\frac{1}{r^2}+\frac{\mathrm{j}k}{r}\right)\mathrm{e}^{\mathrm{j}(\omega t-kr)}=\frac{1}{\rho_0c_0}\left(1+\frac{1}{\mathrm{j}kr}\right)\frac{A}{r}\mathrm{e}^{\mathrm{j}(\omega t-kr)} \tag{B-21}$$

因此，其波阻抗为

$$Z_a=\frac{\tilde{p}(r,t)}{\tilde{u}(r,t)}=\rho_0c_0\frac{(kr)^2}{1+(kr)^2}+\mathrm{j}\rho_0c_0\frac{kr}{1+(kr)^2} \tag{B-22}$$

由式（B-22）可以发现，与平面行波的波阻抗不同，均匀扩张球面波的波阻抗与空间位置和声波频率以及介质的特性阻抗有关，不是常数。但当 kr 值很大时，均匀扩张球面波波阻抗和平面波波阻抗近似相等，为介质的特性阻抗 ρ_0c_0。

同理，其声能流密度为

$$W(r,t)=\left(\frac{1}{2\rho_0c_0}\frac{A^2}{r^2\cos\phi}\cos(2(\omega t-kr)-\phi)+\frac{1}{2\rho_0c_0}\frac{A^2}{r^2}\right)e_r \tag{B-23}$$

图 B.10 为不同空间位置声压、质点振速和声能流的时间变化函数图。

比较图 B.10（a）～（c）可知，当 kr 小时［分图（a)］，近场，声压与振速相位差大，声能流在有些时段沿 r 的反向传播；当 kr 大时［分图（c)］，远场，声压与振速相位趋于一致，声能流总是沿 r 正向传播。而其声强为

$$I(r)=\frac{1}{2\rho_0c_0}\frac{A^2}{r^2} \tag{B-24}$$

可见，均匀扩张球面波的声强随着距离的平方衰减。

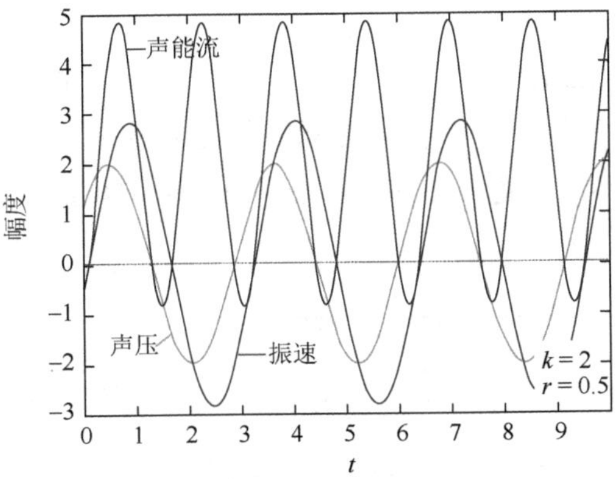

(a) $kr=1$

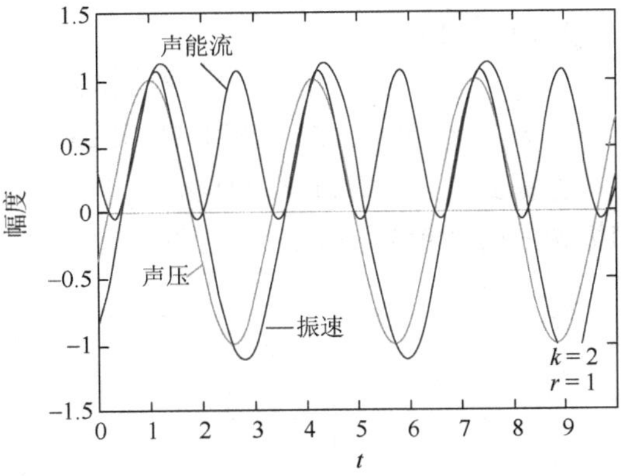

(b) $kr=2$

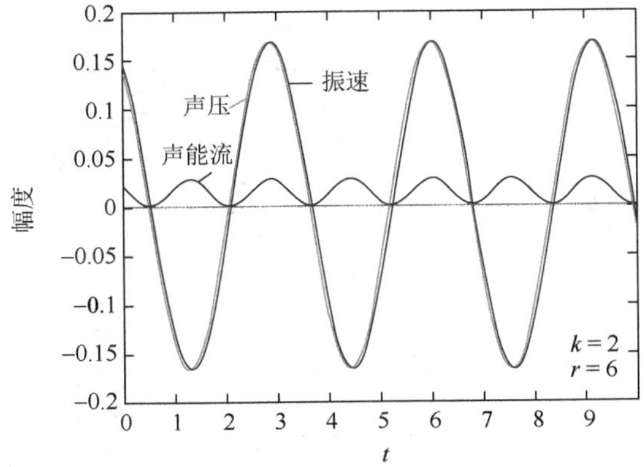

(c) $kr=12$

图 B.10　不同空间位置声压、质点振速和声能流的时间变化函数图

B.2.3　柱面波场

柱面波场具有轴对称性，它的波阵面是以柱的中心为轴的同心柱面。柱面波在均匀介质中传播时，柱面中沿轴向的平均声压与柱面离振动源面的距离的 1/2 次方成反比，即柱面中的声强与离声源距离的一次方成反比。

柱面波的波阵面为一系列同轴圆柱面，这是广义的柱面波概念。在无限大介质中的无限长圆柱表面各点沿径向做相同振动时，在介质中产生柱面波声场。

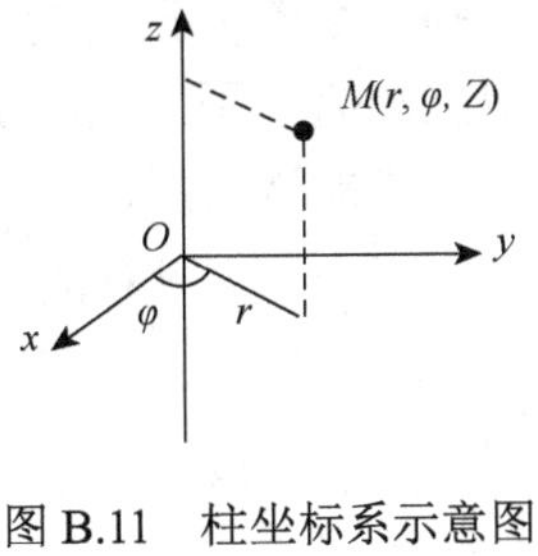

图 B.11　柱坐标系示意图

简谐均匀扩张柱面波，是指等相位面为一系列同轴圆柱面，在等相位面上振幅均匀并且在传播过程中波阵面不断扩大的简谐波，是狭义的柱面波。

对于幅值均匀的柱面波，取图 B.11 所示柱坐标系。

简谐均匀柱面扩张波的声压函数为

$$p(r,t)=\mathrm{j}k\rho_0c_0\mathrm{H}_0^{(2)}(kr)\mathrm{e}^{\mathrm{j}\omega} \tag{B-25}$$

质点振速为

$$u(r,t) = A_0 k \mathrm{H}_1^{(2)}(kr)\mathrm{e}^{\mathrm{j}\omega t} e_r \tag{B-26}$$

式中，$\mathrm{H}_1^{(2)}(x)$ 为 1 阶第二类汉克尔函数；e_r 为柱坐标系中径向坐标的单位矢量。

根据式（B-25）和式（B-26）可以得到在不同位置（$kr = 0.4$、$kr = 2$、$kr = 10$）声压和振速的时间信号波形图，见图 B.12。

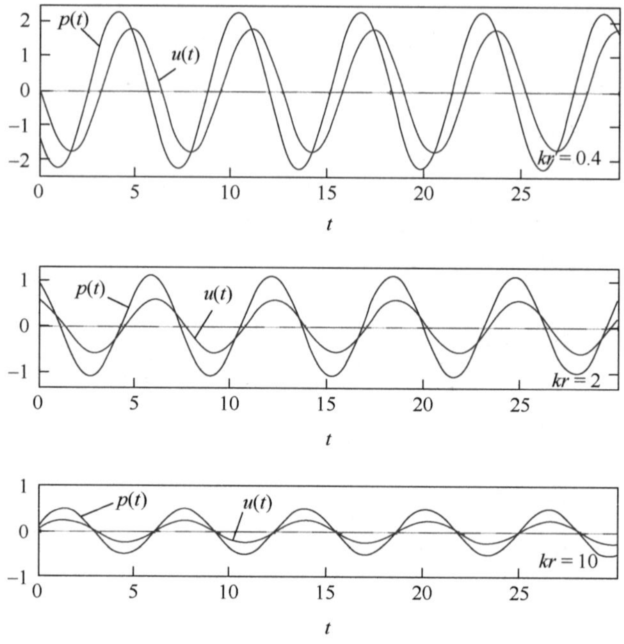

图 B.12　均匀柱面扩张波场中不同位置的声压与质点振速波形

由图 B.12 可知，随着传播距离的增加，声压与振速的振动相位均有延迟；声压与质点振速的振幅值随传播距离增加而减小。

同样，均匀柱面扩张波的波阻抗为

$$Z_a = \mathrm{j}\rho_0 c_0 \frac{\mathrm{J}_0(kr) - \mathrm{j}N_0(kr)}{\mathrm{J}_1(kr) - \mathrm{j}N_1(kr)} \tag{B-27}$$

可知，尽管简谐均匀柱面扩张波的波阻抗不是常数，但当 $kr \gg 1$ 时，均匀柱面扩张波波阻抗和简谐平面波波阻抗近似相等，为介质的特性阻抗 $\rho_0 c_0$。

声能流密度：

$$\begin{aligned} W(r,t) = \rho c A_0^2 k^2 \Big(& \big(\mathrm{J}_1(kr)N_0(kr)\cos^2(\omega t) - \mathrm{J}_0(kr)N_1(kr)\sin^2(\omega t)\big) \\ & + (N_0(kr)N_1(kr) - \mathrm{J}_0(kr)\mathrm{J}_1(kr))\sin(\omega t)\cot(\omega t)\Big) \end{aligned} \tag{B-28}$$

声波强度：

$$I(r) = 1/2\rho c A_0^2 k^2 (\mathrm{J}_1(kr)N_0(kr) - \mathrm{J}_0(kr)N_1(kr)) = \frac{(\rho c A_0^2 k)}{\pi}\frac{1}{r} \propto \frac{1}{r} \tag{B-29}$$

可知，简谐均匀柱面扩张波的声强与传播距离的倒数成比例。

附录C 典 型 声 源

C.1 基 本 知 识

C.1.1 声辐射

声源的振动在周围的介质中激发声波，称为声辐射。声源辐射器振动表面推动周围介质振动，由于介质的惯性和弹性，振动状态向远处传播，从而形成声波场。这些已经激发起来的声波在传播过程中的特性，以及声波场和声源之间的关系，即声源辐射声波问题，这在工程应用上具有十分重要的意义。在声学测试中，需要了解以下三个问题。

1. 辐射阻抗的概念

声源在介质中振动并辐射声波，涉及介质与声源的相互作用，即声源作为一个振动系统在介质中受到介质的反作用力，由此可以求出介质对辐射器振动表面的作用和辐射阻抗。

2. 声源辐射声场的空间分布问题

声源辐射声场的空间分布包括轴向分布和周向分布，轴向分布涉及声场的远近场概念，声场的周向分布特性主要用远场指向性刻画。

3. 辐射声场的数学处理方法

辐射声场的处理根据不同的问题采用的处理方法不同，如果辐射面规则，可采用分离变数法求解；如果辐射面不规则，可采用亥姆霍兹方程的积分方法求解。

在实际中，声源的形式是各种各样的，想从数学上对形状不规则的声源进行严格求解是十分困难的，因此很多情况下，在一定的限制条件下将声源近似看作平面、球面等理想化的声源，这样既避免了烦琐的数学推导，又可以由所得结果揭示基本规律。

C.1.2 声波的辐射阻抗

声源辐射器在声场中振动时，介质发生稀疏交替的形变，从而辐射了声波；另外，声源本身也处于它自己辐射形成的声场之中，因此它也受到声场对它的反作用。

辐射器机械振动系统的等效集总参数系统如图 C.1 所示。

系统在介质中的运动方程为

$$\left(R_m + \mathrm{j}(\omega M_m - \frac{1}{\omega C_m}) + \iint_{S_0} \frac{\tilde{Z}_a(r)\tilde{v}(s)}{\tilde{U}_0}\mathrm{d}s\right)\tilde{U}_0 = \tilde{F} \tag{C-1}$$

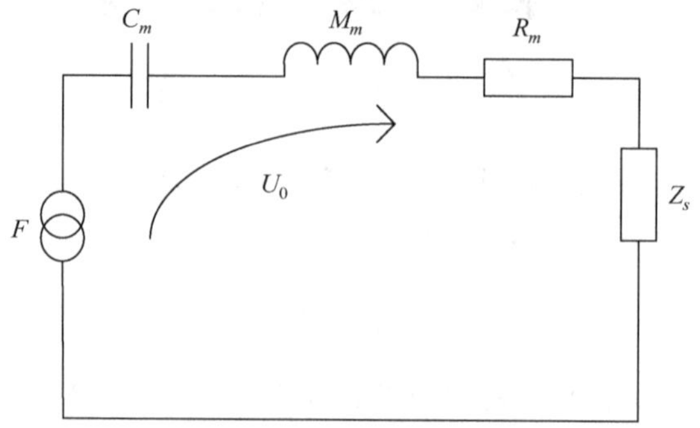

图 C.1　辐射器机械振动系统的等效集总参数系统

介质对辐射器振动表面的阻力作用，相当于在辐射器的机械振动系统中增加了一个机械阻抗，此机械阻抗称为辐射器的辐射阻抗，记为 Z_s：

$$Z_s = \iint_{S_0} \frac{\tilde{Z}_a(r)\tilde{v}(s)}{\tilde{U}_0}\mathrm{d}s = R_s + \mathrm{j}X_s \tag{C-2}$$

式中，R_s 是辐射阻；X_s 是辐射抗。辐射器的辐射阻抗与辐射器的振动表面及其振速分布、介质的特性阻抗以及等效系统的参考点选择有关。

式（C-1）可写为

$$\tilde{U}_0 = \frac{\tilde{F}}{Z_m + Z_s} \tag{C-3}$$

式中

$$Z_m + Z_s = (R_m + R_s) + \mathrm{j}\left(\omega M_m + X_s - \frac{1}{C_m\omega}\right) \tag{C-4}$$

由式（C-4）可见，声场对声源的反作用表现在两个方面：一方面是增加了系统的阻尼作用，除原来的摩擦力阻 R_m 外还增加了辐射阻 R_s，辐射阻 R_s 像摩擦力阻 R_m 一样，也反映了力学系统存在着能量的损耗，但摩擦力阻损耗的能量转化为热能，而辐射阻损耗的能量转化为声能，以声波的形式传播出去；另一方面是在系统中增加了辐射抗。所以，在辐射阻抗中，辐射阻 R_s 是“耗能”元件，将机械振动系统中的机械振动能转化为声场中的声能，辐射阻的消耗功率就是辐射器的辐射声功率；辐射抗 X_s 是“储能”元件，不断进行机械振动系统中的机械振动能与声场中的声能的相互转化。因为 X_s 是正的，所以辐射抗表现为惯性抗，式（C-4）可改写成

$$Z_m + Z = (R_m + R_s) + \mathrm{j}\left(\omega\left(M_m + \frac{X_s}{\omega}\right) - \frac{1}{C_m\omega}\right) \tag{C-5}$$

从式（C-5）可以看出，辐射抗对力学系统的影响相当于在声源本身的质量 M_m 上附加了一个辐射质量 $M_s = \dfrac{X_s}{\omega}$，由于这部分附加质量的存在，声源好像加重了，似乎有质

量为 M_s 的介质层黏附在辐射器面上，随辐射器一起振动，因此这部分附加的辐射质量也称为同振质量或伴振质量，$M_m + M_s$ 称为有效质量。

机械系统对介质做功的功率，即机械能中转换为相应声能的功率，称为辐射声功率，简称辐射功率，用 W_a 表示。

$$W_a = \frac{1}{2} R_s \left| \tilde{U}_0 \right|^2 \tag{C-6}$$

式中，$\tilde{U}_0$ 为辐射面的振动速度（峰值）。应用辐射阻抗的概念可以方便地研究声源的辐射特性。

辐射器机械系统的内损耗功率为

$$W_{ma} = \frac{1}{2} R_m \left| \tilde{U}_0 \right|^2 \tag{C-7}$$

机械振动系统总消耗功率为

$$W_m = W_{ma} + W_s = \frac{1}{2}(R_m + R_s)\left| \tilde{U}_0 \right|^2 \tag{C-8}$$

所以，机-声转换效率为

$$\eta_{a/m} = \frac{W_a}{W_m} \times 100\% = \frac{R_s}{R_m + R_s} \times 100\% \tag{C-9}$$

常参数的振荡系统的功率是频率的函数，所以效率也是频率的函数，显然，当系统以机械谐振频率辐射时，辐射功率最大，且效率也接近最高。在工程应用中，经常把换能器的谐振频率设计在所需要的工作频率上。

换能器工作时，在换能器上施加电信号推动换能器振动，这一步实现电能到机械振动能的转换，由电能转换为机械振动的效率用电-机效率 $\eta_{m/e}$ 表示；换能器振动推动周围介质振动形成声波场，实现机械振动能到声能的转换，由机械振动能到声能的转换效率用机-声转换效率 $\eta_{a/m}$ 表示；则由电能转化为声能的效率用电-声转换效率 $\eta_{a/e}$ 表示。

电学中定义电-机效率 $\eta_{m/e}$ 为

$$\eta_{m/e} = \frac{W_{em}}{W_e} \times 100\% = \frac{g_d}{g_e + g_s} \times 100\% \tag{C-10}$$

则电-声转换效率 $\eta_{a/e}$ 为

$$\eta_{a/e} = \frac{W_a}{W_e} = \frac{W_a}{W_{em}} \cdot \frac{W_{em}}{W_e} = \eta_{a/m} \cdot \eta_{m/e} \tag{C-11}$$

在设计大功率发射换能器时，提高换能器的电声效率具有重要意义。因为加大发射功率就要求增大电源功率，如果电声效率低，则电源功率的利用率低，大部分能量消耗在电路和机械系统内部发生。消耗在系统内的能量转变为热能，使得换能器元件及环境温度升高，有可能导致元件参数向恶化方向发展，换能器的性能将不稳定。

为了提高换能器的效率，应从几个方面努力：一方面可以改善换能器元件的材料性能，提高压电系数、机电耦合系数，降低强场损耗和提高电声参数的温度稳定性；另一方面从对换能器振动系统的结构和工艺方面考虑，减少系统的等效内损耗，例如，改善换能器的黏滞性，增加反声后衬，增加去耦材料和结构，抑制不必要的振动模式的耦合等；再一方面是考虑辐射声阻的提高，通过合理选择材料和设计结构，可以提高辐射声阻，声辐射现象直接反映到电声系统中是辐射阻抗，这涉及换能器材料以及振子和基阵的声学结构。

C.2　简单球形声源的辐射

C.2.1　点声源声场

点声源声场可以看成简单球面声场，均匀脉动球面是进行着均匀涨缩振动的球面声源，也就是在球声源表面上各点沿着径向做同振幅、同相位的振动。在声介质中，球型声源的辐射面做各向均匀的脉动，产生均匀球面波，这是最简单的声辐射形式，而且绝大多数低频发射器当其尺寸与介质中声波波长之比很小时，可等效于一个脉动球面辐射器，辐射的声波近似为均匀球面波。理想的均匀球面波辐射情况在实际生活中很少遇到，但对它的分析具有一定的启发意义，特别是在实际中，往往应用点声源（小的脉动球声源）的组合来处理任何复杂的面声源，所以均匀脉动球面声源（见图 C.2）可以说是最基本的声源了。

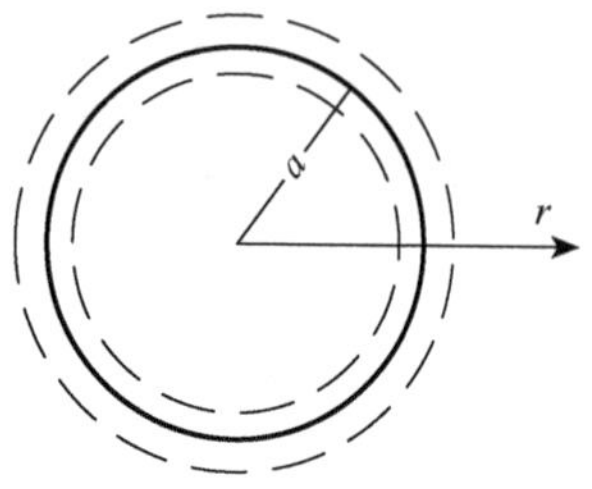

图 C.2　脉动球面声源

1. 辐射声压和振速

均匀脉动球声源的辐射声压场和振速场为

$$p(r,t)=A\frac{1}{r}\mathrm{e}^{\mathrm{j}(\omega t-kr)}=\frac{\rho cav_0(ka)}{\sqrt{1+(ka)^2}}\mathrm{e}^{\mathrm{j}(ka+\varphi_0)}\frac{1}{r}\mathrm{e}^{\mathrm{j}(\omega t-kr)} \tag{C-12}$$

$$u(r,t)=A\frac{1+\mathrm{j}kr}{\mathrm{j}kr\rho c}\frac{1}{r}\mathrm{e}^{\mathrm{j}(\omega t-kr)}=\frac{\rho cav_0(ka)}{\sqrt{1+(ka)^2}}\mathrm{e}^{\mathrm{j}(ka+\varphi_0)}\frac{1+\mathrm{j}kr}{\mathrm{j}kr\rho c}\frac{1}{r}\mathrm{e}^{\mathrm{j}(\omega t-kr)} \tag{C-13}$$

由式（C-12）可见，在离脉动球声源距离为 r 的地方，声压幅值的大小取决于 $|A|$，$|A|$ 的值不仅与球声源的振速幅值 v_0 有关，而且与辐射声波的频率（或波长）、球声源的半径等有关，当球声源半径比较小或辐射声波频率比较低，即满足 $ka\ll 1$ 时，$|A|_L\approx\rho cka^2v_0$；而当球声源半径比较大或辐射声波频率比较高，即 $ka\gg 1$ 时，$|A|_H\approx\rho cav_0$，显然 $|A|_L\ll|A|_H$，这说明球声源以同样大小的速度 v_0 振动时，如果球声源比较小或者辐射频率比较低，辐射声压较小；如果球声源比较大或者辐射频率比较高，辐射声压较大。因此当球声源大小一定时，辐射频率越高则辐射声压越大，辐射频率越低则声压越小。对于辐射一定频率的声波，球声源的半径越大则声压越大，球声源的半径越小则声压越小。这种辐射声场与球声源大小及声波频率的关系具有普遍意义，一般来说，如果振动速度一定，声源振动面越大，则辐射声压越大；声源振动面越小，则辐射声压越小。

2. 声源强度和点声源

声源强度通常指的是声源的体积变化速度的幅度，记为 Q。均匀脉动球声源的球面振速为 $v_0\,\mathrm{e}^{\mathrm{j}\omega t}$，振动面面积为 $4\pi a^2$，则均匀脉动球声源的声源强度为

$$Q = 4\pi a^2 v_0 \tag{C-14}$$

利用声源强度 Q，均匀脉动球声源的辐射声压式（C-12）可表示为

$$p(r,t) = \frac{\rho ckQ}{4\pi\sqrt{1+(ka)^2}} \mathrm{e}^{\mathrm{j}(ka+\varphi_0)} \frac{1}{r} \mathrm{e}^{\mathrm{j}(\omega t - kr)} \tag{C-15}$$

当 $ka \ll 1$ 时，有

$$p(r,t) = \mathrm{j}\rho ck \frac{Q}{4\pi r} \mathrm{e}^{\mathrm{j}(\omega t - kr)} \tag{C-16}$$

这里引出点声源的概念，所谓点声源是指半径 a 比声波波长小很多，即满足 $ka \ll 1$ 条件的脉动球声源。点声源满足两个条件：①声源尺度远小于介质中波长；②辐射的声场各向均匀。

式（C-16）是点声源辐射声压场，由点声源声压场可得点声源速度势场：

$$\Phi(r,t) = \frac{1}{\rho}\int p(r,t)\mathrm{d}t = \frac{Q}{4\pi r} \mathrm{e}^{\mathrm{j}(\omega t - kr)} \tag{C-17}$$

式中，Q 为点声源强度。

3. 均匀脉动球面声源的辐射阻抗

球面波声场中的波阻抗为

$$Z(r,\omega) = \frac{\tilde{p}(r,t)}{\tilde{u}(r,t)} = \frac{\mathrm{j}kr}{1+\mathrm{j}kr}\rho c \tag{C-18}$$

则在球面上（球的半径为 a）的波阻抗为

$$Z_a(r,\omega) = \frac{\mathrm{j}kr}{1+\mathrm{j}kr}\rho c\bigg|_{r=a} \tag{C-19}$$

将式（C-19）代入辐射阻抗的定义式中，可求得均匀脉动球声源的辐射阻抗为

$$\begin{aligned} Z_s(\omega) &= \iint_{S_0} Z_a(r,t)\big|_s \frac{v(s)}{U_0}\mathrm{d}s = \iint_{S_0} \frac{\mathrm{j}kr}{1+\mathrm{j}kr}\rho c\bigg|_{r=a} \frac{v_0}{v_0}\mathrm{d}s \\ &= 4\pi a^2 \rho c \frac{\mathrm{j}ka}{1+\mathrm{j}ka} \\ &= 4\pi a^2 \frac{\rho c(ka)^2}{1+(ka)^2} + \mathrm{j}4\pi a^2 \frac{\rho c(ka)}{1+(ka)^2} \end{aligned} \tag{C-20}$$

式（C-20）实部为均匀脉动球辐射阻：

$$R_s = 4\pi a^2 \frac{\rho c(ka)^2}{1+(ka)^2} = S\frac{\rho c(ka)^2}{1+(ka)^2} \tag{C-21}$$

虚部为均匀脉动球辐射抗：

$$X_s = 4\pi a^2 \frac{\rho c(ka)}{1+(ka)^2} = S\frac{\rho c(ka)}{1+(ka)^2} \tag{C-22}$$

式中，$S = 4\pi a^2$ 为辐射球的表面积。

从式（C-21）和式（C-22）可以看出，均匀脉动球声源的辐射阻与辐射抗和 ka 值有

关，它们随 ka 的变化关系曲线见图 C.3，图中给出的是无因次量 $R_s/(\rho cS)$ 和 $X_s/(\rho cS)$ 随 $ka = 2\pi\dfrac{a}{\lambda}$ 变化曲线图。

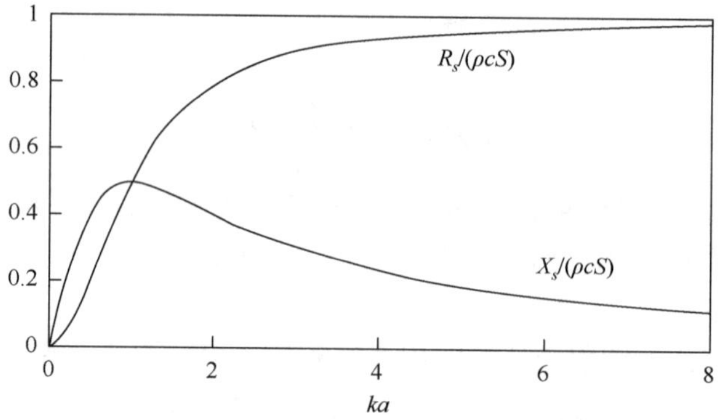

图 C.3　均匀脉动球面声源的辐射阻和辐射抗随 ka 的变化曲线

由图 C.3、式（C-21）和式（C-22）可以看出，脉动球声源的辐射阻抗在高频和低频辐射时，呈现不同特性。

下面对均匀脉动球高频辐射和低频辐射两种极限情况进行讨论。

（1）$a \gg \lambda$，大球辐射（高频辐射）。

辐射阻：

$$R_s = S\frac{\rho c(ka)^2}{1+(ka)^2}\bigg|_{ka\gg 1} \to S\frac{\rho c(ka)^2}{(ka)^2}\bigg|_{ka\gg 1} \to S\rho c \tag{C-23}$$

辐射抗：

$$X_s = S\frac{\rho c(ka)}{1+(ka)^2}\bigg|_{ka\gg 1} \to S\frac{\rho c}{ka}\bigg|_{ka\gg 1} \to 0 \tag{C-24}$$

说明当脉动球声源半径较大或频率较高时（$ka \gg 1$），辐射阻达到最大值 $S\rho c$，而辐射抗 $S\dfrac{\rho c}{ka}$ 趋近于零，即同振质量趋近于零，这时球面附近呈现平面波传播特性。

（2）$a \ll \lambda$，小球辐射（低频辐射）。

辐射阻：

$$R_s = S\frac{\rho c(ka)^2}{1+(ka)^2}\bigg|_{ka\ll 1} \to \frac{\pi\rho c S^2}{\lambda^2} = \rho c(ka)^2 S \tag{C-25}$$

辐射抗：

$$X_s = 4\pi a^2\frac{\rho c(ka)}{1+(ka)^2}\bigg|_{ka\ll 1} \to 3\left(\frac{4}{3}\pi a^3\rho\right)\omega = 3M_0\omega \tag{C-26}$$

如前所述，辐射器的辐射抗所对应的质量元件的质量称为伴振质量。脉动小球的伴振质量为

$$M_s = \frac{X_s}{\omega} = 3M_0 \tag{C-27}$$

式中，$M_0=\dfrac{4}{3}\pi a^3\rho$为球所排开同体积介质球的质量。脉动小球的伴振质量相当于同体积介质球的质量的 3 倍，所以为了使球声源振动，尚需克服这一部分附加惯性力而做功，但这部分能量不是向外辐射的声能，而是储藏在系统中的。

当脉动球声源半径较小或频率较低时（$ka\ll 1$），辐射阻是很小的，远小于ρcS，小球的低频辐射效率是比较低的，但在较低的频率范围内，辐射阻与频率的平方成正比，即随着频率的增高，辐射阻能迅速地提高。

小球在低频辐射时，声场的惯性作用很明显，抗的部分比阻的部分更大，即单球低频辐射时，球面的声压和振速接近 90°，随着频率的增高，相位差逐渐减小，到高频时，辐射阻逐渐超过辐射抗，相位差趋近于零。

4. 均匀脉动球面声源的辐射声功率

1）用辐射阻抗求辐射声功率

因为辐射阻的“消耗”功率全部转化为声场功率，所以辐射声功率为

$$W_a=\frac{1}{2}R_s\left|\tilde{U}_0\right|^2=\frac{1}{2}4\pi a^2\frac{\rho c(ka)^2}{1+(ka)^2}v_0^2=\frac{1}{2}S\frac{\rho c(ka)^2}{1+(ka)^2}v_0^2 \tag{C-28}$$

讨论：

（1）$a\gg\lambda$，大球辐射时（$ka\gg 1$）（高频），辐射声功率为

$$W_a=\frac{1}{2}R_s\left|\tilde{U}_0\right|^2=\frac{1}{2}\rho cSv_0^2 \tag{C-29}$$

（2）$a\ll\lambda$，小球辐射时（$ka\ll 1$）（低频），辐射声功率为

$$W_a=\frac{1}{2}R_s\left|\tilde{U}_0\right|^2=\frac{1}{2}\frac{\pi\rho S^2}{\lambda^2}v_0^2\propto f^2 \tag{C-30}$$

2）用声场求辐射声功率

声功率还可以通过声场的声波强度对包围声源的封闭面的积分求得，所以辐射声功率为

$$W_a=\oiint_{S_0}I(r)\cdot\mathrm{d}s \tag{C-31}$$

声场中的声波强度为

$$\begin{aligned}I(r)&=\frac{1}{T}\int_0^T\mathrm{Re}(p(r,t))\cdot\mathrm{Re}(u(r,t))\mathrm{d}t\\&=\frac{1}{2}\mathrm{Re}(p(r,t)u^*(r,t))\end{aligned} \tag{C-32}$$

式中，$u^*(r,t)$是$u(r,t)$的共轭复数。将声压函数$p(r,t)=\dfrac{A}{r}\mathrm{e}^{\mathrm{j}(\omega t-kr)}$代入式（C-32）中可得

$$I(r)=\frac{1}{2}\mathrm{Re}\left(\frac{AA^*}{\rho cr^2}\left(1-\frac{1}{\mathrm{j}kr}\right)\right)=\frac{1}{2}\frac{A^2}{\rho cr^2}=\frac{1}{2\rho c}\left|p(r,t)\right|^2 \tag{C-33}$$

对于均匀扩张谐和球面波，有$\left|\tilde{p}(r,t)\right|=\dfrac{|A|}{r}$；闭曲面$S_0$，取与声源同心、半径为$r>a$的球面，有

$$I(r)=\frac{1}{2\rho c}\left(\frac{|A|}{r}\right)^2 e_r \text{，}\quad \mathrm{d}s=\mathrm{d}se_r=r^2\sin\theta\mathrm{d}\theta\mathrm{d}\varphi e_r \tag{C-34}$$

在以声源为球心的球面上声波强度相等，因此通过整个以 r 为半径的球面的功率为

$$W_{脉}=\oint\!\!\!\oint_{S_0} I(r)\cdot\mathrm{d}S=\int_0^{2\pi}\int_0^{\pi}\frac{1}{2\rho c}\left(\frac{|A|}{r}\right)^2 r^2\sin\theta\mathrm{d}\theta\mathrm{d}\varphi=4\pi\frac{|A|^2}{2\rho c} \tag{C-35}$$

因为 $A=\dfrac{\rho c a v_0(ka)}{\sqrt{1+(ka)^2}}\mathrm{e}^{\mathrm{j}(ka+\varphi_0)}$， $\tan\varphi_0=\dfrac{1}{ka}$，所以得

$$W_{脉}=\frac{4\pi}{2\rho c}\left|\frac{\rho c a v_0(ka)}{\sqrt{1+(ka)^2}}\mathrm{e}^{\mathrm{j}(ka+\varphi_0)}\right|^2=\frac{1}{2}4\pi a^2\frac{\rho c(ka)^2}{1+(ka)^2}v_0^2=\frac{1}{2}S\frac{\rho c(ka)^2}{1+(ka)^2}v_0^2 \tag{C-36}$$

式（C-36）和式（B-28）形式是完全一样的，因此证明了按整个球面积分的声辐射功率等于加到辐射声阻上的机械功率。这表明，由声源提供给声场的有功功率等于通过整个波阵面上的单位时间的有功能流，这是无损耗介质中机械能守恒定律的必然结果，并且球面声源所辐射的声波，在任何距离上辐射声功率是与距离无关的常数，这显然是符合能量守恒定律的。

高频辐射时，辐射声功率为

$$W_a\approx\frac{1}{2}S\rho c v_0^2 \tag{C-37}$$

低频辐射时，辐射声功率为

$$W_a\approx\frac{1}{2}S\rho c(ka)^2 v_0^2 \tag{C-38}$$

高频辐射时，辐射声功率和频率无关；低频辐射时，辐射声功率近似地和频率的平方成正比，并且低频辐射时，因为 $ka\ll 1$，所以低频辐射声功率远小于高频辐射声功率，这也是低频大功率辐射器难以制作的原因。

C.2.2　声偶极子的声辐射

声偶极子源是指两个相距很近（相对波长而言）、振源强度相等、振动相位相反的点声源构成的声辐射系统。

点声源靠近水面辐射时，按照镜像法，可以近似地把水面用一个反相振动的虚源替代，因此它的辐射声场具有偶极子声场的特征。另外，刚硬球摆动时的辐射声场、没有安装在障板上的纸盆扬声器和圆盘的振动，在低频辐射时声场都有相似特征，可以被近似看作声偶极子源。因此通过偶极子声场的讨论，对了解这一类声辐射系统的工作特点是很有意义的。

1. 偶极子的声辐射

谐和振动的声源 1 和声源 2，置于 x 轴上 $x=\pm d/2$ 处，见图 C.4。

根据式（C-17），点声源速度势函数为

$$\Phi(r,t)=\frac{Q}{4\pi r}\mathrm{e}^{\mathrm{j}(\omega t-kr)} \tag{C-39}$$

式中，r 为空间点 M 到声源的距离。则图 C.4 中两个点声源的速度势函数分别为

$$\Phi_{+}(r,t)=\frac{Q}{4\pi r_{+}}\mathrm{e}^{\mathrm{j}(\omega t-kr_{+})} \tag{C-40}$$

$$\Phi_{-}(r,t)=\frac{-Q}{4\pi r_{-}}\mathrm{e}^{\mathrm{j}(\omega t-kr_{-})} \tag{C-41}$$

式中，r_{+} 和 r_{-} 分别为空间点 M 到声源 1 和声源 2 的距离。

根据叠加原理求偶极子声源的声场，声源 1 和声源 2 在 M 点的速度势为

$$\Phi(r,\theta,t)=\Phi_{+}(r,\theta,t)+\Phi_{-}(r,\theta,t)=-\frac{Q_1}{4\pi}\frac{\partial}{\partial r}\left(\frac{\mathrm{e}^{-\mathrm{j}kr}}{r}\right)\cos\theta\,\mathrm{e}^{\mathrm{j}\omega t} \tag{C-42}$$

式中，$Q_1 \equiv Qd$，为偶极子矩。图 C.5 为按照 $\Phi(r,\theta,t)=\Phi_{+}(r,\theta,t)+\Phi_{-}(r,\theta,t)$ 未作远场近似的偶极子声场图。

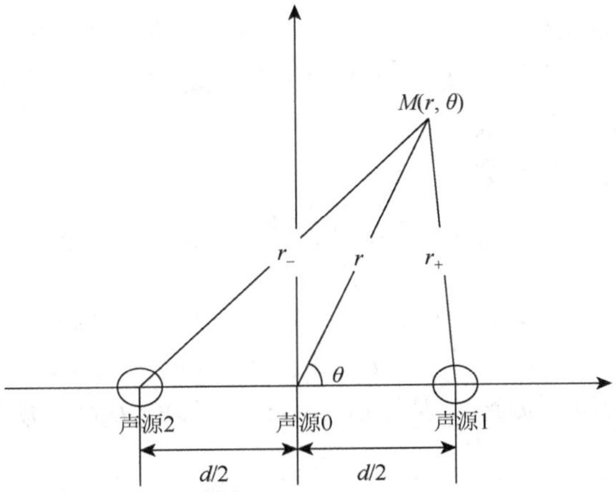

图 C.4　声偶极子图

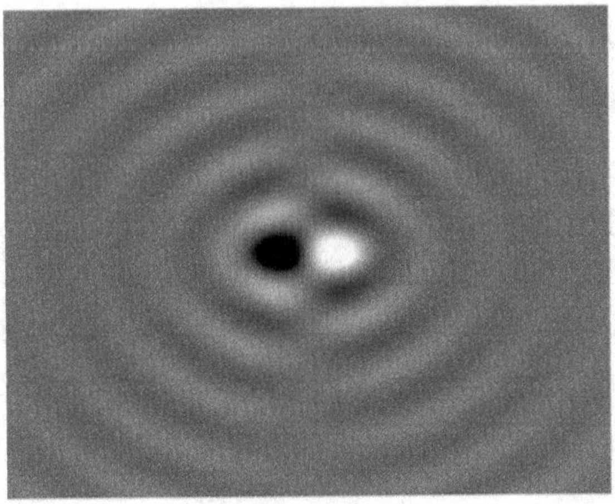

图 C.5　偶极子辐射声场

2. 偶极子辐射声场的特点

声偶极子声压函数为

$$p(r,\theta,t)=\rho\frac{\partial}{\partial t}\Phi(r,\theta,t)=\mathrm{j}\omega\rho\Phi(r,\theta,t) \tag{C-43}$$

进一步推导得

$$\begin{aligned}p(r,\theta,t)&=-\mathrm{j}\omega\rho\frac{Q_1}{4\pi}\frac{\partial}{\partial r}\left(\frac{\mathrm{e}^{-\mathrm{j}kr}}{r}\right)\cos\theta\,\mathrm{e}^{\mathrm{j}\omega t}\\&=\mathrm{j}k\rho c\frac{Q_1\,\mathrm{e}^{-\mathrm{j}kr}}{4\pi r^2}(1+\mathrm{j}kr)\cos\theta\,\mathrm{e}^{\mathrm{j}\omega t}\\&=\frac{\mathrm{j}k\rho cQ_1}{4\pi r^2}\sqrt{1+(kr)^2}\cos\theta\,\mathrm{e}^{\mathrm{j}(\omega t-kr+\varphi)}\end{aligned} \tag{C-44}$$

式（C-44）表明，偶极子辐射声场的声压幅值不但和距离 r 有关，还和空间方位 θ 有关，即在相同距离处，由于空间方位的变化，声场的幅值发生改变。声偶极子的辐射声场在与声传播方向的垂直方向上声压幅值分布不均匀。

在声源辐射声场的远场，声源各方向距声源等距离处声场幅值的不均匀性称为声源的指向性。在声源辐射声场的远场，以声源为球心的球面上，在各方向上声场幅值的归一化函数称为声源的指向性函数。

声偶极子声源的指向性函数为

$$D(\theta,\phi)\equiv\frac{\left|\tilde{p}(\theta,\varphi)\right|}{\left|\tilde{p}(\theta_0,\varphi_0)\right|}=\left|\cos\theta\right| \tag{C-45}$$

由于声偶极子的势函数是 (r,θ) 的函数，故场中质点振速矢量不在半径方向上，即它不仅有 r 方向的分量 $u_r(r,\theta,t)$，同时有 θ 方向的分量 $u_\theta(r,\theta,t)$。

下面求声偶极子的质点振速，因为 $u(r,\theta,t)=-\nabla\Phi(r,\theta,t)$，所以有：

径向质点振速：

$$u_r(r,\theta,t)=-\frac{\partial}{\partial r}\Phi(r,\theta,t)=\frac{Q_1}{4\pi}\cdot\frac{\sqrt{4+(kr)^4}}{r^3}\cos\theta\,\mathrm{e}^{\mathrm{j}(\omega t-kr+\varphi')} \tag{C-46}$$

垂直径向质点振速：

$$u_\theta(r,\theta,t)=-\frac{\partial\varphi}{\partial(r\theta)}=\frac{Q_1\,\mathrm{e}^{\mathrm{j}(\omega t-kr+\varphi)}}{4\pi r^3}\cdot\sqrt{1+(kr)^2}\sin\theta \tag{C-47}$$

上面推出的声压和质点振速表达式已经作了远场假设（$r\gg d$），为了方便求取声能流密度和声强，进一步简化远场声压和质点振速的表达式，由式（C-44）和式（C-47）满足远场条件 $kr\gg1$ 得到远场声压、远场径向振速和远场垂直径向振速。

远场声压为

$$p(r,\theta,t)=-\frac{Q_1}{4\pi r}k^2\rho c\cos\theta\,\mathrm{e}^{\mathrm{j}(\omega t-kr)} \tag{C-48}$$

远场径向质点振速为

$$u_r(r,\theta,t)=\frac{p(r,\theta,t)}{\rho c} \tag{C-49}$$

远场垂直径向质点振速：

$$u_{\theta}(r,\theta,t)=\frac{Q_1}{4\pi r^2}k\sin\theta\,\mathrm{e}^{\mathrm{j}\left(\omega t-kr+\frac{\pi}{2}\right)} \tag{C-50}$$

因此，远场声能流密度为

$$\omega_r(r,\theta,t)=\left(\frac{Q_1}{4\pi r}k^2\cos\theta\right)^2\rho c\cos^2(\omega t-kr) \tag{C-51}$$

$$\omega_{\theta}(r,\theta,t)=-\left(\frac{Q_1}{4\pi r}\right)^2k^3\cos\theta\sin\theta\cos(\omega t-kr)\cos\left(\omega t-kr+\frac{\pi}{2}\right) \tag{C-52}$$

远场声强为

$$I_r(r,\theta)=\frac{1}{2}\frac{|p(r,\theta,t)|^2}{\rho c} \tag{C-53}$$

$$I_{\theta}(r,\theta)=\frac{1}{T}\int_0^T\omega_{\theta}(r,\theta,t)\mathrm{d}t=0 \tag{C-54}$$

所以，总声强为

$$I(r,\theta)=I_r(r,\theta)=\frac{1}{2}\frac{|p(r,\theta,t)|^2}{\rho c}=\frac{\rho c}{2}\left(\frac{Q_1}{4\pi}k^2\right)^2\frac{1}{r^2}\cos^2\theta \tag{C-55}$$

声偶极子辐射场的声强只有 e_r 分量，即偶极子场中的声能流传播的时间均值是沿半径方向的。

偶极子源的辐射声功率：

$$W_{偶}=\iint_S I\mathrm{d}S=2\pi\frac{\rho c}{2}\left(\frac{Q_1}{4\pi}k^2\right)^2\cdot\frac{2}{3} \tag{C-56}$$

式中，偶极子矩 $Q_1=Qd=4\pi a^2v_0^2d$，代入式（C-56）得

$$W_{偶}=\frac{2}{3}\pi\rho ck^4a^4d^2v_0^2 \tag{C-57}$$

式中，v_0 是一个单个脉动球声源的振速幅值。

从式（C-57）可以看出，偶极子辐射声功率与距离 r 无关，这满足能量守恒要求，因为偶极子源声场的声功率是由偶极子源提供的，虽然其声场的幅值随距离 r 和角度 θ 是变化的，但其经过某一个半径 r 的球面上的总能量是不变的。

C.3 平面活塞声源的辐射

无限大刚性障板的圆面活塞辐射器的声场，可以利用亥姆霍兹积分公式计算，如图 C.6 所示，首先从亥姆霍兹积分公式出发，推导出瑞利公式为

$$\Phi(r)=\mathrm{e}^{\mathrm{j}\omega t}\iint_S\frac{v(s)}{2\pi}\frac{\mathrm{e}^{-\mathrm{j}kr_{os}}}{r_{os}}\mathrm{d}s \tag{C-58}$$

式中，$v(s)$ 是声源的振速分布；r_{os} 是辐射微元 ds 到场点的距离；S 是辐射面。

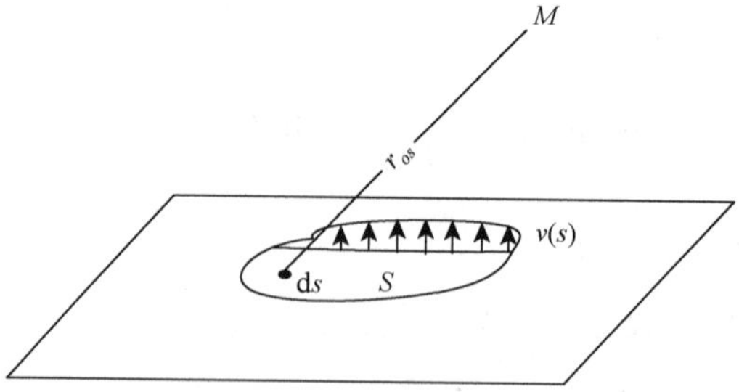

图 C.6　无限大刚性障板上的平面辐射

瑞利公式表示的是镶嵌在无限大刚性障板上任意平面声源的辐射声场的计算公式，由瑞利公式可知，只要知道 S 平面上振速 $v(s)$ 的分布，就可以求出声场速度势函数 $\Phi(r)$。将式（C-58）与前面点声源辐射的速度势公式（C-17）相比较可见，无限大刚性障板上的平面辐射器向半无限空间辐射声波时，声场中某一点的速度势等于由辐射面上无穷多单元辐射器（声源强度为 $v(s)\mathrm{d}s$ ）向半空间（ 2π 立体角中）辐射在该点产生的速度势 $\mathrm{d}\Phi(r)=\dfrac{v(s)\mathrm{d}s}{2\pi r_{os}}\mathrm{e}^{-\mathrm{j}kr_{os}}$ 的叠加。

C.3.1　远场辐射特性

圆面活塞式辐射器是指一个圆形的平面辐射器，辐射面上质点在表面的法线方向做同相等幅振动，振动速度为 $v_0\mathrm{e}^{\mathrm{j}\omega t}$，这样一个圆面活塞辐射器镶嵌在一个无限大刚性障板上，求其向半无限大空间的辐射声场，建立如图 C.7 所示坐标系。

1. 远场速度势函数

由瑞利公式得到

$$\Phi(r)=\mathrm{e}^{\mathrm{j}\omega t}\iint_S \frac{v_0}{2\pi}\frac{\mathrm{e}^{-\mathrm{j}kr_A}}{r_A}\mathrm{d}s \tag{C-59}$$

式中，S 是半径为 a 的圆面；r_A 为面积微元 $\mathrm{d}s$ 到场点 M 的距离。

场点 M 的位置用球坐标变量（r, θ）表示，在辐射器振动圆面上取 o-ρ-ϕ 极坐标，如图 C.8 所示。则有

$$\mathrm{d}s=\rho\mathrm{d}\phi\mathrm{d}\rho \tag{C-60}$$

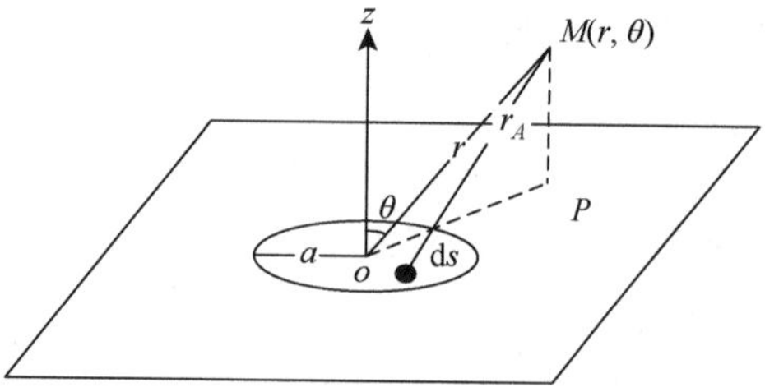

图 C.7　圆面活塞辐射器坐标系选取

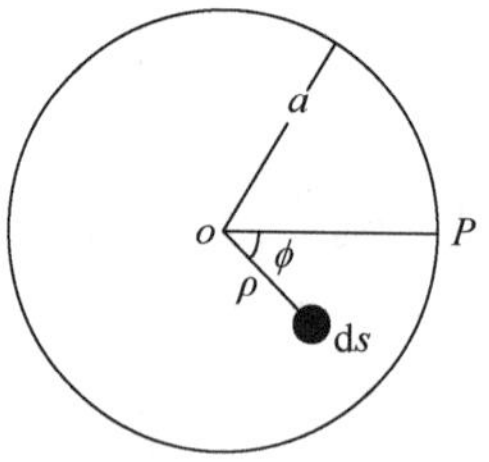

图 C.8　圆面上的极坐标选取

又若$r \gg a$，有

$$r_A \approx r - \rho\cos\phi\sin\theta \tag{C-61}$$

在被积函数的分母上，取$r_A \to r$，在被积函数的指数因子中，取$r_A \to r-\rho\cos\phi\sin\theta$，得

$$\Phi(r) = \frac{v_0}{2\pi}\frac{\mathrm{e}^{\mathrm{j}(\omega t-kr)}}{r}\int_0^a\int_0^{2\pi}\mathrm{e}^{-\mathrm{j}k\rho\sin\theta\cos\phi}\,\rho\mathrm{d}\phi\mathrm{d}\rho \tag{C-62}$$

又因为

$$\mathrm{J}_0(x) = \frac{1}{2\pi}\int_0^{2\pi}\mathrm{e}^{\pm\mathrm{j}x\cos\phi}\,\mathrm{d}\phi, \quad x\mathrm{J}_1(x) = \int x\mathrm{J}_0(x)\mathrm{d}x$$

所以得

$$\Phi(r) = \frac{a^2 v_0\,\mathrm{e}^{\mathrm{j}(\omega t-kr)}}{2r}\frac{2\mathrm{J}_1(ka\sin\theta)}{ka\sin\theta} \tag{C-63}$$

2. 远场声压和指向性函数

由式（C-63）得远场声压函数和远场指向性函数为

$$p(r) = \rho\frac{\partial\Phi(r)}{\partial t} = \frac{\mathrm{j}\omega\rho Q\,\mathrm{e}^{\mathrm{j}(\omega t-kr)}}{2\pi r}\frac{2\mathrm{J}_1(ka\sin\theta)}{ka\sin\theta} \tag{C-64}$$

$$D(\theta) = \frac{|\tilde{\Phi}(r,\theta)|}{|\tilde{\Phi}(r,\theta=0)|} = \frac{|\tilde{p}(r,\theta)|}{|\tilde{p}(r,\theta=0)|} = \left|\frac{2\mathrm{J}_1(ka\sin\theta)}{ka\sin\theta}\right| \tag{C-65}$$

将式（C-65）简化为函数$y = \dfrac{2\mathrm{J}_1(x)}{x}$，通过讨论$y$和$x$的变化关系曲线分析圆面活塞辐射器的远场指向性函数，如图C.9所示。

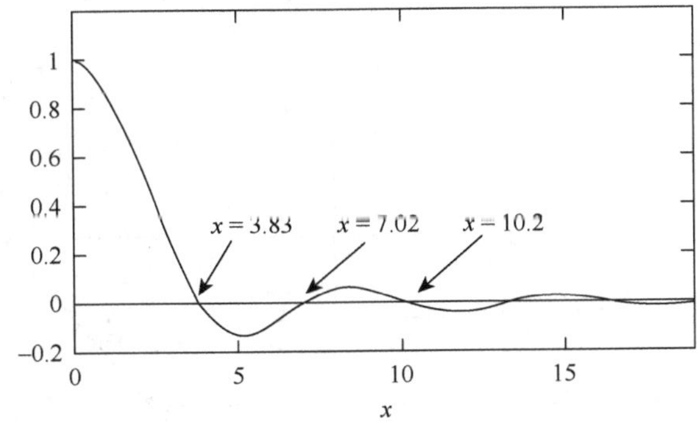

图C.9 函数$y = \dfrac{2\mathrm{J}_1(x)}{x}$变化关系曲线

从图C.9可以看出，$\dfrac{2\mathrm{J}_1(x)}{x}$函数当$x$为零时，取最大值为1，随着$x$的增加，函数呈振荡衰减趋势，当$x = 3.83, 7.02, 10.2, \cdots$时，函数$y$出现系列零点。无限大刚性障板上圆面活塞辐射器的远场指向性函数具有类似性质。

另外，无限大刚性障板上圆面活塞辐射器的远场指向性函数为 $D(\theta)=\left|\dfrac{2\mathrm{J}_1(ka\sin\theta)}{ka\sin\theta}\right|$，画出极坐标下的指向性图如图 C.10 所示。

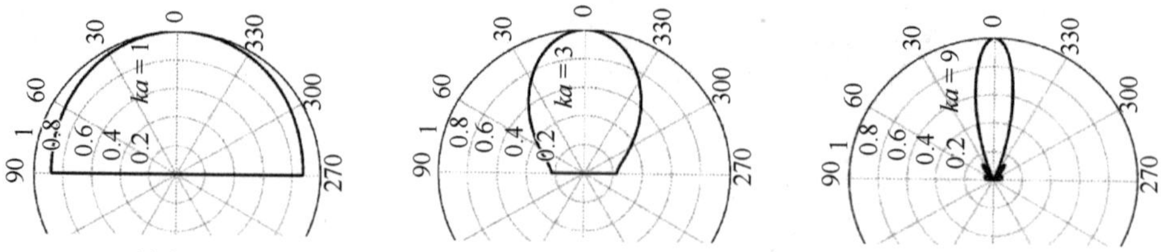

(a) $ka=1$　(b) $ka=3$　(c) $ka=9$

图 C.10　不同 ka 值的指向性图

这里考虑半空间上圆面活塞辐射器的指向性图，在正前方 $\theta\to 0$，即 $ka\sin\theta\to 0$，取最大值 $D(\theta)\to 1$。又当 $z_0=ka\sin\theta=3.83,7.02,10.2,\cdots$ 时，所对应的 θ 值，有 $D(\theta)=0$。由函数 $\dfrac{2\mathrm{J}_1(x)}{x}$ 的连续性可知，在两个零值之间必有一次极大值，角度增大，次极大的数值减小。对比三种情况，当 $ka=1$ 时，指向性最胖；当 $ka=3$ 时，指向性变得较尖锐；当 $ka=9$ 时，指向性最尖锐，且出现旁瓣。

由此得声源指向性的一般规律为频率一定，声源尺度越大，指向性越“尖”；声源尺度一定，频率越高，指向性越“尖”。

C.3.2　远近场区域的轴上声压

图 C.11 为计算无限大刚性障板上圆面活塞辐射器沿轴上的声场分布示意图，坐标系选取如图 C.11 所示。

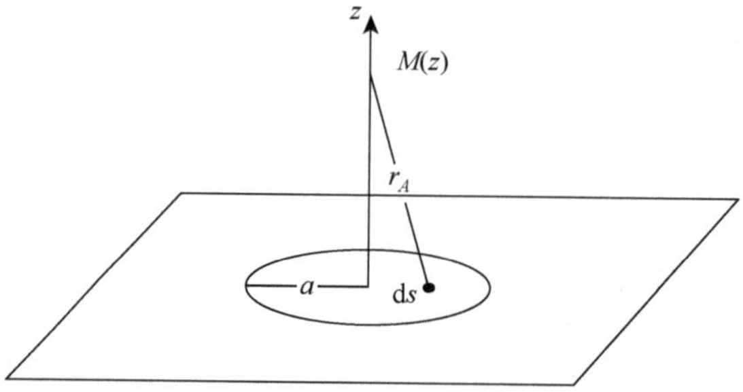

图 C.11　计算无限大刚性障板上圆面活塞辐射器轴上声场分布示意图

由于

$$r_A=\sqrt{z^2+\rho^2} \tag{C-66}$$

所以由瑞利公式可得声场中轴上 z 点处有

$$\phi(z,t)=(-2v_0)/k\sin\left(\frac{k}{2}\left(\sqrt{z^2+a^2}-z\right)\right)\mathrm{e}^{\mathrm{j}\left(\omega t-\frac{k}{2}\left(\sqrt{z^2+a^2}+z\right)\right)} \tag{C-67}$$

因此，声压函数为

$$p(z,t) = -\mathrm{j}\omega\rho\frac{2v_0}{k}\sin\left(\frac{k}{2}\left(\sqrt{z^2+a^2}-z\right)\right)\mathrm{e}^{\mathrm{j}\left(\omega t-\frac{k}{2}\left(\sqrt{z^2+a^2}+z\right)\right)} \tag{C-68}$$

式中，$\sqrt{z^2+a^2}$ 是活塞式辐射器边缘到场点的距离。

式（C-68）是 z 轴上声压分布未作近似的严格解。分析 z 轴上声压幅值分布函数（见图 C.12）：

$$\left|\sin\left(\frac{k}{2}\left(\sqrt{z^2+a^2}-z\right)\right)\right| \tag{C-69}$$

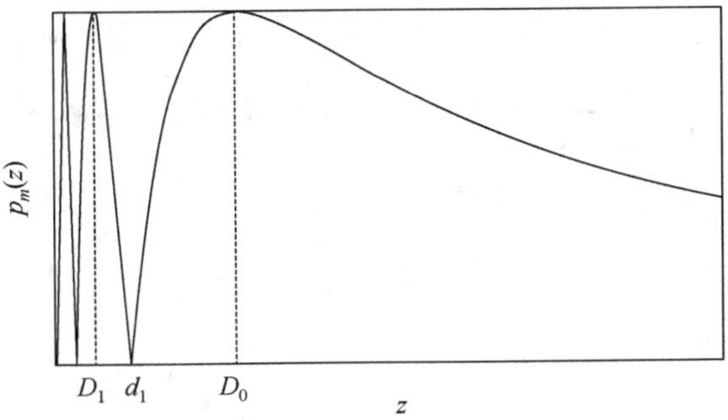

图 C.12 z 轴上声压幅值分布

（1）z 轴上声压幅值极大值位置 $z=D_n$ 和极小值位置 $z=d_n$。

由

$$\frac{k}{2}\left(\sqrt{z^2+a^2}-z\right)\Big|_{z=D_n} = \left(n+\frac{1}{2}\right)\pi$$

可以得到一系列极大值点为

$$\sqrt{D_n^2+a^2}-D_n = (2n+1)\frac{\lambda}{2}, \quad n=0,1,2,\cdots$$

由

$$\frac{k}{2}\left(\sqrt{z^2+a^2}-z\right)\Big|_{z=d_n} = n\pi$$

可以得到一系列极小值点为

$$\sqrt{d_n^2+a^2}-d_n = 2n\frac{\lambda}{2}, \quad n=0,1,2,\cdots$$

（2）z 轴上声压幅值分布函数：$p_m(z)=\left|\sin\left(\frac{k}{2}\left(\sqrt{z^2+a^2}-z\right)\right)\right|$。

（3）瑞利距离。

距辐射器最远的一个声压幅值极大位置：$D_0=\dfrac{a^2}{\lambda}-\dfrac{\lambda}{4}$。

在 $z<D_0$ 的区域，声场幅值沿 z 轴分布有起伏；在 $z>D_0$ 的区域，声场幅值沿 z 轴单调下降；在 $z\gg D_0$ 的区域，声场幅值按 $\propto\dfrac{1}{z}$ 规律下降。

如果辐射器表面的最大线度为 d，辐射的声波在介质中的波长为 λ，则称 $R_e=\dfrac{d^2}{\lambda}$ 为该辐射器的瑞利距离。

辐射器辐射声场的近场区和远场区的概念如下。

一般辐射器，在 $z<R_e$ 的区域，沿声波的传播方向声场幅值分布有起伏，称为近场区，也称为菲涅耳区；在 $z\sim R_e$ 的区域，声场幅值沿 z 轴单调下降，称为过渡区；在 $z\gg R_e$ 的区域，声场幅值按 $\propto\dfrac{1}{\text{传播距离}}$ 规律下降，称为远场区，也称为夫琅禾费区。辐射器的瑞利距离（R_e）是辐射器近场距离的标志。

接近远场区（当 $z>a$ 时），则 $\dfrac{k}{2}\left(\sqrt{z^2+a^2}-z\right)\approx\dfrac{ka^2}{4z}$，$\dfrac{k}{2}\left(\sqrt{z^2+a^2}+z\right)\approx kz$，代入式（C-69），得声压函数：

$$p(z,t)\approx-\mathrm{j}\omega\rho\frac{2v_0}{k}\sin\left(\frac{ka^2}{4z}\right)\mathrm{e}^{\mathrm{j}(\omega t-kz)} \tag{C-70}$$

当 $z>D_0$ 时，式（C-70）幅值按 $\sin\left(\dfrac{ka^2}{4z}\right)$ 规律衰减；当 $z\gg D_0$ 时，$\sin\left(\dfrac{ka^2}{4z}\right)$ 可以展开成级数，保留其前两项，式（C-70）近似表示为

$$p(z,t)\approx-\mathrm{j}\omega\rho\frac{2v_0}{k}\mathrm{e}^{(\omega t-kz)}\frac{ka^2}{4z}\left(1-\frac{1}{6}\left(\frac{ka^2}{4z}\right)^2\right) \tag{C-71}$$

式（C-71）中第一项正是把活塞面元波看作平行声束在轴上叠加的结果，它符合球面波衰减规律。由此可见，按夫琅禾费观点计算的远场声压振幅是按球面波规律传播的，而在向远场过渡的区域中，声压近似按式（C-70）规律传播，因此按夫琅禾费观点计算结果的修正误差近似地等于式（C-71）中的第二项。法线上声压按夫琅禾费观点计算结果的相对误差近似地等于 $\varDelta$：

$$\varDelta=\left|-\frac{1}{6}\left(\frac{ka^2}{4z}\right)\right| \tag{C-72}$$

在声学测量中（如测量辐射器的指向性时）应考虑此误差，虽然在 $z\gg a$ 时，这个误差很小，但在靠近菲涅耳衍射区域仍应考虑。

结论 1：在辐射器辐射声场的远场区，声压幅值沿径向（r）变化 $\propto\dfrac{1}{r}$，声压幅值沿周向变化规律由指向性函数描述。所以，在远场区，声压为

$$p(r,\theta,\phi,t)=\frac{p_0}{r}D(\theta,\phi)\mathrm{e}^{\mathrm{j}(\omega t-kr)} \tag{C-73}$$

结论 2：在辐射器辐射声场的近场区，由于声场幅值不均匀（有起伏），辐射器辐射性能的测量一般要求在远大于瑞利距离（R_e）外进行。频率越高、半径越大的发射器，近区衍射场越长，会导致按$\frac{1}{r}$规律计算声场的误差越大，即在高频声测量时，收发换能器之间距离应安排得更远些。

附录 D　电子设备说明书

D.1　UDAQ 便携式数据采集器

UDAQ 便携式数据采集器如图 D.1 所示，其使用 TopView2000 软件实现数据采集及处理分析功能。

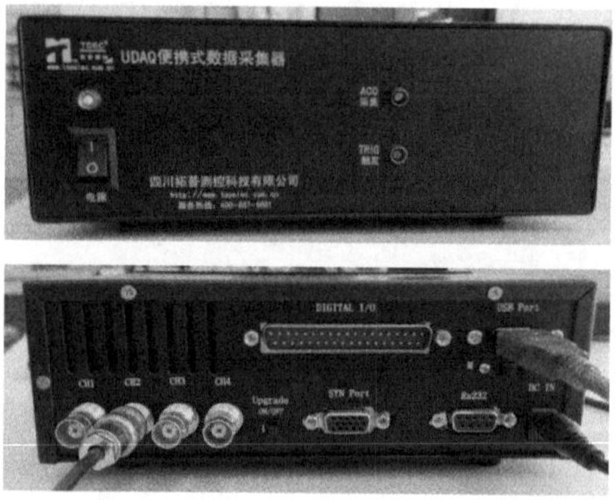

图 D.1　UDAQ 便携式数据采集器

D.1.1　主界面

TopView2000 主界面如图 D.2 所示，图中各编号对应功能如下。

（1）数据源名称：当前子窗口的数据来源。

（2）数据采集相关按钮。

（3）系统菜单。

（4）（波形显示方式）切换按钮。

（5）（纵/横轴范围控制）切换按钮。

（6）（纵/横轴范围控制）按钮。

（7）（上下移动波形）按钮。

（8）数据分析相关按钮。

（9）波形窗口名称。

（10）波形压缩控制区。

（11）通道选择列表，用以选择显示波形的通道。

（12）信息区：显示本子窗口的各相关信息。

（13）采集状态指示灯：指明该采集设备当前的工作状态。绿色，表示正在采集；黄色，表示采集结束；红色，表示正在等待触发。

（14）采集状态条：指明该采集设备当前的工作状态。
（15）（连续采集参数设置）按钮：可在此设置连续采集的次数。
（16）（左右移动波形）滚动条。
（17）波形显示区（有时称为“采集窗”或“原始波形显示区”）。
（18）参数设置面板标签：鼠标移到上面会显示相应设置面板。
（19）提示栏：显示当前鼠标所指的作用域的名称或功能。

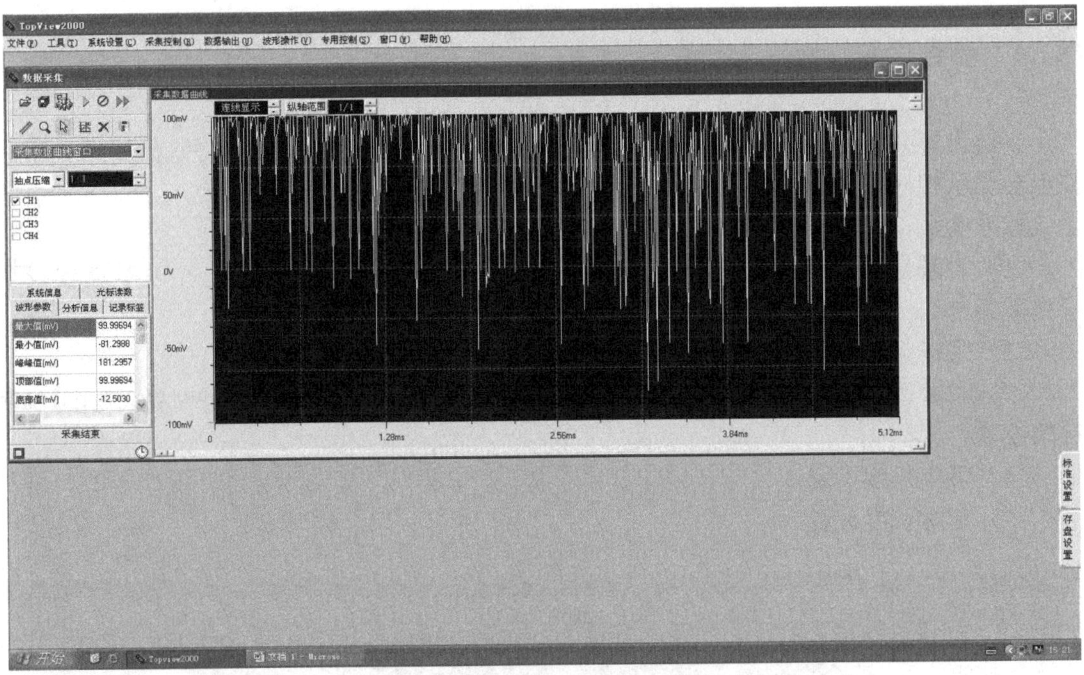

图 D.2　TopView2000 主界面

D.1.2　数据采集

数据采集部分如图 D.3 所示，各按钮控件功能如下。
（1）打开数据文件：打开已保存的数据文件。
（2）存盘参数设置：对存盘参数进行设置。
（3）触发设置：启动系统触发设置窗口。
（4）单次采集：进行单次数据信号的采集。
（5）停止采集：停止当前采集操作。
（6）多次采集：进行信号数据的多次采集。

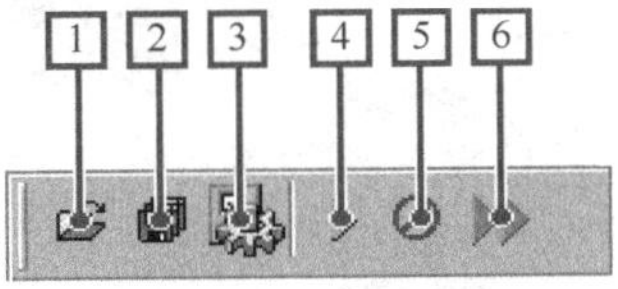

图 D.3　数据采集部分

D.1.3　数据分析

数据分析部分如图 D.4 所示，各按钮控件功能如下。
（1）光标：该按钮将开启光标（用户在读数前需单击该按钮才能操作光标）。

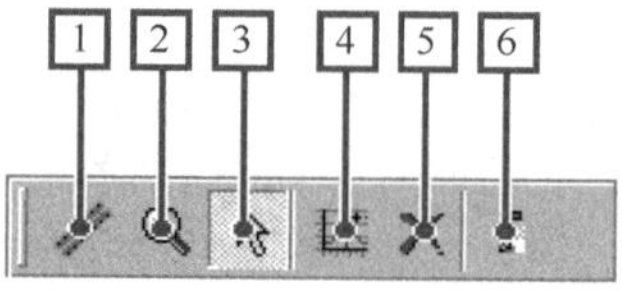

图 D.4　数据分析部分

（2）局部放大：单击后，再通过鼠标在该子窗体中的波形显示区拖动出矩形框，释放左键，确认后局部放大。

（3）取消：取消用户上一次选择的快捷按钮。

（4）增加分析窗口：在该子窗体中增加一个分析窗口。

（5）减少分析窗口：在该子窗体中关闭一个分析窗口。

（6）最小化：将该窗体最小化。

D.1.4　参数设置

参数设置共有 3 部分，即标准参数设置、扩展设置和存盘设置，将鼠标移到对应标签上会显示相应设置面板。

标准参数设置面板如图 D.5 所示，各部分对应参数及功能如下。

（1）时基切换：当前系统只有一个时基（对单时基采集卡来说，一个时基就代表了一张采集卡）。

（2）采样频率设置：单击“上/下”按钮，对采样频率进行设置。

（3）时钟源设置：时钟源的设置包含[本地]、[总线]、[外时钟]及[外时钟 1/2]四个项目的设置。

（4）采集长度设置。

（5）延时长度设置。

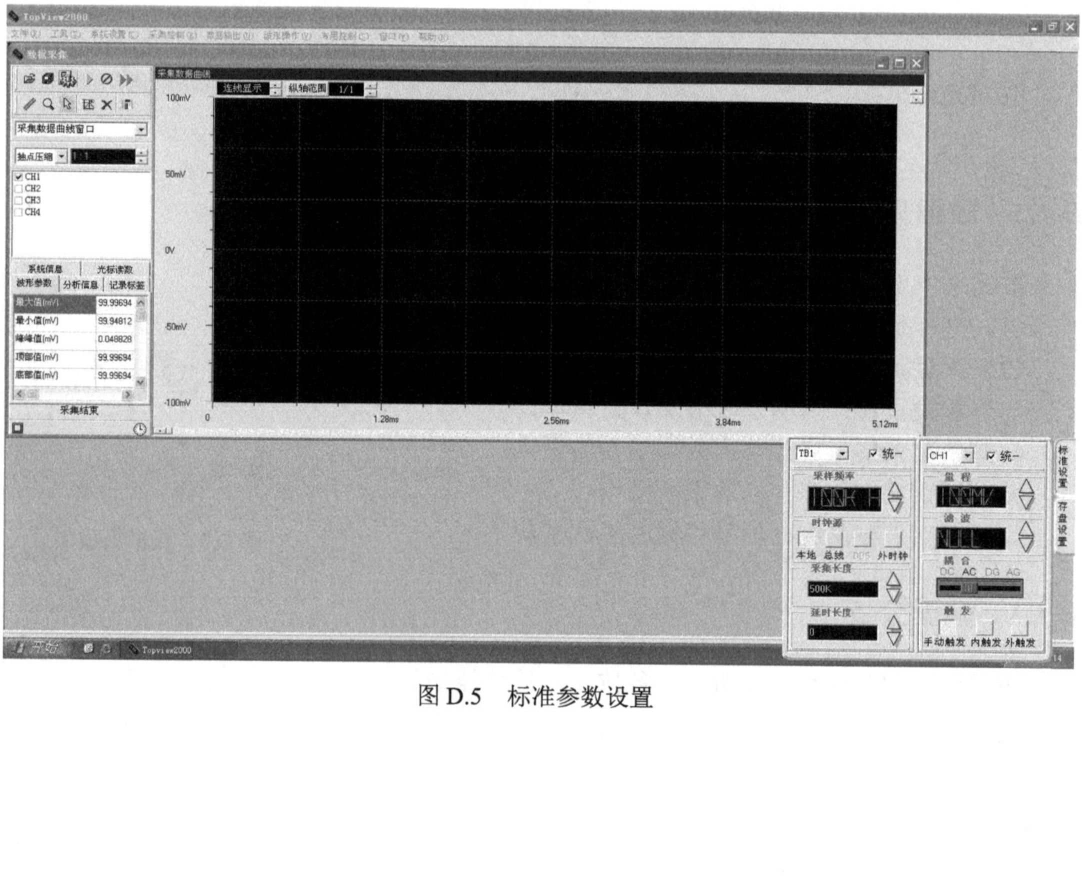

图 D.5　标准参数设置

（6）通道切换：在此处切换对应时基下的通道在[统一]选项未选定时进行的设置，仅（7）、（8）、（9）、（10）项设置对应此处选定通道生效。

（7）量程设置。

（8）滤波参数设置。

（9）耦合方式设置：DC，直流耦合，用于测量信号；AC，交流耦合，用于测量信号；DGND，信号输入端内部直流接地；AGND，信号输入端内部交流接地。

（10）触发方式设置：此处设为人工方式。

注意：在设置采集长度或延时长度时，直接在编辑框内输入长度值后，编辑框会变成白色，表示输入数据尚未生效，用户在输入数据后需单击回车键以使输入生效，此时编辑框相应会变为黑色。

D.1.5　存储

存盘设置界面上，可设置“不存盘”“自动”“实时”三种存盘方式，如图 D.6 所示。

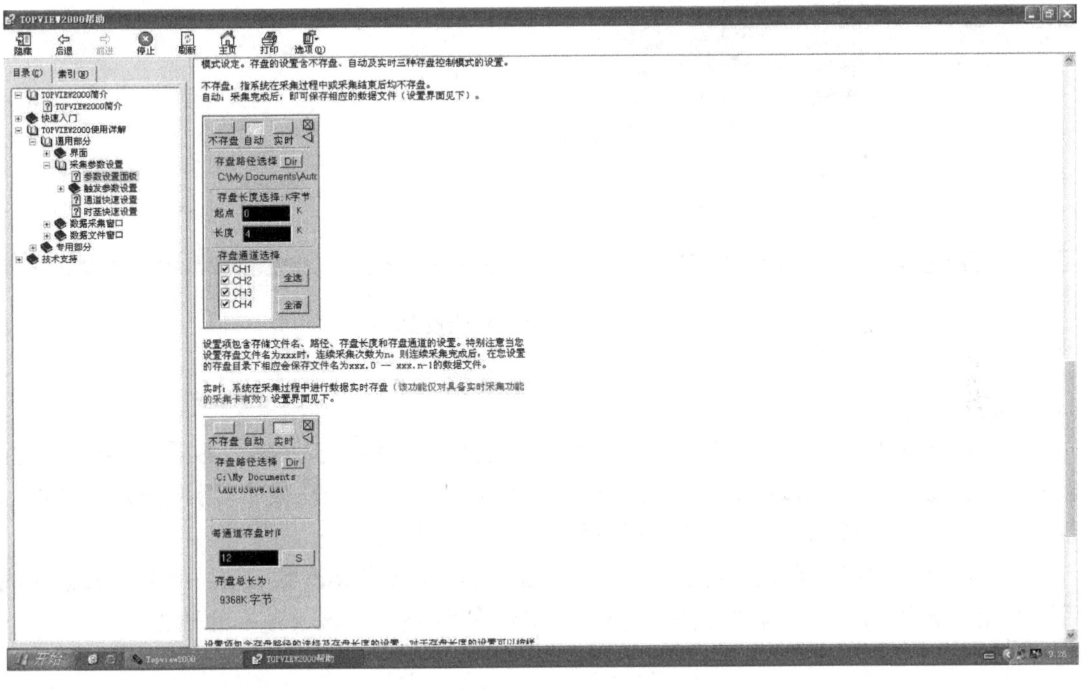

图 D.6　存盘方式设置

不存盘：指系统在采集过程中或采集结束后均不存盘。

自动：采集完成后，即可保存相应的数据文件。

实时：系统在采集过程中进行数据实时存盘，采用实时存盘功能时必须将卡的传输模式设置为实时。

自动存盘功能设置界面如图 D.7 所示，其中各编号处对应功能如下：

（1）选择存盘文件的路径并指定存盘文件名；

（2）设置存盘文件的路径和名称；

（3）设置存盘文件的起点和长度；

（4）存盘通道选择区：设置需存盘数据的通道。

图 D.7　自动存盘功能设置

注意：

（1）直接在编辑框内输入长度值后，编辑框会变成白色，表示输入数据尚未生效（注意手动输入数据后，如该数据不合理，软件会自动调整其为合法值）。用户在输入数据后需单击回车键以使输入生效，此时编辑框相应会变为黑色。

（2）连续采集时，当设置存盘文件名为 xxx 时，连续采集次数为 n，则连续采集完成后，在用户设置的存盘目录下相应地会保存文件名为 xxx.0～xxx.n–1 的数据文件。

D.2　Analog Discovery 2 多功能分析仪

Analog Discovery 2 多功能分析仪（见图 D.8），是一款 USB 示波器和多功能仪器，可用于任何混合信号电路的测量、可视化、生成、记录和控制。通过简单的导线探头可将模拟和数字输入、输出与电路连接；或者利用 Analog Discovery BNC 适配器

（1286-1073-ND）、BNC 探头（1286-1075-ND）连接和使用这些输入、输出。采用 WaveForms 2015（兼容 Mac、Linux 和 Windows）软件作为驱动，Analog Discovery 2 多功能分析仪可配置为多种传统仪器。

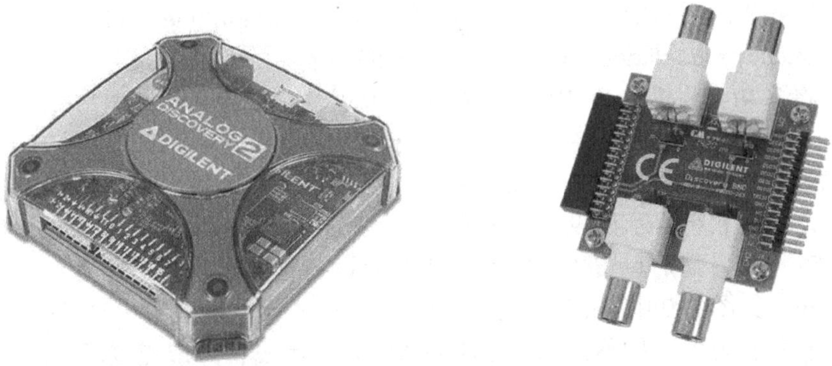

图 D.8 Analog Discovery 2 多功能分析仪及 BNC 适配板

具体性能指标如下。

（1）双通道 USB 数字示波器：1MΩ、±25V、差分、14 位、100MSPS（每秒百万采样点）、30MHz + 带宽。

（2）双通道任意函数发生器：±5V、14 位、100MSPS、20MHz + 带宽。

（3）立体声音频放大器：可利用重复任意波形发生器（arbitrary waveform generator，AWG）信号驱动外部耳麦和扬声器。

（4）16 通道数字逻辑分析仪：3.3V 互补金属氧化物半导体（complementary metal oxide semiconductor，CMOS）、100MSPS。

（5）16 通道图形发生器：3.3V CMOS、100 MSPS。

（6）16 通道虚拟数字输入/输出：包括按钮、开关和发光二极管（light emitting diode，LED），非常适合逻辑培训应用。

（7）两个输入/输出数字触发信号：用于连接多个仪器（3.3V CMOS）。

（8）信号通道电压计：AC，DC，±25V。

（9）网络分析仪：电路的 Bode、Nyquist、Nichols 转换图，范围：1Hz～10MHz。

（10）频谱分析仪：功率谱和频谱测量（本底噪声、无杂散动态范围（spurious-free dynamic range，SFDR）、信噪比（signal to noise ratio，SNR）、总谐波失真（total harmonic distortion，THD）和其他）。

（11）数字总线分析仪：串行外设接口（serial peripheral interface，SPI）、集成电路间总线（inter-integrated circuit，I^2C）、通用异步收发传输器（universal asynchronous receiver/transmitter，UART）、并行。

（12）可编程电源：0～5V、0～−5V。

可通过 USB 或者外部壁插式电源供电。

D.2.1　信号发生器

波形发生器生成预定义的波形，如正弦、脉冲和三角波，以及频率高达 20MHz 的任意波形。它还生成用户定义的频率限制和幅度调制（amplitude modulation，AM）或频率调制（frequency modulation，FM）输出之间的扫描。

（1）将多功能分析仪及 BNC 适配板用专用数据线接入主机 USB 接口，然后启动 WaveForms，确保装置已连接。

如果波形启动时没有设备连接到主机，则设备管理器将启动。确保设备已插入电源并已打开，此时它将显示在设备管理器的设备列表中（见图 D.9 中“1”）。单击列表中的设备将其选中，然后单击“选择”按钮关闭设备管理器。单击屏幕右下角的“已连接设备”按钮（见图 D.9 中“2”），或从屏幕顶部的“设置”菜单中选择“设备管理器”，即可打开设备管理器，如不显示产品序列号，则表示设备并未连接成功。

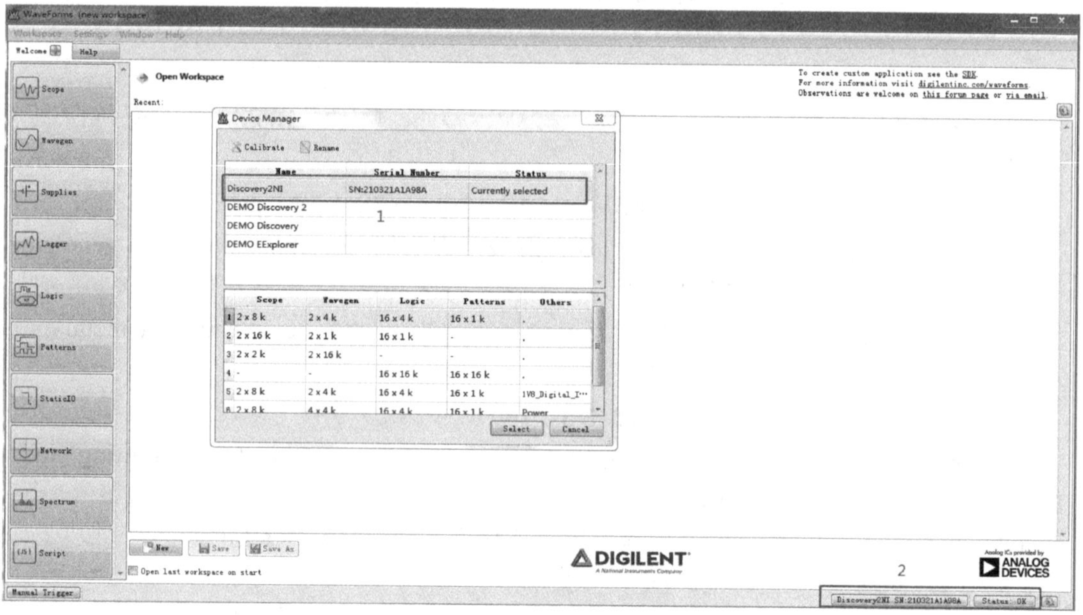

图 D.9　WaveForms 初始界面

（2）加载欢迎界面后，在窗口左侧的仪表板中，单击“Wavegen”按钮打开信号发生器（见图 D.10）。

（3）一旦信号发生器（Wavegen）打开，窗口将包含显示预期波形的预览图（见图 D.11 的“1”）、预览左侧的配置面板（见图 D.11 的“2”）和上面的控制工具栏（见图 D.11 的“3”）。

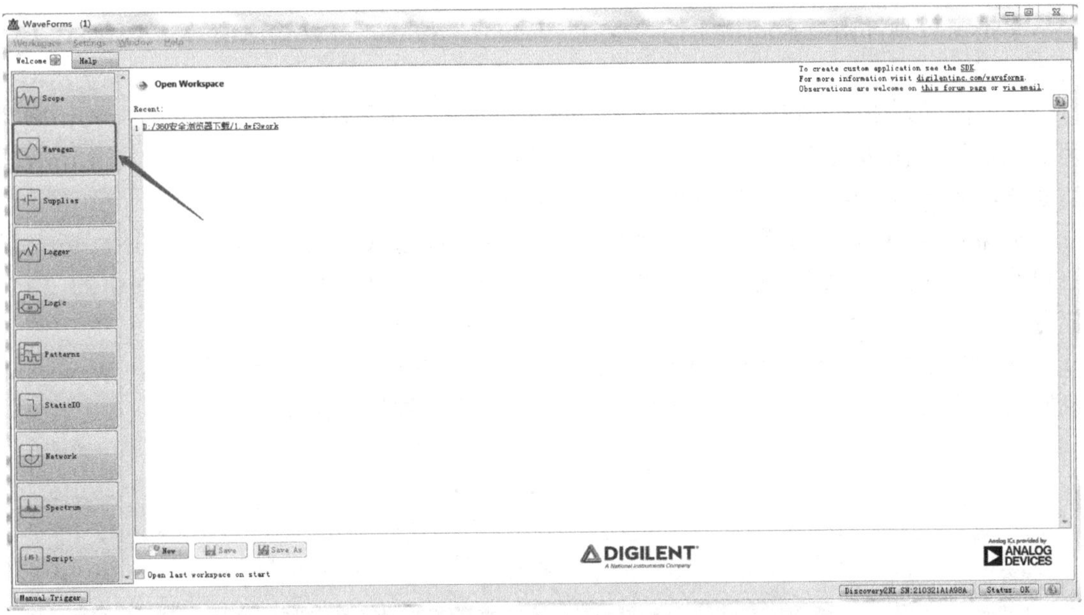

图 D.10　打开信号发生器

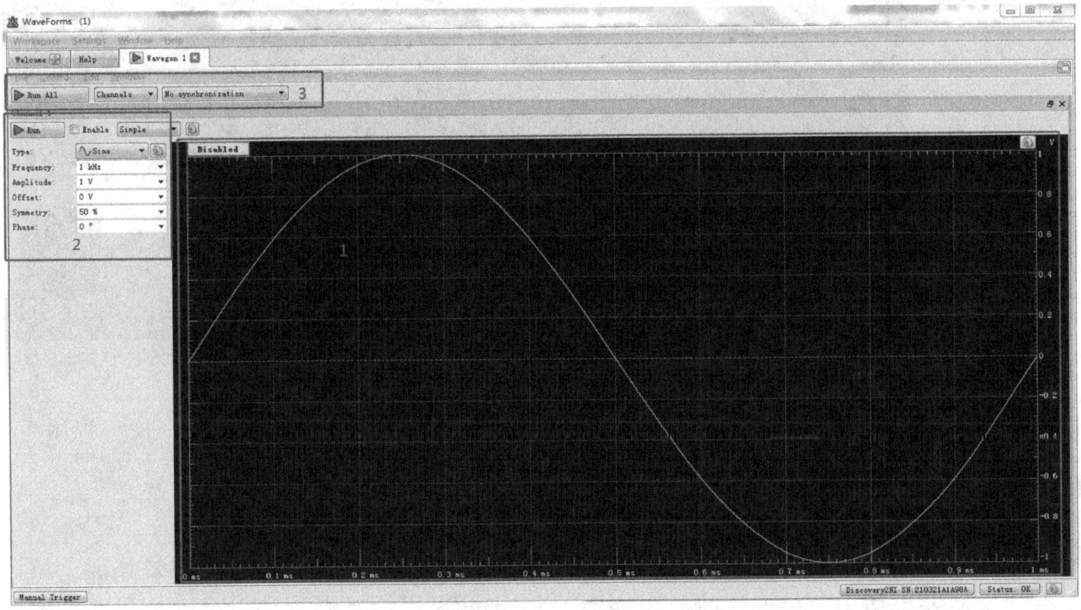

图 D.11　信号发生器操作界面

（4）设置参数。如图 D.12 中的“1”部分，从改变信号类型（Type）开始。单击“类型（Type）”下拉列表并选择需要的波形；通过从“频率（Frequency）”下拉列表中选择值，或单击字段并手动键入，可以设置频率；通过从“振幅（Amplitude）”下拉列表中选择值，或单击字段并手动键入，可以设置振幅。

单击窗口顶部附近控制栏中的“运行（Run）”按钮，开始输出信号（见图 D.12 中的“2”部分）。

（5）信号发生器（Wavegen）。单击“停止”按钮（见图 D.12 中的“1”部分），则关闭输出信号，使通道处于启用状态但不输出信号。单击“全部停止”按钮将停止所有活动通道，而单击“停止”按钮仅停止该特定通道。

如果在使用 BNC 适配器进行连接时，此时的通道（Channels）对应 BNC 适配器上对应的“W1”“W2”，可通过勾选“√”，选择信号输出通道（见图 D.12 中的“3”部分）。

（6）如果使用 BNC 适配器进行模拟输出，可使用 BNC 电缆将信号发生器（Wavegen）直接与示波器（Scope）连接，检测输出信号，不需要额外的仪器设备。

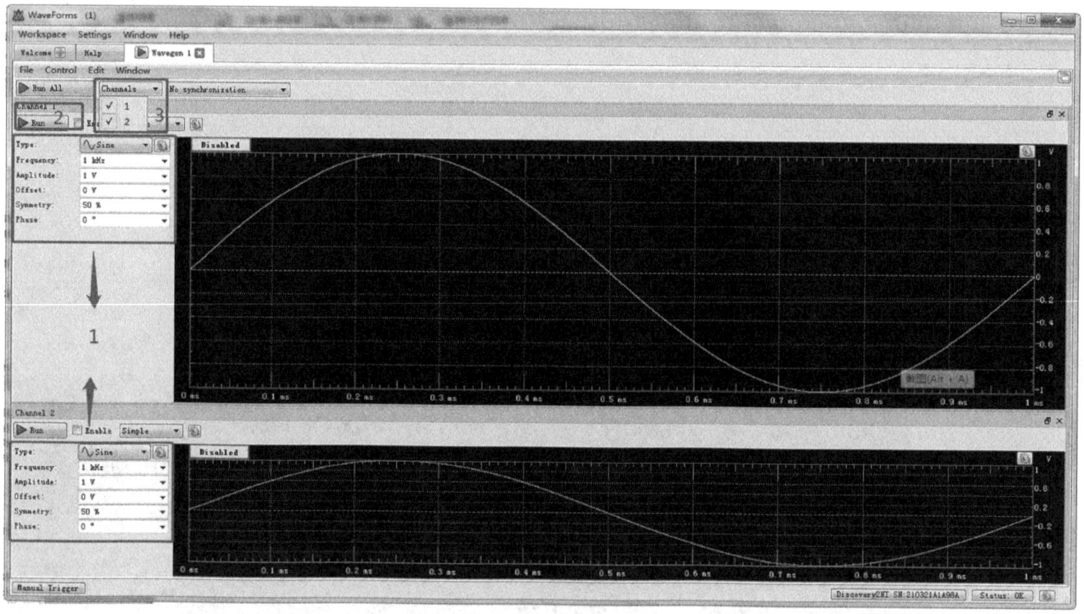

图 D.12　信号发生器设置界面

D.2.2　数字示波器

Analog Discovery 2 多功能分析仪的示波器可提供数据采集、触发和查看功能，可以在台式示波器中使用。借助实时数字通道、*XY* 曲线图、FFT 和其他高级功能，示波器软件提供所需的所有分析能力。

（1）将 Analog Discovery 2 多功能分析仪及 BNC 适配板用专用数据线接入主机 USB 接口，然后启动 WaveForms，确保装置已连接。

如果 WaveForms 启动时没有设备连接到主机，则设备管理器将启动。确保设备已插入电源并已打开，此时它将显示在设备管理器的设备列表中（见图 D.13 中“1”）。单击列表中的设备将其选中，然后单击“选择”按钮关闭设备管理器。单击屏幕右下角的“已连接设备”按钮（见图 D.13 中“2”），或从屏幕顶部的“设置”菜单中选择“设备管理器”，即可打开设备管理器，若不显示产品序列号，则表示设备并未连接成功。

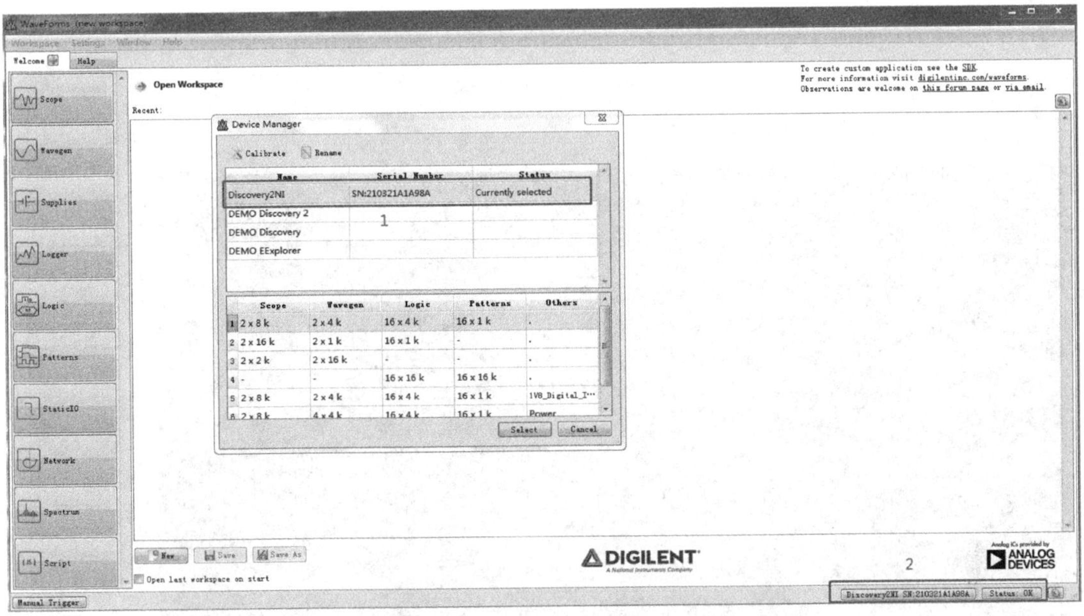

图 D.13　WaveForms 初始界面

（2）加载欢迎界面后，在窗口左侧的仪表板中，单击“示波器”按钮以打开示波器仪器（Scope），如图 D.14 所示。

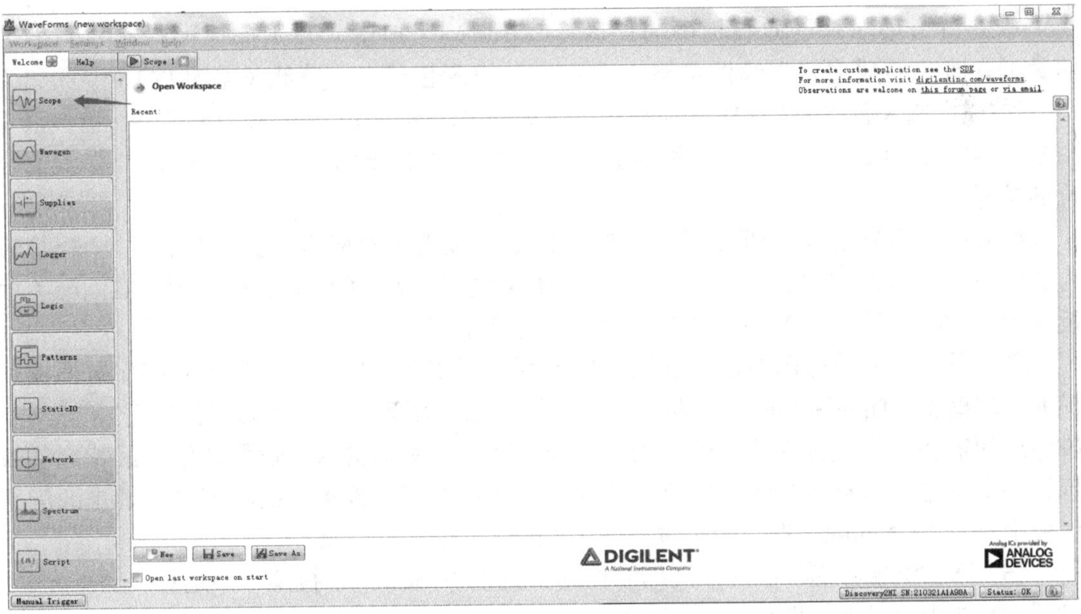

图 D.14　打开示波器仪器

（3）打开示波器仪器后，窗口将包含显示接收数据的数据界面（见图 D.15 的“1”）、绘图右侧的配置面板（见图 D.15 的“2”）和窗口顶部的控制工具栏（见图 D.15 的“3”）。

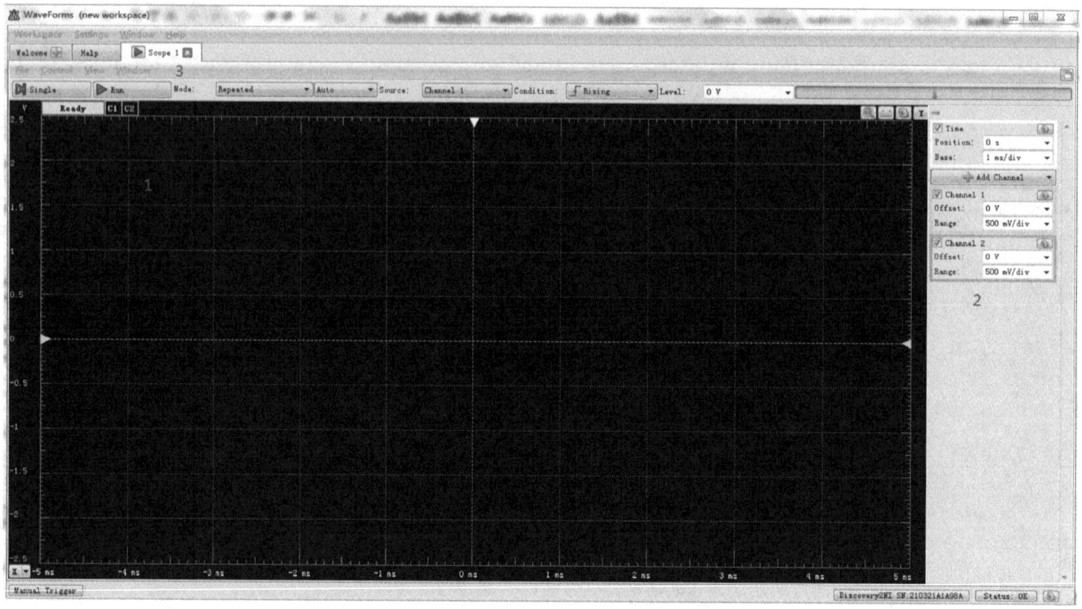

图 D.15　示波器操作界面

（4）接收和分析时域波形。

单击窗口顶部附近控制栏中的“运行（Run）”按钮，开始捕捉模拟输入通道上的数据。捕获的数据将在绘图窗格中显示为一组彩色线条。黄线（见图 D.16 中标记为 1）对应模拟输入通道 1（图 D.16 中标记为 3 处的“Channel1”）上接收的信号。蓝线（见图 D.16 中标记为 2）对应于模拟输入通道 2（图 D.16 中标记为 3 处的“Channel2”）上接收的信号。

如果在使用 BNC 适配器进行连接时（BNC 适配器上对应“Ch1”“Ch2”），模拟输入通道 2（“Ch2”）处于未连接状态（或不接收信号），可以通过单击窗口右侧配置面板（图 D.16 中标记为 3）中的通道 2 复选框将其禁用。

若需重新缩放波形图的水平轴以仅显示两个正弦波周期，可将位于右侧配置面板顶部的时间框（“Time”）的下拉菜单中的基本值更改为适当值。可以通过从下拉列表（字段旁边的箭头）中选择新值，或单击“Base”字段并手动键入来设置此值。此特定值表示绘图上每格（垂直线）的单位值。同理，若要重新缩放波形图的垂直轴，请更改配置面板中对应“Channel”框中的范围值（“Range”）。

（5）添加测量界面。在窗口顶部的控制工具栏“View”下拉菜单中选择“Measure”（见图 D.17 中“1”），即可进入测量界面。

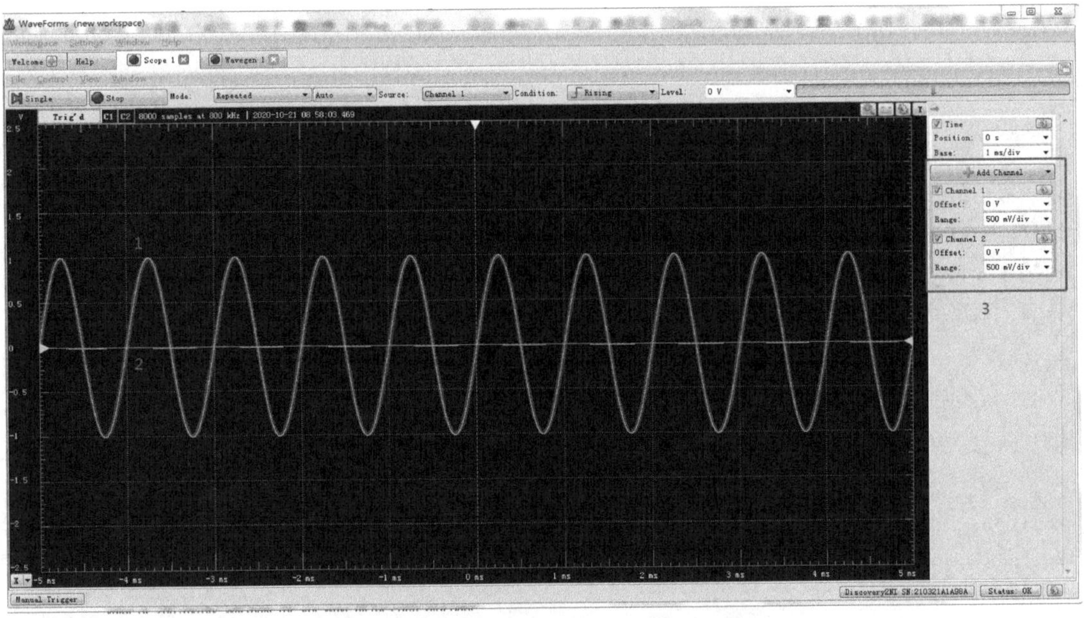

图 D.16　接收和分析时域波形

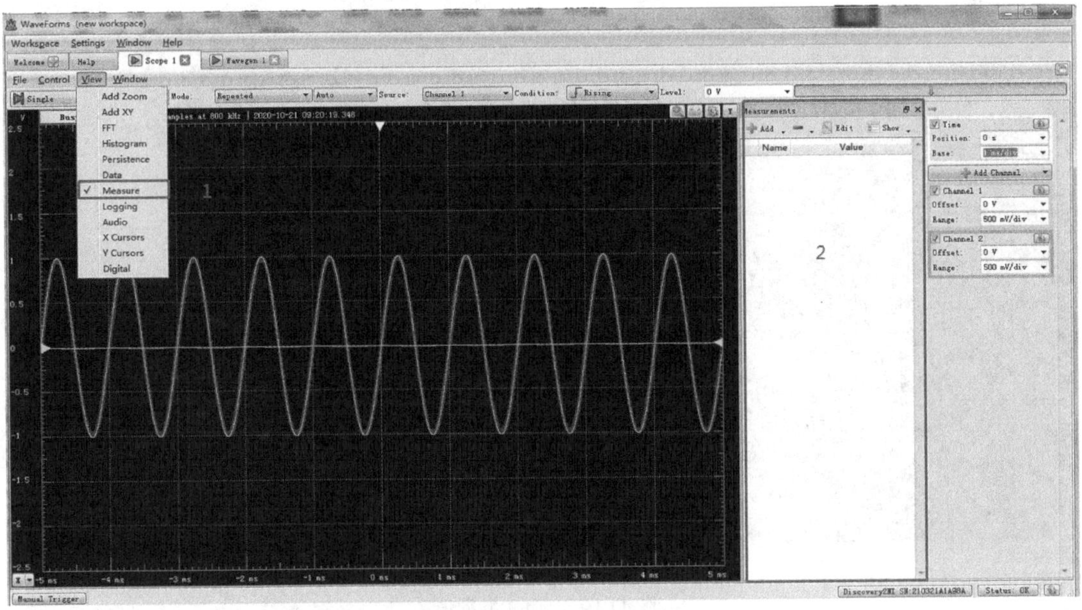

图 D.17　添加测量界面

（6）添加所需测量值。选择测量界面（Measurements）中的“+”（见图 D.18 中的“1”）即可进入“Add Measurement”界面添加所需测量值。首先选择相应的通道（见图 D.18 中的“2”），然后选择具体测量值（见图 D.18 中的“3”）。

若需删除不需要的测量值，选择测量界面（Measurements）中的“–”即可删除（见图 D.19 中的“1”）。

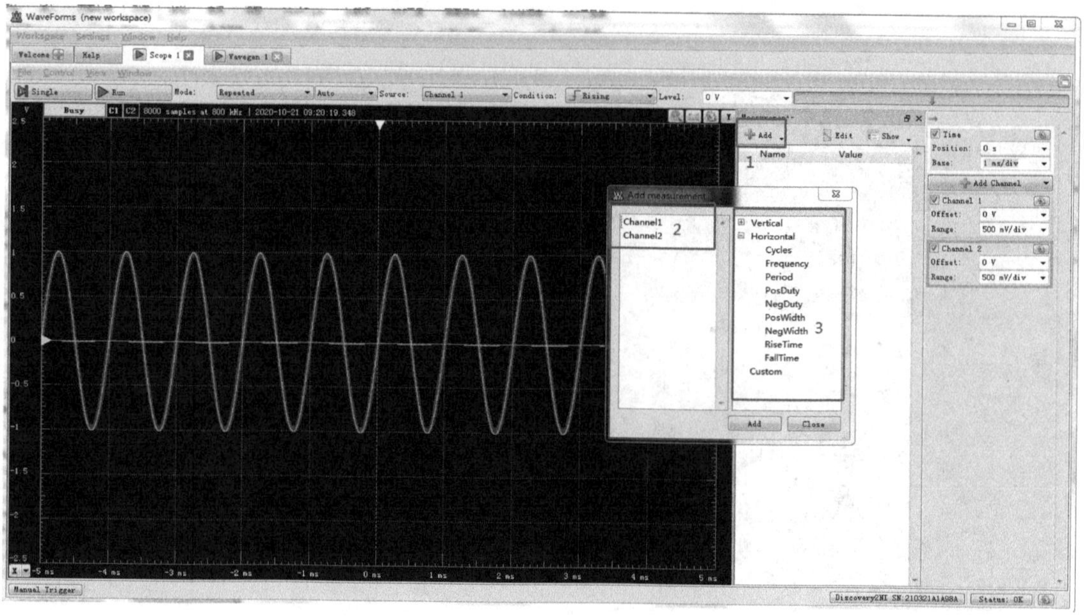

图 D.18　添加所需测量值

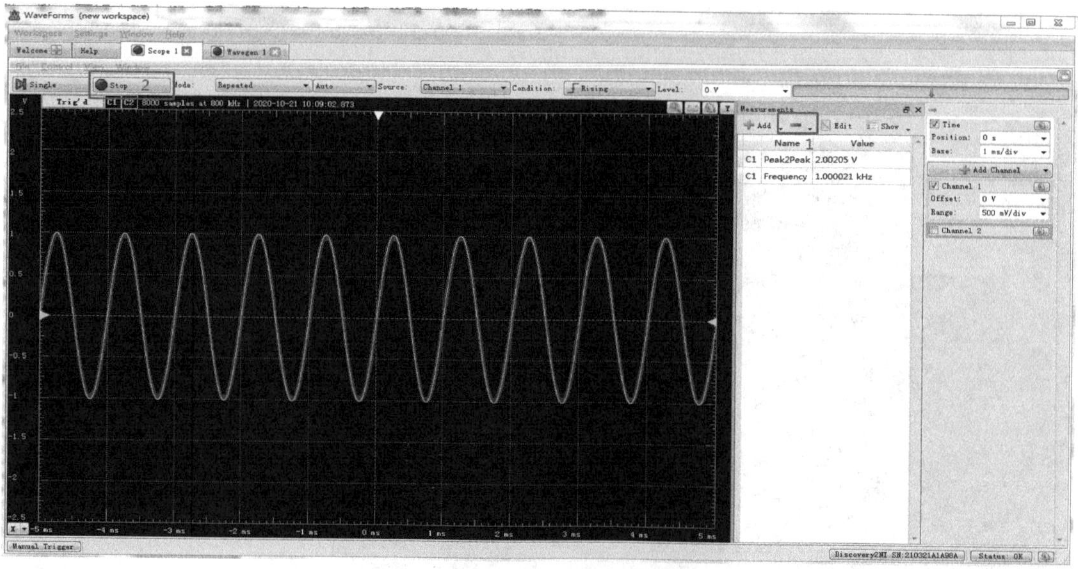

图 D.19　删除测量值

（7）导出数据或者波形图。单击窗口顶部附近控制栏中的“停止（Stop）”按钮（见图 D.19 中的“2”），单击窗口顶部附近控制栏中的“文件夹（File）”，选择“导出（Export）”（见图 D.20），即可出现保存界面（见图 D.21）。可以选择波形（Image）或者数据（Data）（见图 D.21 中的“1”），单击“保存（Save）”按钮即可将波形（Image）或者数据（Data）存至指定文件夹中（见图 D.21 中的“2”）。

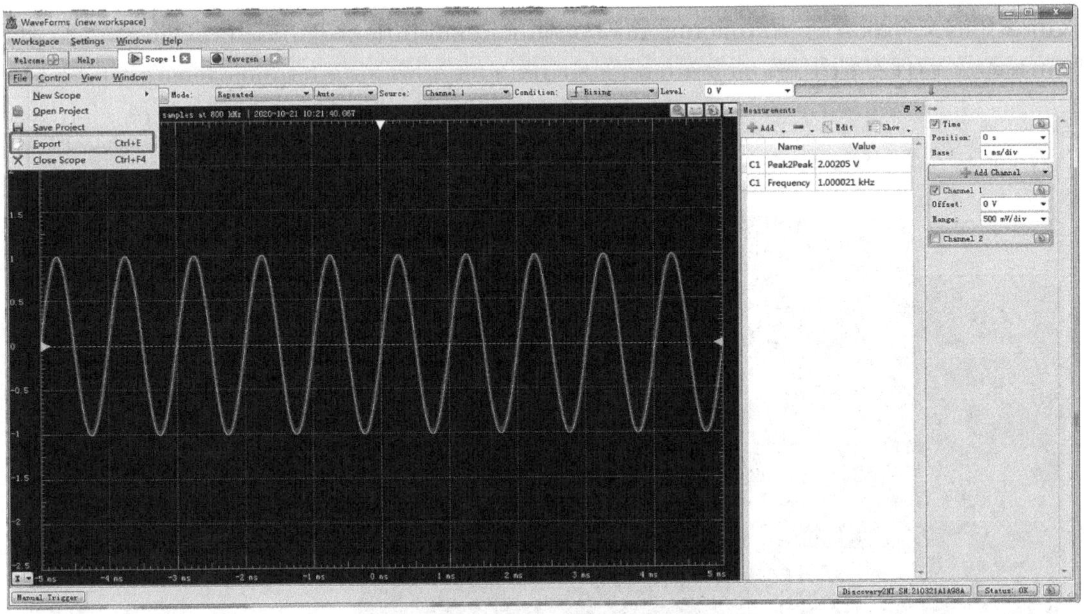

图 D.20　导出数据或者波形图

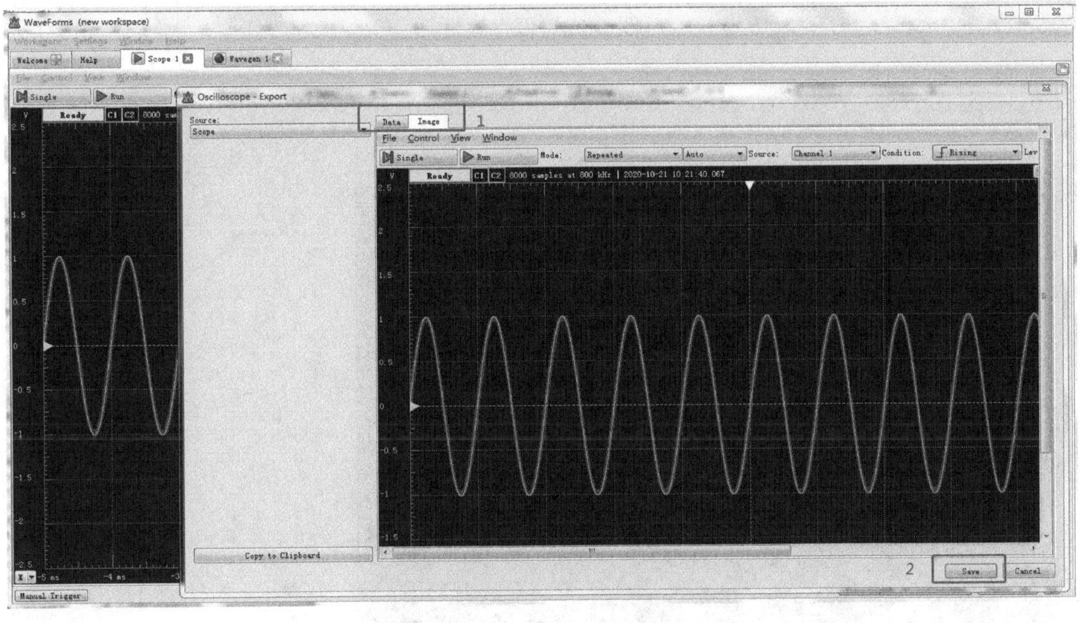

图 D.21　保存数据或者波形图

（8）保存项目。单击窗口顶部附近控制栏中的“文件夹（File）”，选择“保存项目（Save Project）”（见图 D.22）；或者在窗口顶部附近控制栏中的“工作区（Workspace）”（见图 D.23）里选择“保存（Save）”或者“另存（Save as）”。

注意：这里保存的是包含目前所有设置的一段程序，而不是波形图或者数据。同理，双击保存的文件或者在 WaveForms 窗口顶部附近控制栏中单击“打开（Open）”按钮，即可调取之前保存的程序。

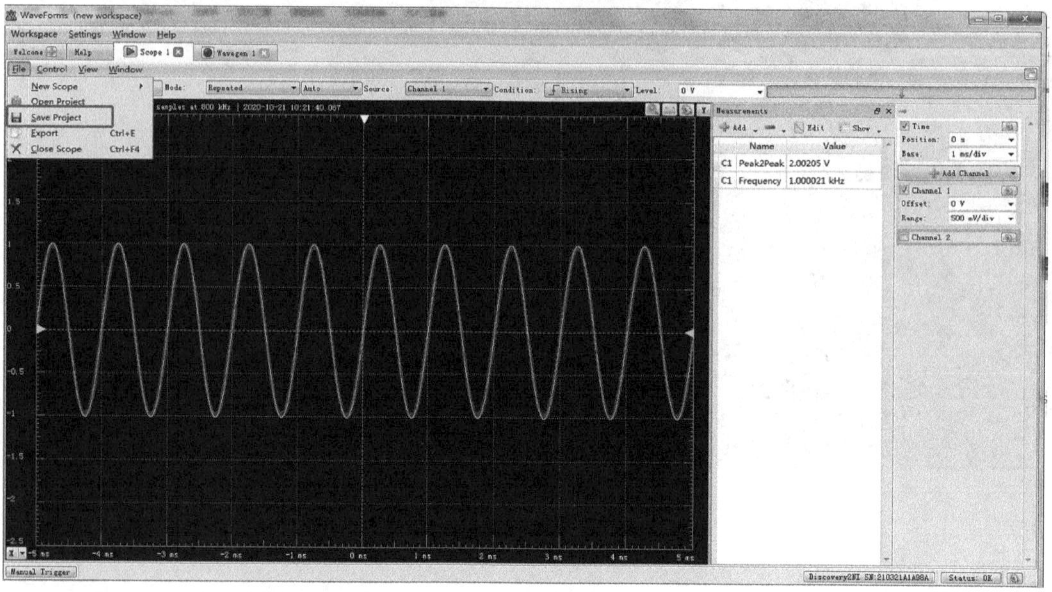

图 D.22　保存项目

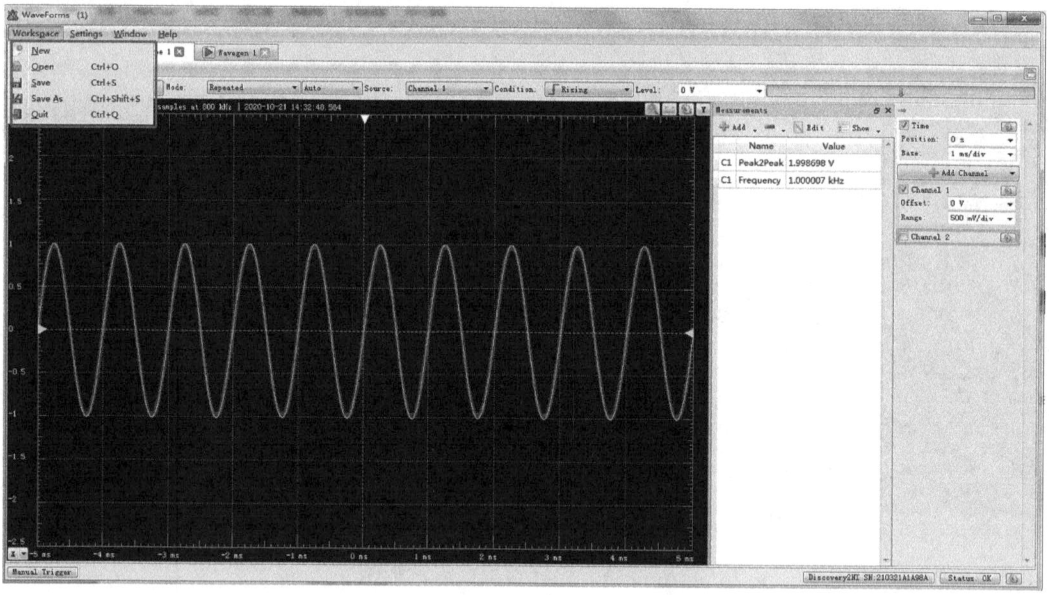

图 D.23　工作区

D.2.3　频谱分析仪

频谱分析仪对示波器数据执行实时 FFT 或线性调频 Z 变换（Chirp Z-transform，CZT）

算法，并显示产生的频域数据（功率谱）以及接收的时域信号。

（1）插入测试和测量装置，然后启动 WaveForms，确保装置已连接。加载欢迎界面后，在窗口左侧的仪表板中，单击“Spectrum”按钮打开频谱分析仪（见图 D.24）。

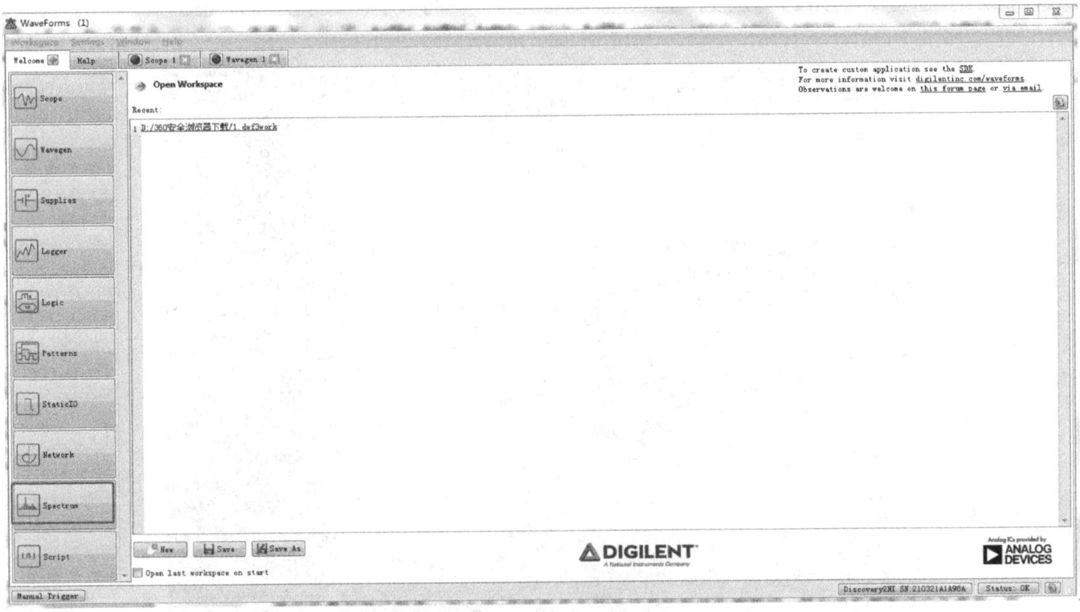

图 D.24 打开频谱分析仪

（2）打开频谱分析仪后，窗口包含绘图窗格“1”、绘图窗格上方的控制栏“2”和绘图窗格右侧的配置面板“3”，如图 D.25 所示。

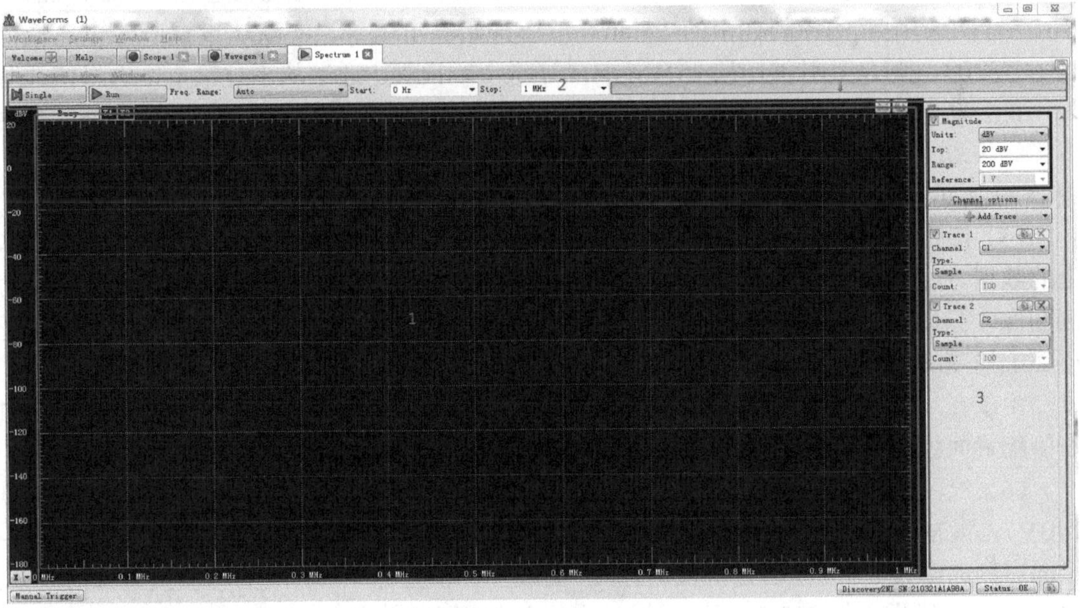

图 D.25 频谱分析仪

（3）硬件连接。为了用频谱分析仪测量信号，必须首先有信号进行测量。为此，需要建立一个连接测试和测量设备的信号发生器与示波器的简单环回电路。这里，如图 D.26 所示，我们可以使用 BNC 电缆将信号发生器（Wavegen）的通道 1（W1）直接与示波器（Scope）的通道 1（Ch1）连接，检测输出信号，不需要额外的仪器设备。

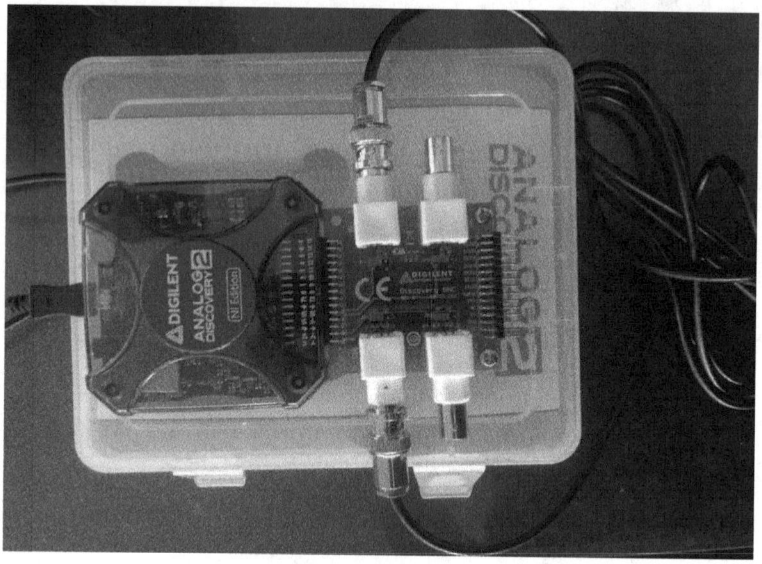

图 D.26　硬件连接

（4）输出信号。随着环回电路的设置，可以通过 WaveForms 的信号发生器（Wavegen）输出信号。在 WaveForms 的欢迎（Welcome）选项卡中，打开信号发生器（Wavegen），单击窗口顶部附近的控制栏中的“Run”按钮开始输出信号。在默认设置下，电压幅值 1V（2VPP），1kHz 正弦波应用于 Wavegen 通道 1 输出端。通过从下拉菜单中选择值或键入，将频率更改为 500kHz，如图 D.27 所示。有关如何使用信号发生器（Wavegen）的更多详细信息，请参阅前面内容。单击屏幕顶部栏中的选项卡，返回频谱分析仪界面，如图 D.24 所示。

（5）接收信号。单击窗口顶部附近控制栏中的“Run”按钮，开始接收模拟输入通道上的数据。如图 D.28 所示，接收的数据将在绘图窗格中显示为一组彩色线条。黄线（右侧图像中标记为 1）对应于模拟输入通道 1 上捕获的信号。蓝线（2）对应于模拟输入通道 2 上捕获的信号。

由于在之前进行连接时，模拟输入通道 2 处于未连接状态，因此可以通过选择窗口右侧配置面板中“通道 2”框中的复选框来禁用它（见图 D.29）。

（6）绘图窗格坐标。默认情况下，绘图垂直轴范围为–200～0dBV，单位为伏特分贝（dBV），横轴的频率为 0～1MHz。要更改这些值，请使用绘图平面上方的控制栏或绘图平面右侧的配置面板。频谱分析仪运行时，曲线图在横坐标 0.5MHz 的峰值接近 0dBV（来自 Wavegen 通道 1 的 500kHz 正弦波），所有其他频率在–80～–120dBV（电噪声）之间。

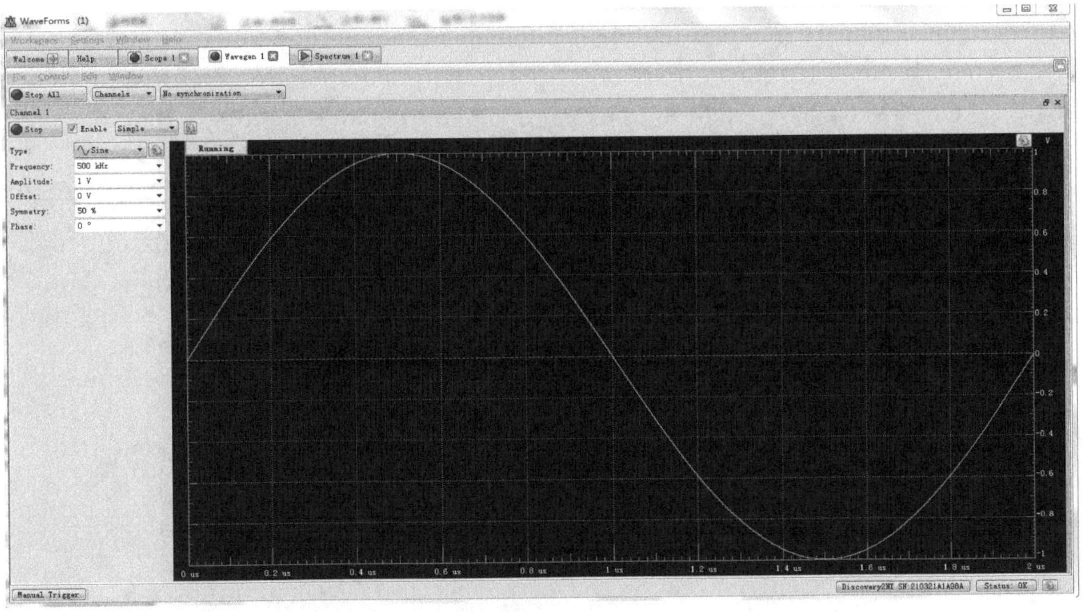

图 D.27　输出信号

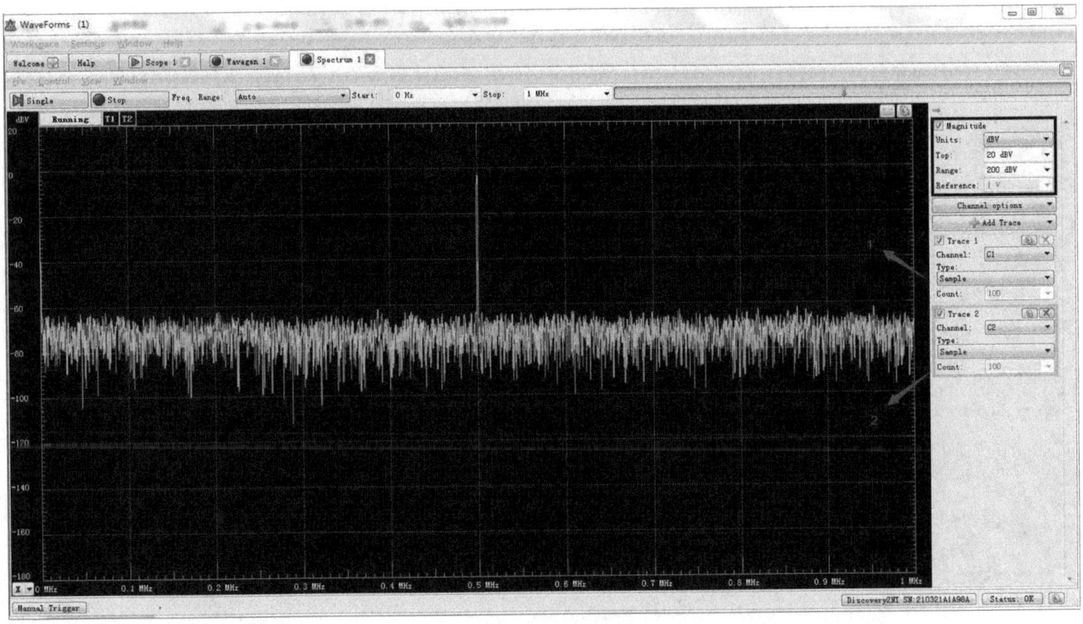

图 D.28　接收信号

（7）快速测量光标。单击右上方的快速测量正弦曲线图标，将光标移到绘图窗格上，观察显示的值（见图 D.30）。如果值变化太快而无法辨认，可以通过单击窗口顶部控制栏中的“停止”按钮停止数据接收。

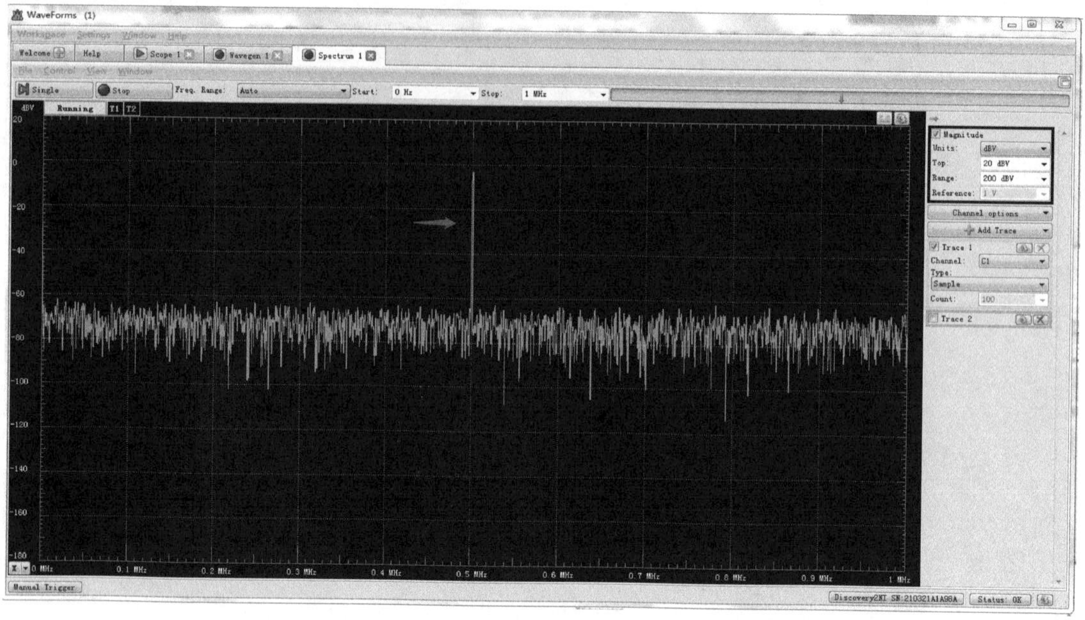

图 D.29　关闭通道

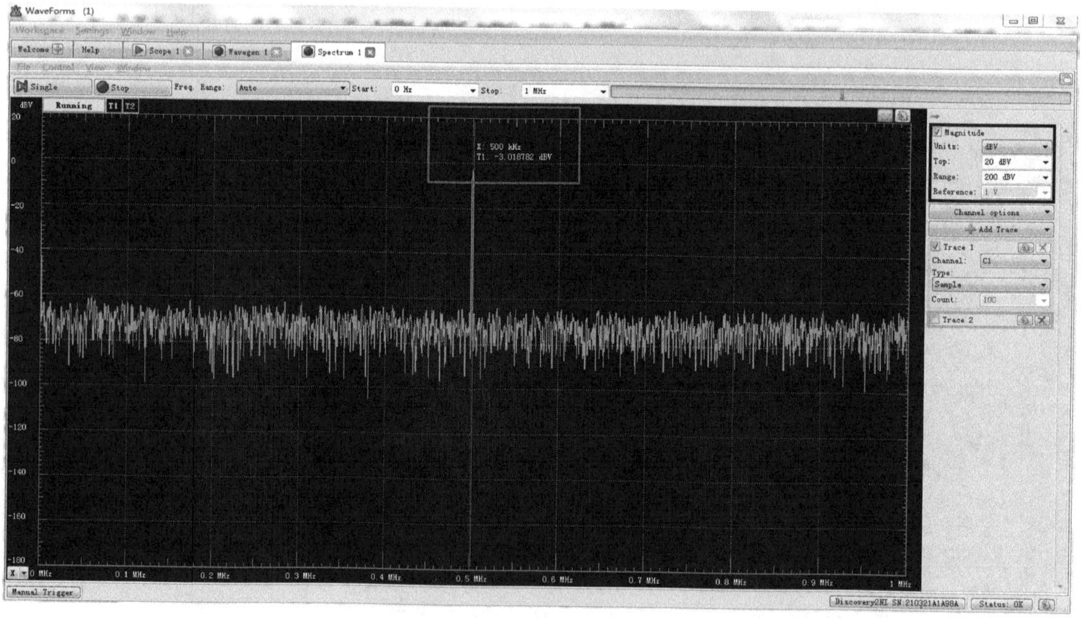

图 D.30　测量界面

参 考 文 献

陈洪娟，张强，郭俊媛，2023. 声学测量[M]. 北京：科学出版社.
陈克安，曾向阳，杨有粮，2010. 声学测量[M]. 北京：机械工业出版社.
刘颖辉，2014. 室内声学设计与噪声振动控制案例教程[M]. 北京：化学工业出版社.
马大猷，沈嵘，2004. 声学手册[M]. 2 版. 北京：科学出版社.
陶擎天，赵其昌，沙家正，1986. 音频声学测量[M]. 北京：中国计量出版社.
吴胜举，张明铎，2014. 声学测量原理与方法[M]. 北京：科学出版社.
吴硕贤，赵越喆，2003. 室内声学与环境声学[M]. 广州：广东科技出版社.
张揽月，张明辉，陈文剑，2024. 振动与声基础[M]. 2 版. 哈尔滨：哈尔滨工程大学出版社.
Asumi K，Fukunaga R，Fujimura T，et al.，2009. Miniaturization of a V-shape transducer ultrasonic motor[J]. Japanese Journal of Applied Physics，48（7S）. DOI：10.1143/JJAP.48.07GM02.
Chung S W，Chau K T，2008. A new compliance control approach for traveling-wave ultrasonic motors[J]. IEEE Transactions on Industrial Electronics，55（1）：302-311.
Oohira F，Iwase M，Matsui T，et al.，2004. Self-hold and precisely controllable optical cross-connect switches using ultrasonic micro motors[J]. IEEE Journal of Selected Topics in Quantum Electronics，10（3）：551-557.
Yakimov V N，1996. Scanning tunneling microscope with a rotary piezoelectric stepping motor[J]. Review of Scientific Instruments，67（2）：384-386.